科學運作
圖解百科

STEM 新思維培養

科學運作圖解百科
HOW SCIENCE WORKS

羅伯特・丁威迪（Robert Dinwiddie）
希拉蕊・蘭姆（Hilary Lamb）
唐納德・R・弗蘭切斯凱蒂教授（Professor Donald R. Franceschetti）
馬克・尹尼教授（Professor Mark Viney）
德里克・哈維（Derek Harvey）
湯姆・積遜（Tom Jackson）
金妮・史密斯（Ginny Smith）
艾莉森・史鐸金（Allison Sturgeon）
約翰・活華特（John Woodward） 著
何小月　譯
于天君　審校

Original Title: *How Science Works: The Facts Visually Explained*

Copyright© Dorling Kindersley Limited, 2018

A Penguin Random House Company

本書中文繁體版由 DK 授權出版。

本書中文譯文由電子工業出版社有限公司授權使用。

科學運作圖解百科

作　　者：羅伯特·丁威迪 (Robert Dinwiddie)

　　　　　希拉蕊·蘭姆 (Hilary Lamb)

　　　　　唐納德·R·弗蘭切斯凱蒂教授 (Professor Donald R. Franceschetti)

　　　　　馬克·尹尼教授 (Professor Mark Viney)

　　　　　德里克·哈維 (Derek Harvey)

　　　　　湯姆·積遜 (Tom Jackson)

　　　　　金妮·史密斯 (Ginny Smith)

　　　　　艾莉森·史鐸金 (Allison Sturgeon)

　　　　　約翰·活華特 (John Woodward)

譯　　者：何小月

審　　校：于天君

責任編輯：張宇程

出　　版：商務印書館 (香港) 有限公司

　　　　　香港筲箕灣耀興道 3 號東滙廣場 8 樓

　　　　　http://www.commercialpress.com.hk

發　　行：香港聯合書刊物流有限公司

　　　　　香港新界荃灣德士古道 220-248 號荃灣工業中心 16 樓

印　　刷：利奧紙品有限公司

　　　　　香港九龍九龍灣宏開道16號德福大廈9樓

版　　次：2021 年 3 月第 1 版第 1 次印刷

　　　　　© 2021 商務印書館 (香港) 有限公司

　　　　　ISBN 978 962 07 3454 0

　　　　　Published in Hong Kong. Printed in China.

For the curious
www.dk.com

物質

能量和力

生命

太空

地球

甚麼使科學如此不簡單？

　　科學不僅是事實的集合，更是一種基於證據和邏輯的系統性思維方式。儘管它可能並不完美，卻是我們所擁有認識宇宙萬物的最佳方法。

科學是甚麼？

　　科學是一種發現和理解自然及社會的方式，是對已獲得知識的利用過程。科學持續更新着我們的信息，並改變我們對世界的認知。科學建基於可量度的證據，而且必須循着邏輯的步驟以歸納出這個證據，並利用它來作出更多的預測。「科學」一詞也會被用來描述我們透過上述程序而累積起來的知識系統。

科學方法

　　科學方法因不同的學科而異，但通常包含以下幾方面：產生並測試一個假設；通過實驗收集數據，從而更新和修正假設；最終，希望能形成一個普適的理論來解釋這個假設為甚麼正確。為了保證數據的正確性，重複實驗是非常重要的，尤其要在不同的實驗室進行。如果兩次實驗結果不同，則這一結果可能並不如預期般那麼可靠或具有普適性。

持續進行的過程
科學永遠沒有結束。新的數據會不斷產生，而理論也必須不斷修正以包含這些新的信息。科學家都明白，他們的研究成果可能會被未來的實驗推翻。

研究

3

研究的目的是了解別人有否提出（及回答了）類似的問題。相關的工作可能會引發靈感。例如，或許別人已研究過很多其他水果（除桃子外）的成熟過程。

問題

2

這些觀察會轉化為問題。例如，一個科學家可能想要發現，為甚麼某種細菌在一種培養基中比在另一種培養基中生長得更好，或者為甚麼放在果籃中的桃子總是壞得較快。

觀察

1

科學常常始於對世界的觀察，既包含僅在實驗室環境下才可觀測到的非常規現象，也包含日常現象，例如果籃中的桃子比冰箱中的桃子腐爛得快這一現象。

同行評議及發表

10

科學家把他們的發現寫成文章。文章由其他專家進行評議，並審查實驗方法中存在的問題和從中得出的結論。如果文章被接受就可以發表，並可被他人閱讀。

4 制定假設

下一階段是提出一個可被測試的假設，即預測出現這一結果的原因。假設可以是：冰箱裏較低的溫度減緩了桃子的腐爛速度。

重要術語

假設 假設是基於現有知識而對觀測結果的一種可能解釋。基於科學性，它必須可被檢驗。

理論 理論是解釋已知事實的方式。它們是從很多相關假設發展而來的，且有證據支持。

定律 定律不能解釋所有事物，它只是一種對我們觀察到並且每次測試都為真的事件的簡單描述。

5 建立驗證預測

預測必須通過假設進行邏輯推理而來，需要很具體，且可通過實驗驗證。例如，如果溫度會影響桃子的成熟過程，那麼保存在 22°C 下的桃子將會比保存在 8°C 下的桃子腐爛得快。

6 收集實驗數據

收集實驗數據來觀察是否和假設相一致。實驗必須經過仔細設計，以確保實驗結果沒有你感興趣的解釋之外的其他合理解釋。

9 完善、修改或否定

如果實驗初步結果和預測不完全一致，則要考慮為何會有這樣的結果，據此，你可以完善、修改或否定你的假設，並作出新的假設。

7 分析數據

實驗的發現必須經過系統分析來確保它們不是隨機形成的。為了減少隨機性，實驗的取樣數要足夠多。

8 假設是否被支持？

如果結果支持預測，則假設的可信度就會增加。假設不能被完全證明，因為將來的實驗也許會否定它，但是被越多的實驗結果支持，我們就對它就越有信心。

假設的特點

範圍 廣義的假設能解釋一類現象。相對而言，狹義的假設只能解釋某些特例。

可測試性 假設必須經過測試。除非有證據支持，否則假設不成立。

可證偽性 假設是可被證偽的。例如，「鬼魂存在論」絕不科學，因為它不可以被任何實驗證偽。

物質

物質是甚麼？

　　一般而言，物質是佔據空間且有質量的一切事物。也就是説，物質和能量、光、聲有明顯區別，因為後三者不具備上述兩種性質。

物質的結構

　　在最基本的層面上，物質是由基本粒子組成的，例如夸克和電子。基本粒子組成原子，原子在某些情況下可以鍵合成分子。物質的性質由組成它們的原子種類來決定。如果原子或分子間的鍵足夠強，則這種物質在室溫下就可形成固體；反之，如果鍵比較弱，則形成液體或氣體。

基本粒子
被稱為夸克的基本粒子組成了原子核中的質子和中子，而膠子則負責把原子核中的夸克黏在一起。電子、夸克和膠子共同組成所有已知物質。

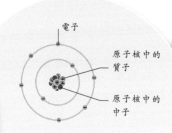

原子
原子由包含質子和中子的原子核和圍繞核旋轉的電子組成。不同元素的原子有不同的核內質子數量。

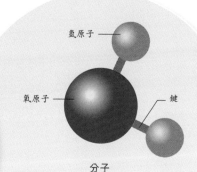

分子
分子可以由不同的原子組成，例如水分子由兩個氫原子和一個氧原子組成；分子也可以由相同的原子組成，例如氧氣分子由兩個氧原子組成。

物質的狀態

　　日常生活中遇到的物質狀態主要有固體、液體和氣體。此外，當物質處於極冷或極熱的環境時，也存在一些非常規的物質狀態。物質可以在不同的狀態之間互相轉換，這取決於它們能獲得多少能量以及構成它們的原子或分子間的鍵有多強。例如，由於鋁原子之間的鍵較弱，故鋁的熔點比銅低。

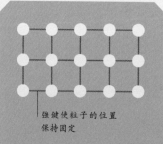

強鍵使粒子的位置保持固定

固體
固體中的原子或分子被較強的鍵固定住，形成一種牢固的結構。粒子不能隨意移動，因此固體觸感堅硬，並且可以維持它們的形狀。

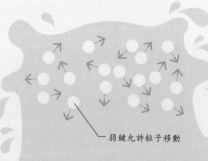

弱鍵允許粒子移動

液體
液體中的原子或分子之間的鍵較弱，因此，粒子可以在周圍移動。這意味着液體可以流動，但同時粒子又緊密堆積，不能被壓縮。

混合物和化合物

原子有成千上萬種不同的結合方式，從而構成不同的物質。當原子以化學方式鍵合在一起時便會構成化合物。例如，水就是由氧原子和氫原子構成的化合物。然而，很多原子和分子不容易與其他原子和分子成鍵，因此它們之間的結合並不會產生化學變化，我們將這種結合的產物稱為混合物。典型的混合物有沙子和鹽等，而空氣則是一種氣體混合物。

宇宙中，**約 99% 的物質**都以**等離子體**的形式存在。

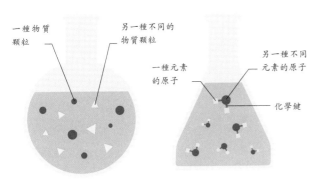

一種物質顆粒

另一種不同的物質顆粒

一種元素的原子

另一種不同元素的原子

化學鍵

混合物
在混合物中，原有物質的化學性質不會發生改變，因此混合物可以通過物理的方式進行分離，例如分篩、過濾或蒸餾。

化合物
當原子或分子發生反應時，它們形成新的化合物。化合物不能通過物理性分離回到原來的形式；分離它們需要破壞化學鍵。

質量守恆

通常，在大部分化學反應和物理變化過程中（例如蠟燭燃燒），產物的質量和反應物的質量相等，物質不增也不減。然而，在某些極端條件下，這一質量守恆定律可以被打破，例如在核聚變反應（參見第 37 頁）中質量就轉變成了能量。

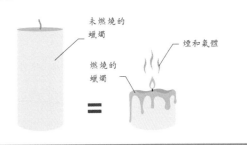

未燃燒的蠟燭

煙和氣體

燃燒的蠟燭

=

粒子之間沒有成鍵

氣體
氣體中的原子或分子之間沒有成鍵，因此，它們可以擴散並充滿整個容器。粒子間距也比較遠，所以氣體可以被壓縮，雖然同時會令壓強增加。

高溫和低溫狀態

高溫狀態時，氣體原子可以分裂為離子（參見第 40 頁）和電子，從而形成導電的等離子體。低溫狀態時，物質的性質可以發生劇烈改變，形成玻色—愛因斯坦凝聚（參見第 22 頁），在該狀態下，原子變得很奇異，行為就像一個單原子。

玻色—愛因斯坦凝聚 　　　　　 等離子體

固體

固體是物質最有序的形態。固體中所有的原子或分子都相互連接，形成具有固定形狀和體積的物體（儘管形狀可以通過施加外力來改變）。然而，固體包含不同的物質種類，並且它們的性質差異很大，這取決於形成固體時原子或分子的排列方式。

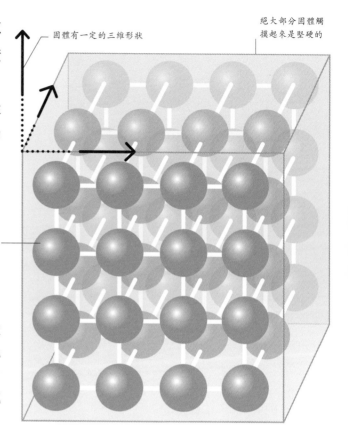

固體有一定的三維形狀

絕大部分固體觸摸起來是堅硬的

原子或分子的位置可以改變但不能自由移動

固體是甚麼？

固體觸摸起來是堅硬的，且有一定的形狀，而不像液體或氣體那樣取決於容器的形狀。固體中的原子緊緊地堆積在一起，因此它們不能被壓縮到更小的體積。一些固體，如海綿，可以被擠壓，但這是因為物質孔洞中的空氣被擠出來了，而非固體自身體積改變。

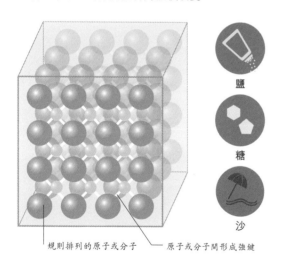

規則排列的原子或分子

原子或分子間形成強鍵

鹽

糖

沙

結晶固體
結晶固體中的原子或分子按規則形狀排列。一些物質，如鑽石（一種碳原子形成的晶體），可以形成一個大的晶體。然而，大部分物質是由很多較小的晶體組成的。

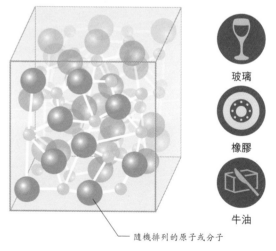

隨機排列的原子或分子

玻璃

橡膠

牛油

無定型固體
和結晶固體不同，組成無定型固體的原子或分子沒有按規則的形式排列。相反，它們的排列方式更像液體，儘管它們不能自由移動。

固體的性質

　　固體有很多性質。例如，它們或堅固或脆弱，或堅硬或柔軟，在遭受外力之後可以恢復到初始形狀或發生永久性形變。固體物質無論是結晶態還是無定型態，或無論物體內有否缺陷，它的性質都取決於組成它的原子或分子。

六方碳，為**鑽石**的一種稀有形式，是目前已知**最硬的物質**，幾乎比普通鑽石**硬 60%**。

易碎的

在壓力作用下，在斷裂時易碎固體如陶瓷，形狀不會改變太多。這類材料很容易產生裂紋，因為組成它們的原子不能通過移動來吸收壓力。如果這類材料能形變，就不那麼易碎，但也不那麼硬。

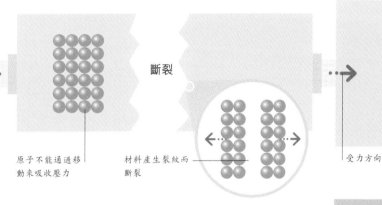

受力方向

原子不能通過移動來吸收壓力

斷裂

材料產生裂紋而斷裂

受力方向

易延展的

易延展材料在被拉伸時會改變形狀，因此，它們可以被拉成一條線。形變的一種形式是塑性形變，這是一種永久性的形變。很多金屬都具有延展性，因為它們原子之間的鍵允許固體裏的原子從一端移動到另一端。

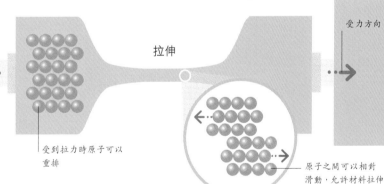

受力方向

拉伸

受力方向

受到拉力時原子可以重排

原子之間可以相對滑動，允許材料拉伸

可塑的

可塑固體在受到擠壓時可以發生塑性形變。所以，它們可以通過滾壓或敲打被展平成薄片。很多可塑材料也是易延展材料，但這兩者並不總能共存，例如，鉛的可塑性較高但延展性較低。

受力方向

滾壓

通過原子重排，材料被碾平

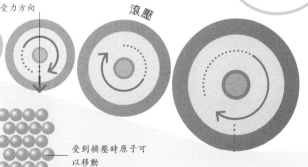

受到擠壓時原子可以移動

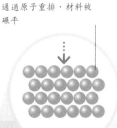

浸潤

浸潤是指液體會潤濕某種固體並附着在固體表面的程度。液體是否浸潤固體表面取決於液體內部分子之間的吸引力和液體分子與固體表面之間吸引力的相對強度。

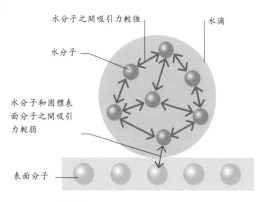

水分子之間吸引力較強
水滴
水分子
水分子和固體表面分子之間吸引力較弱
表面分子

不浸潤

在防水材料表面，水分子會形成水滴，這是因為水分子和防水材料表面分子之間的吸引力比水分子之間的吸引力弱。

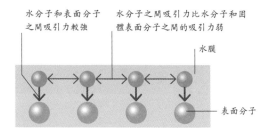

水分子和表面分子之間吸引力較強
水分子之間吸引力比水分子和固體表面分子之間的吸引力弱
水膜
表面分子

浸潤

當水分子和固體表面分子之間的吸引力比水分子之間的吸引力強時，水浸潤固體表面，形成一層水膜。

液體

液體中，原子和分子緊密堆積，它們之間的鍵比在氣體中強但比在固體中弱，讓粒子可以自由移動。

粒子緊密堆積，但可以自由移動

自由流動

液體可以自由流動並保持其容器的形狀。液體中的原子和分子緊密堆積，意味着液體不能被壓縮。液體的密度一般比氣體大，而通常和固體類似或略小於固體，但水例外（參見第 56～57 頁）。

液體中的分子

液體與固體不同，其中的原子和分子是無序排列的。粒子之間成鍵，但是這種鍵較弱，並在粒子相對移動的過程中，持續地進行着斷裂和重組的過程。

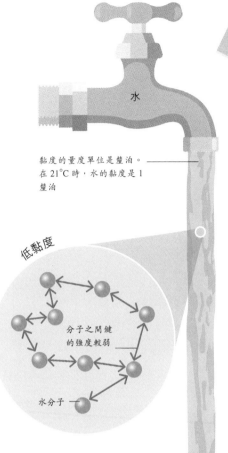

水

橄欖油

蜂蜜

黏度的量度單位是釐泊。
在 21℃ 時，水的黏度是 1
釐泊

在 21℃ 時，橄欖油的黏
度約為 85 釐泊

在 21℃ 時，蜂蜜的
黏度約為 10,000 釐泊

低黏度

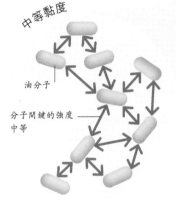

分子之間鍵
的強度較弱

油分子

分子間鍵的強度
中等

中等黏度

高黏度

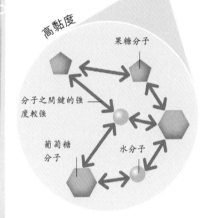

果糖分子

分子之間鍵的強
度較強

葡萄糖
分子

水分子

水分子

液體流動
液體的黏度越低，就越容易流
動，例如水，這是因為低黏度液
體中分子之間鍵的強度較弱。反
之，由於蜂蜜的分子之間鍵的強
度較強，故在相同溫度下，其流
動性就差很多。

黏度

　　黏度是用來衡量液體的流動難易程度。如果某種液體
黏度較小，則該液體就容易流動，通常形容為「稀的」；反
之，如果某種液體黏度較大，則不易於流動，通常被形容
為「稠的」。黏度由液體分子之間鍵的強度決定，鍵的強
度越強，黏度越大。液體黏度隨溫度升高而減小，這是因
為高溫使分子擁有更多能量以克服分子之間的相互作用。

非牛頓液體

　　不同於水這一類牛頓液體，非牛頓液體的黏度隨着所
受的外力改變而改變。一個典型的例子是澱粉和水的混
合液會隨外力增加而變濃稠。因此，當一個小球從較高的
地方墜落到該混合液中時將從表面彈起，而如果從較低的
地方墜落則會沉沒其中。

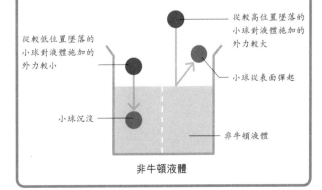

從較低位置墜落的
小球對液體施加的
外力較小

從較高位置墜落的
小球對液體施加的
外力較大

小球從表面彈起

小球沉沒

非牛頓液體

非牛頓液體

氣體

氣體就在我們周圍，但是大多數時候我們都不會注意到它。然而，除了固體和液體，氣體也是物質的主要狀態之一，且氣體行為的方式對於地球上的生命至關重要。例如，當我們吸氣時，肺部的體積擴張，肺部壓力減小，氣體從而進入肺部。

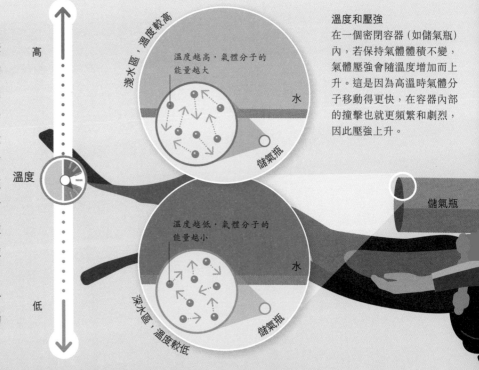

粒子可以自由移動，因此氣體沒有固定的形狀或體積

粒子之間未成鍵

粒子之間有空隙，因而氣體可被壓縮

氣體中的粒子（原子或分子）

氣體是甚麼？

氣體可由單一原子構成，也可以由包含兩個或兩個以上原子的分子構成。這些粒子非常活躍，一直在快速移動，能夠充滿整個容器並形成容器的形狀。粒子之間有很大的空間，因而氣體可被壓縮。

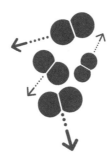

在室溫下，**氧氣分子**的**移動速度**為**每小時 1,700 公里**。

如何描述氣體行為？

氣體行為可以通過一條包含三個氣體參量的定律來描述。三個氣體參量分別是氣體體積、壓強和溫度，當其中一個參量改變時，另外兩個參量也隨之改變。該定律假設所有氣體都是「理想」氣體。在這種氣體中，氣體分子之間沒有相互作用，可以隨機移動，並且不佔據空間。儘管實際上並不存在這樣的「理想」氣體，但是，這條定律描述了大部分氣體在正常溫度和壓強下的行為。

高

溫度

低

淺水區，溫度較高

溫度越高，氣體分子的能量越大

水

儲氣瓶

溫度越低，氣體分子的能量越小

水

深水區，溫度較低

儲氣瓶

儲氣瓶

溫度和壓強

在一個密閉容器（如儲氣瓶）內，若保持氣體體積不變，氣體壓強會隨溫度增加而上升。這是因為高溫時氣體分子移動得更快，在容器內部的撞擊也就更頻繁和劇烈，因此壓強上升。

阿伏伽德羅定律

阿伏伽德羅定律指出：在相同的溫度和壓強下，體積相同的所有氣體，所包含的分子數目也相同。例如，儘管氯氣分子的質量幾乎是氧氣分子的兩倍，但是在相同溫度和壓強下，相同體積容器內兩種氣體分子的數目是相同的。

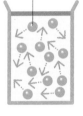

氯氣分子幾乎是氧氣分子的兩倍重量

兩個罐子的體積相同，因而所包含的氣體分子數目相同

氧氣　　　　　　　氯氣

溫度和體積

如果氣體的體積沒有被限制（例如，沒有被裝進一個體積固定的容器中），則加熱時，氣體分子獲得額外的能量，會發生膨脹。溫度越高，體積越大。例如，如果充氣艇中的空氣被太陽加熱，將會更加膨脹。

高溫

充氣艇內的空氣被太陽加熱而膨脹

低溫

充氣艇內的空氣較冷，因而佔據的體積較小

充氣艇

壓強和體積

如果氣體溫度保持不變，壓強增大則氣體體積減小；反之，壓強減小則氣體體積增加。這就是液體中的氣泡在浮到液體表面時體積增大的原因。

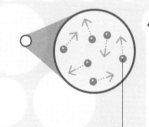

低

壓強

高

壓強減小時，氣體膨脹，氣泡變大

壓強增大時，氣體分子被擠在一起，體積變小

為甚麼我們看不見空氣？

物體之所以可見，是因為它們對光產生了影響，例如反射光線。空氣對光的影響比較小，因而通常不可見。但是，大量的空氣可以對藍光形成散射，因此，天空看起來是藍色的。

奇異形態

固體、液體、氣體是我們最熟悉的物質狀態，但物質狀態絕非只有這幾種。超熱氣體會變成等離子體，包含高能的帶電粒子，可以導電。在極低溫條件下，一些物質會變成超導體或超流體，它們有很多奇異的性質，如零電阻和零黏度。

等離子體在哪裏？

太陽中就有大量等離子體。在地球上，自然的等離子體很少見，它們通常存在於閃電和南北極的極光中。等離子體可以通過給氣體通電而由人工產生，例如電焊產生的電弧或霓虹燈中就有等離子體。

恆星
像太陽這類恆星是非常熱的，因此組成恆星的主要物質氫和氦都變成了離子態，從而形成等離子體。

極光
當來自太陽的等離子體進入地球，會和大氣層發生相互作用，並在極地地區形成極光。

閃電
閃電是電荷從雷雨雲射向地面時所留下的等離子體可見痕跡。

霓虹燈
電流將燈管內的氖氣加熱，形成等離子體。等離子體受電流激發而發光。

電弧等離子體
在電焊時，通過施加電流，我們可以創造出溫度高達 28,000°C 的等離子體流，足以熔化金屬。

等離子體

在正常的溫度和壓強下，氣體以原子（由包含質子和中子的原子核及圍繞核旋轉的電子組成）或分子狀態存在。當原子或分子被破壞而形成帶負電的電子和帶正電的核或離子時（參見第40頁），就形成了等離子體。這可以通過把氣體加熱到很高的溫度或給氣體通電來實現。

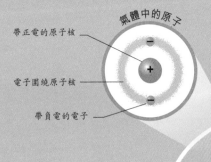
氣體中的原子
帶正電的原子核
電子圍繞原子核
帶負電的電子

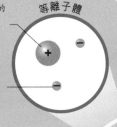
裸電子核成為帶正電的離子

不受原子核束縛、可以自由移動的電子

等離子體

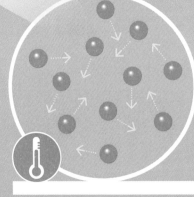
1 室溫氣體
當氣體處於室溫時，每個原子中的電子圍繞着原子核運動，電子的負電與原子核的正電相抵銷，原子因此為電中性。

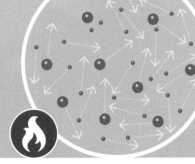
2 帶電的等離子體
在等離子體中，電子從原子核處逃逸出來，分別形成帶負電的電子和帶正電的核（離子）。這些電子和離子可以自由移動，因此，等離子體可以導電。

超導體和超流體

當溫度低於 130 開爾文 (-143°C) 時，某些材料會轉變為超導體，它們具有零電阻的特性。當溫度更低時，最普通的氦同位素 (參見第 34 頁)——氦 −4 將轉變為超流體。超流體的黏度為零，它們可以無阻力流動。當溫度接近絕對零度 (0 開爾文 / -273.15°C) 時，某些物質轉變成被稱為玻色—愛因斯坦凝聚的奇異形態 (參見第 22 頁)。在通常狀態下，物質中的每個原子都保持各自獨立的運動行為，但是在玻色—愛因斯坦凝聚中，所有原子的行為就如同一個巨型原子。

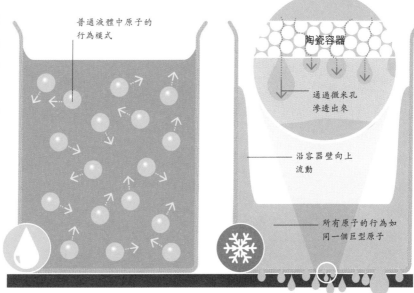

普通液體中原子的行為模式

陶瓷容器

通過微米孔滲透出來

沿容器壁向上流動

所有原子的行為如同一個巨型原子

1 液態氦
在普通大氣壓下，氦 −4 在溫度為 4 開爾文 (-269°C) 時液化。在這個溫度下，液態氦如同其他液體一樣可以流動，充滿整個容器並待在其中。

2 液態氦超流體
當溫度低至約 2 開爾文 (-271°C) 時，氦 −4 將轉變為超流體。在這個溫度下，它的行為變得很奇異，比如可以流過固體中的微米孔，也可以沿容器壁向上流動。

超導體的應用

超導體主要用於產生極強的電磁體，這種電磁體對某些應用至關重要，例如磁力共振成像 (MRI) 掃描儀、磁懸浮列車，和用於研究物質結構的粒子加速器等。

磁力共振成像掃描儀
在磁力共振成像掃描儀中，超導體磁石用於身體的細節成像，比如腦部成像。

粒子加速器
某些粒子加速器通過超導體磁石的強大能量來引導粒子在加速器中運動。

電子炸彈
電子炸彈中的超導體可以產生很強的電磁脈衝，能使附近的電子設備無法運作。

磁懸浮列車
在高速運行的磁懸浮列車中，超導體電磁可以使列車懸浮並提供前進的動力。

超流體氦如果被攪動，可以實現**永久旋轉**。

邁斯納效應

超導體不允許磁場通過。事實上，它們排斥磁場，該現象被稱為邁斯納效應。如果把一個磁鐵放置於超導體上方，並將超導體降溫到超導轉變溫度 (在該溫度時，材料將發生超導轉變) 之下，則超導體將排斥磁鐵，從而使磁鐵懸浮。

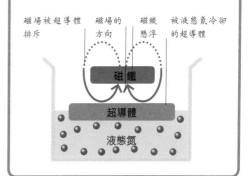

磁場被超導體排斥　磁場的方向　磁鐵懸浮　被液態氮冷卻的超導體

磁鐵

超導體

液態氮

物態變化

固體、液體、氣體和等離子體是最常見的物質形態,但是物質還有其他的奇異形態,比如玻色—愛因斯坦凝聚。物質可以從一種形態轉化到另一種形態,並伴隨着能量的增減。

獲得能量

當物質獲得能量時,其粒子(原子或分子)會振動或更加自由地移動。如果能量增得足夠多,固體或液體中粒子之間的鍵可能會斷裂,從而轉化成其他物質形態。在氣體狀態時,能量增加可能會使電子從粒子中分離出來,形成等離子體。

0.01°C 是水的三相溫度,此時,水的**固態、液態和氣態**三相共存。

昇華

一些固體,例如冷凍的二氧化碳(即「乾冰」),可以從固態直接轉變為氣態。任何物質在適當的溫度和壓強下,都可以昇華,但在通常情況下,昇華是很少見的。

熔化

當固體物質的能量增加時,粒子之間鍵的振動也隨之增強。最終,鍵會斷裂,固體轉變為液體。它們的粒子依舊相互吸引,但是可以更自由地移動。

液體

在液體中,原子或分子之間的鍵比固體中稍弱,並且原子或分子能自由流動。

能量等級

固體

在固體中,原子或分子是緊密鍵合在一起的,形成堅固的形狀。

當液體損失能量時,它們的原子或分子移動變慢,彼此間的吸引力使粒子相互結合得更加緊密。這些粒子可能以一種有序的方式排列,形成晶體,或以較為無序的方式排列,而形成無定型固體。

凝固

降低

玻色-愛因斯坦凝聚

這是物質的一種奇異形態,此時,原子的能量較小,可以在同一時刻處於任何地方,它們就像單個原子一樣。大部分物質不能形成玻色—愛因斯坦凝聚。

指將某種氣態物質在數毫秒內冷卻至絕對零度(0開爾文 / -273.15°C)之上的某一溫度,此時,原子的能量急劇下降,幾乎沒有移動之下便凝聚在一起。

過冷卻

離子化

能量較高時，電子可以從它們所屬的原子或分子中分離出來，形成等離子體。它包含帶負電的電子和帶正電的離子（即失去電子的原子或分子）。等離子體可在恆星、霓虹燈和等離子體顯示屏中找到。

蒸發

即使在低溫下，液體表面的某些粒子　　還是能夠獲得足夠的能量而變成氣體，從而與液體分離。能量越多，蒸發也越多。在物質的沸點，即使液體內部的粒子也能獲得足夠的能量蒸發成氣體。

等離子體

有時候，等離子體也被稱為物質的第四態，它是由自由電子和帶正電荷的離子組成的集合。

升高

氣體

在氣體中，原子或分子可以自由移動，因為它們之間沒有成鍵。

重組在等離子體轉變回氣體時發生。當等離子體的能量下降，帶正電的離子就會捕獲自由電子，此時物質轉變為氣態，例如，當關閉霓虹燈時就會發生這樣的轉變。

重組

與蒸發過程相反，液化在溫度降低以及氣體原子或分子向周圍環境釋放能量時發生。氣體粒子移動變慢，氣體液化成液體。

損失能量

當物質損失能量時，它們的原子或分子移動變慢。當損失大量能量時，物質可能會轉變為其他物質形態，通常由等離子體轉變為氣體，再到液體，最後是固體。然而，在某些條件下，特定的物質在轉變過程中可能會跳過某些物質形態，比如，水蒸氣凝華為霜。

液化

與昇華過程相反，凝華是氣體未經液體狀態而直接轉變為固體的過程。霜就是一個最常見的例子，它是空氣中的水蒸氣在極冷環境下在物體表面固化的結果。

凝華

潛熱

潛熱是物質狀態改變時從周圍環境吸收或釋放出來的能量。流汗使我們感覺涼爽，因為汗液蒸發會從皮膚吸收熱量。

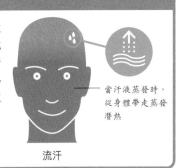

當汗液蒸發時，從身體帶走蒸發潛熱

流汗

原子內部結構

　　長久以來，原子被認為是不可再細分的，但現在我們知道原子是由質子、中子和電子組成的。這些粒子的數量決定了它是哪種原子、具有甚麼物理和化學性質。

原子的結構

　　原子由位於中心的原子核和圍繞原子核的一個或多個電子組成。原子核包含正電性的質子和電中性的中子，但氫原子是個例外。原子的質量大部分集中在原子核部分。圍繞着原子核的是非常小的、負電性的電子，電子被正電性的質子吸引而沿着電子軌道運動。一個原子的質子數和電子數是相同的，因此，正電性和負電性相互平衡，使原子得以保持電中性。

氦原子的結構
每個氦原子由包含兩個質子和兩個中子的原子核，以及兩個圍繞原子核周圍運動的電子組成。

原子核中的質子

原子核中的中子

負電性的電子和原子核中正電性的質子相互吸引

在這些區域找到電子的可能性較小

原子大小

　　最小的原子是氫原子，它僅有一個質子和一個電子。氫原子的直徑大約是 106 皮米（1 米的一兆分之一）。銫是較大的原子之一，它的電子軌道上有 55 個電子，其原子直徑幾乎是氫原子的 6 倍，約為 596 皮米。

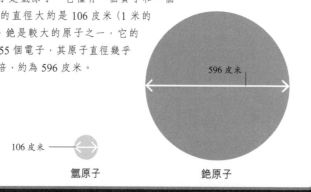

596 皮米

106 皮米

氫原子　　　　　　　　　　銫原子

氫原子中，99%的空間是空的。

電子軌道

　　電子圍繞原子核運行和行星圍繞太陽運行有所不同。由於量子效應（參見第30頁），要指出電子的精確位置是不可能的。電子存在的區域被稱為軌道。軌道是指在原子核周圍有較大可能發現電子的區域。軌道主要有四種類型：球形的s軌道，啞鈴形的p軌道，以及形狀更為複雜的d軌道和f軌道。每個軌道最多可以容納兩個電子，軌道填充會依次進行，從最靠近原子核的軌道開始。

氟原子軌道
氟原子有九個質子和九個圍繞核運動的電子。裏層的四個電子填充兩個s軌道，每兩個電子在一個軌道上。其餘五個電子分佈在三個p軌道上。

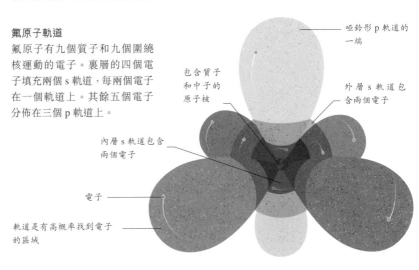

啞鈴形p軌道的一端

包含質子和中子的原子核

外層s軌道包含兩個電子

內層s軌道包含兩個電子

電子

軌道是有高概率找到電子的區域

電子

在這些區域找到電子的可能性較大

一個電子的質量是多少？

電子是非常輕的，其質量僅是質子的二千分之一。

原子序數和原子質量

　　科學家使用多個數字和度量來量化原子的性質，具體包括原子序數和各種表示原子質量的度量。

量	定義
原子序數	原子中的質子數。一個元素是由它的原子序數定義的，這是因為每種元素的原子具有相同的質子數。例如，所有的氧原子都有八個質子。
原子質量	原子中質子、中子和電子質量的總和。在某些元素中，原子內的中子數可以改變，形成該元素的同位素（參見第34頁）。這意味着不同的同位素有不同的原子質量。用於衡量原子質量的單位被稱為原子質量單位（amu），一個原子質量單位是一個碳-12原子質量的十二分之一。碳-12是一種常見的碳同位素。
相對原子質量	元素同位素的平均質量。
質量數	原子中質子和中子的總數量。

亞原子世界

原子由更小的被稱為亞原子粒子的單元組成。亞原子粒子主要有兩種形式：一種組成物質，另一種承載力。亞原子粒子相互結合形成其他粒子和力，其中一些具有獨特的性質。

亞原子的結構

原子中的電子不能被進一步分割，但是質子和中子則可以。每個質子或中子由三個不同的夸克組成，夸克在亞原子家族中屬於費米子。費米子是物質粒子，所有物質都是由夸克（按照不同的類型結合）和輕子（另一種包含電子的費米子）組成的。每種費米子都有相對應的反粒子，它們具有相同的質量，但是電性相反，例如電子的反粒子是正電子。反粒子相互結合則形成反物質。

基本粒子
長久以來，科學家都認為質子和中子是不可再分割的最基本粒子，但現在我們知道它們是由夸克組成的。因此，電子和夸克看起來才是最基本的粒子。

「夸克」一詞來自詹姆斯・喬伊斯（James Joyce）的小說《芬尼根守靈夜》。

是否存在引力的粒子？

科學家認為引力可能是由一種叫做引力子的粒子傳遞的。目前還沒有實驗證明引力子的存在。

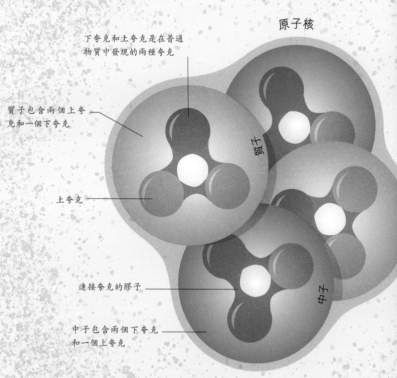

電子軌道是發現電子概率較高的區域

電子

原子核

下夸克和上夸克是在普通物質中發現的兩種夸克

質子包含兩個上夸克和一個下夸克

質子

上夸克

連接夸克的膠子

中子

中子包含兩個下夸克和一個上夸克

亞原子粒子

費米子是物質粒子。它們構成形成原子的物質，
例如質子、中子和電子。

玻色子是承載力的粒子。
它們一如信使在不同粒子之間傳遞力。

基本費米子是物質粒子，
它們不是由其他粒子組成。

強子是複合粒子，由多個夸克組成。

基本玻色子是承載力的
粒子，它們不是由其他
粒子組成。

夸克
- 上夸克
- 下夸克
- 粲夸克
- 奇異夸克
- 頂夸克
- 底夸克

輕子
- 電子
- 電子
- 中微子
- μ子
- μ子中微子
- τ子
- τ子中微子

重子是由三個
夸克組成的複合
費米子。

- 質子
  2 個上夸克
  +1 個下夸克
  +3 個膠子
- 中子
  2 個下夸克 +
  1 個上夸克 +
  3 個膠子
- λ 粒子
  1 個下夸克 +
  1 個上夸克 +
  1 個奇異夸克 +
  3 個膠子
- 其他粒子

介子是由一個夸克
和一個反夸克組成
的複合玻色子。

- 正的 p 介子
  1 個上夸克 +
  1 個下反夸克
- 負的 k 介子
  1 個奇異夸克 +
  1 個上反夸克
- 其他粒子

- 光子
- 膠子
- W−玻色子
- W+玻色子
- Z玻色子
- 希格斯玻色子

電磁力使電子
在其軌道上圍
繞原子核運動

電磁力
一種由光子傳遞的帶電粒子之間
的相互作用。光子是一種無
質量、以光速運動的
粒子。

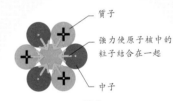

質子
強力使原子核中的
粒子結合在一起
中子

強力
一種使夸克結合在一起的力，與質子
和中子中存在的相互排斥的電磁
力相反。強力是短程相互作
用力，由膠子承載。

基本力

和簡單的推力和拉力不同，在亞原
子世界中的力是由粒子傳遞的。想像兩個
溜冰者在溜冰場傳球，球將從第一個溜冰
者那裏獲得的力傳遞給第二個溜冰者，因
此，第二個溜冰者在接到球時會移動。

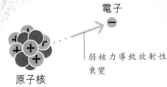

電子

弱核力導致放射性
衰變

原子核

弱核力
在放射性衰變期間，粒子會被原子核推
出，這是因為夸克的類型改變了，
這一過程很可能是由負責傳遞
弱核力的 W 及 Z 玻色子
導致的。

引力使行星在其
軌道上圍繞太陽
運行

太陽　　行星

引力
引力是作用範圍無限遠的吸引力。要
發現引力子，粒子必須達到光速，
而這是難以實現的，所以引力
子一直未被實驗證實。

波和粒子

波和粒子看起來完全不同：光是波，而原子是粒子。然而某些時候，波也會具有粒子性，例如光；而粒子也會體現出波動性，例如電子。這種現象被稱為波粒二象性。

光的波動性

雙縫干涉實驗就是展示光的波動性的一種簡單方法。光通過兩個屏幕：第一個屏幕上有一道狹縫，用以產生點光源；第二個屏幕上有兩道狹縫，可以將光分成兩部分。經過狹縫產生的兩束光在雙縫後面的屏幕上出現明暗相間的干涉條紋。如果光是粒子，則結果將會完全不同。

（參見下文）

是否所有的粒子都具有波動性？

似乎不僅只有小如電子這樣的粒子才具有波動性。儘管是否所有的大型分子都具有波動性還未知，但是一些比較大的、由超過 800 個原子組成的分子在雙縫干涉實驗中，則表現出波動性。

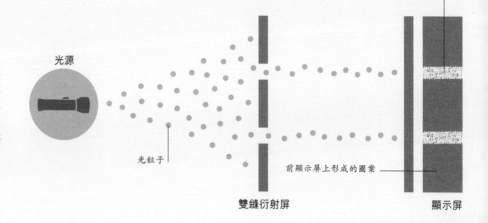

光粒子
如果光是如同沙粒一樣的簡單粒子，那麼某些光會通過一個狹縫，另一些光會通過另一個狹縫，只會在狹縫後面的顯示屏上產生兩條明顯的條紋。然而，光通過雙縫時得到的結果卻全然不同（參見下文）。

清晰的光帶

光源

光粒子

前顯示屏上形成的圖案

雙縫衍射屏

顯示屏

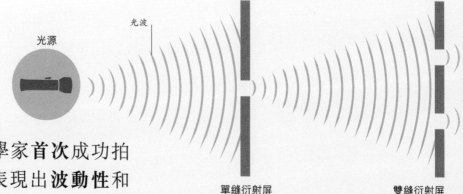

光波
通過狹縫後的光波會形成波紋圖案，如同將一塊石頭扔到池塘裏形成水波。波紋相互作用，形成一系列明暗相間的條紋，即顯示屏上的干涉圖案。

光源

光波

單縫衍射屏

雙縫衍射屏

2015 年，科學家**首次**成功拍攝到光同時表現出**波動性**和**粒子性**的照片。

光的粒子性

當光線照射金屬表面時，金屬中的電子會逃逸，但入射光的波長（對應光的顏色）必須正確。這一現象被稱為光電效應，是光具有粒子性的有力證據。波長較長的紅光光子比波長較短的（如綠光和紫外光）光子能量低，不足以使金屬中的電子逃逸。

能量較低的紅光光子

金屬表面

紅光
紅光光子攜帶的能量較少，不足以使大部分金屬中的電子逃逸，但是可用作照明光。

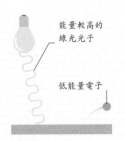

能量較高的綠光光子

低能量電子

綠光
綠光光子攜帶的能量比紅光多，足以使金屬中的電子逃逸。

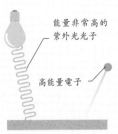

能量非常高的紫外光光子

高能量電子

紫外光
紫外光光子攜帶非常高的能量，因此它們可以從金屬表面激發出能量較高的電子。

波粒二象性

當雙縫干涉實驗用其他粒子，如電子和原子來進行，也會形成類似的明暗相間干涉條紋，就像用光波實驗一樣。這些粒子也表現出光波的特性，這就是波粒二象性。如果電子是一個個射出的，仍然會得到同樣的干涉條紋，這是因為粒子具有的波動性使它們自身產生干涉。

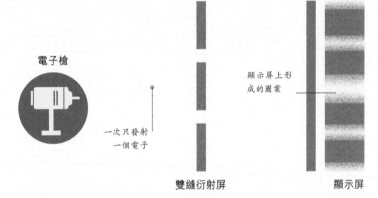

電子槍

一次只發射一個電子

顯示屏上形成的圖案

雙縫衍射屏

顯示屏

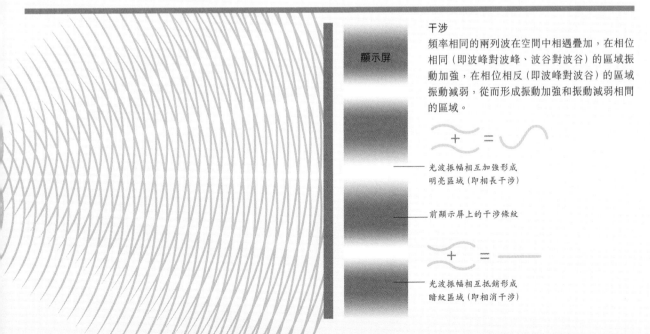

顯示屏

干涉
頻率相同的兩列波在空間中相遇疊加，在相位相同（即波峰對波峰、波谷對波谷）的區域振動加強，在相位相反（即波峰對波谷）的區域振動減弱，從而形成振動加強和振動減弱相間的區域。

光波振幅相互加強形成明亮區域（即相長干涉）

前顯示屏上的干涉條紋

光波振幅相互抵銷形成暗紋區域（即相消干涉）

量子世界

在亞原子粒子層面上，事物的行為方式和我們日常生活中有所不同。粒子既可以像波又可以像粒子，能量改變以跳躍性形式出現，被稱為量子躍遷，粒子在被觀測之前是處於不確定狀態的。

能量包

量子是物理性質（如能量或物質）最小可能的量。電磁輻射的最小量，比如光的最小量，是一個光子。量子不可再分割，僅能以單個量子的整數倍存在。

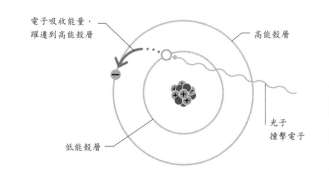

電子吸收能量，躍遷到高能殼層

高能殼層

低能殼層

光子撞擊電子

量子躍遷

原子中的電子只能從一個能級（或殼層）直接跳躍到另一個，這就是量子躍遷。它們不能佔據各能級之間的中間狀態。當電子在能級間移動時，它們會吸收或發射能量。

不確定性原理

在量子世界中，要同時知道亞原子粒子，比如電子或光子的精確位置和精確速度是不可能的，這一現象被稱為不確定性原理。這是因為當要精確測量粒子的其中一個特性時，就會干擾粒子，從而使測量不夠精準。

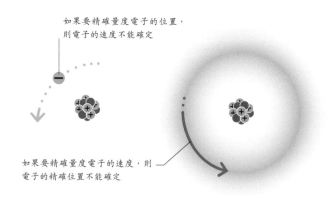

如果要精確量度電子的位置，則電子的速度不能確定

如果要精確量度電子的速度，則電子的精確位置不能確定

位置還是速度？

電子的位置和速度不能同時被確定。位置越精確，則速度越不精確，反之亦然。

量子糾纏

量子糾纏是發生在一對如電子這樣的亞原子粒子之間的奇異效應，它們被連接或糾纏在一起，並且不論在物理上被分隔多遠的距離（比如在不同的星系），仍然相互連接。結果，如果操縱一個粒子，則它的搭檔粒子也將即時改變。同理，量度其中一個粒子的性質，則也可獲得另一個粒子的性質信息。

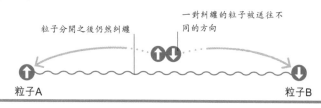

粒子分開之後仍然糾纏

一對糾纏的粒子被送往不同的方向

粒子A

粒子B

瞬間傳送是否可能？

應用量子糾纏，研究人員已經實現了超過 1,200 公里距離的信息傳遞。然而，對物理實物的瞬間傳送，目前還只存在於科幻小說中。

量子靈薄獄

在量子世界中，粒子存在一種靈薄獄 (limbo) 的狀態，直到它們被觀測到。例如，一個放射性的原子可能處於一種釋放射線的衰變狀態，也可能處於不衰變的狀態。這兩種狀態都有可能存在的情況被稱為量子疊加態。只有當一個粒子被觀測或量度到時，它才會「決定」處於其中某種確定的狀態，這在專業上被稱為疊加態坍縮。疊加態意味着亞原子事件直到被觀測之前，都不能確定其準確的狀態。這一思想促使物理學家埃爾溫・薛定諤 (Erwin Schrödinger) 提出了著名的薛定諤的貓的思想實驗。

薛定諤的貓

一隻貓被放在一個密閉盒子裏，內有一瓶毒藥和少量放射性物質。如果這些放射性物質發生衰變，釋放出輻射，這些輻射就會被蓋革計數器探測到，從而觸發錘子打碎毒藥瓶，把貓毒死。但是，放射性物質是否發生衰變是隨機的，所以除非打開盒子探查，否則不可能知道貓是死是活。事實上，盒子裏的貓處於一種既死又活的疊加態，直到打開盒子進行觀測。

為了紀念埃爾溫・薛定諤，月球上有一個以他名字命名的火山口。

貓處於兩種可能狀態中的另一種（死）

貓處於兩種可能狀態中的一種（活）

毒藥瓶

可以被蓋革計數器觸發的錘子

探測放射性衰變的蓋革計數器

放射性物質

粒子加速器

粒子加速器是用來將亞原子粒子加速到接近光速，進而用於研究關於物質、能量和宇宙等基本問題的儀器。

加速器如何運作

粒子加速器使用高壓和強磁場產生的電場，來產生諸如質子和電子的高能亞原子束，它們可以相互碰撞或撞擊金屬靶。大部分粒子加速器都是圓形的，因此，粒子可以作出多次循環。在發生撞擊前，每次循環都能使能量增加。

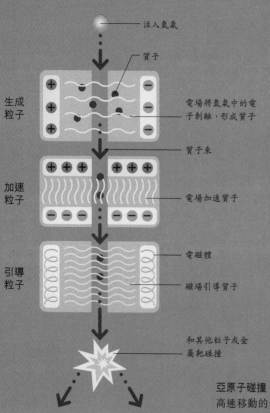

注入氫氣

質子

生成粒子

電場將氫氣中的電子剝離，形成質子

質子束

加速粒子

電場加速質子

引導粒子

電磁體

磁場引導質子

和其他粒子或金屬靶撞擊

放射性探測器

粒子探測器

亞原子碰撞

高速移動的質子由氫氣通過電場產生。通過磁場引導，質子可以和其他亞原子粒子或金屬箔片中的原子發生碰撞。探測器用於捕捉碰撞中產生的放射線或粒子。

研究亞原子世界

粒子加速器最初是用於研究亞原子層面的事物和能量的，但是它也可用於研究暗物質（參見第 206 頁）和還原宇宙大爆炸（參見第 202 頁）後的宇宙初始形態。粒子加速器也被用於尋找希格斯玻色子和探測其他亞原子粒子的奇異形態，如五夸克態。五夸克態包含四個夸克和一個反夸克，可能存在於超新星中。

緊湊渺子線圈

緊湊渺子線圈（CMS）是一種通用型粒子探測器，用於搜尋組成暗物質的可能粒子。緊湊渺子線圈結合超環面儀器（ATLAS），也被用於尋找希格斯玻色子。

沿一個方向運動的粒子束

沿反方向運動的粒子束

大型強子對撞機的底
夸克 (LHCb) 偵測器
是一種用於研究諸如
夸克等基本粒子和力
的粒子探測器

大型強子對撞機中，粒子在周長為 27 公里的環形隧道內，以每秒超過 11,000 次的頻率急速穿行。

處於真空的
對撞機隧道

大型強子對撞機
的底夸克偵測器

進入對撞機的質子流

大型強子對撞機

迄今為止建造的最大的粒子加
速器是大型強子對撞機。它用
於產生質子束，並把質子加速
到接近光速，然後讓它們相互
碰撞，用於粒子的碰撞研究。
大型強子對撞機承擔了很多實
驗任務，但到目前為止最出色
的成就可能要算發現希格斯玻
色子。

超環面儀器是環形大型強子對撞機設
備中一種高能粒子探測器，與緊湊渺
子線圈結合，被用於尋找希格斯玻色
子

超級質子同步加速器

超環面儀器

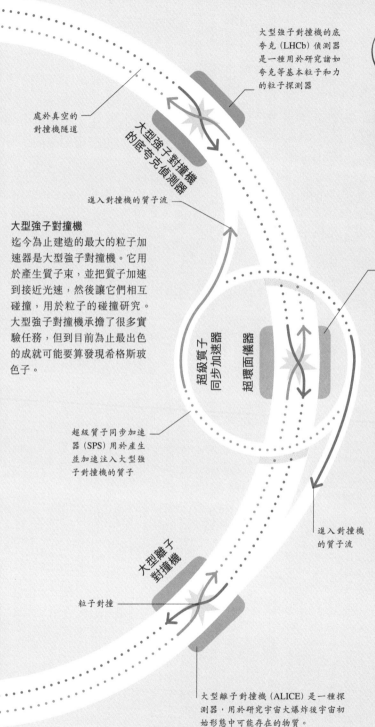

超級質子同步加速
器 (SPS) 用於產生
並加速注入大型強
子對撞機的質子

進入對撞機
的質子流

大型離子
對撞機

粒子對撞

大型離子對撞機 (ALICE) 是一種探
測器，用於研究宇宙大爆炸後宇宙初
始形態中可能存在的物質。

希格斯玻色子

希格斯玻色子是希格斯場的量子激發。
根據希格斯機制，基本粒子如光子和電子通
過與希格斯場耦合而獲得質量。希格斯玻色
子就如同雪地裏的一片雪花。雪地類比於希
格斯場，可以和不同的物體發生不同的相互
作用：如果物體和希格斯場發生強相互作用
（如深深地陷入雪地一般），則獲得的質量較
大；如果兩者的相互作用較弱（如同落在雪
地表面一般），則獲得的質量較小；如果兩
者不發生相互作用，則沒有質量。

粒子和希格斯場發生
強相互作用，獲得的
質量較大

粒子不和希格斯場
發生相互作用（如光
子），沒有質量

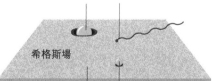

希格斯場

希格斯場由希格斯
玻色子組成，如同
雪地是雪花組成
一樣

粒子和希格斯場發生
弱相互作用，獲得的
質量較小

元素

元素只含有一種原子,因此在化學上不能被分割成更小的部分。原子因其包含的質子數、中子數和電子數不同而有分別,但是元素是由質子數定義的。元素週期表就是根據原子核的質子數來把元素組織分類的一種方式。

元素週期表

元素週期表中的元素按照原子序數,即原子中的質子數來排列。元素週期表中,原子序數每行從左到右依次增加。我們從元素週期表中元素所處的位置可以得到很多信息,比如同列元素有類似的化學反應活性。

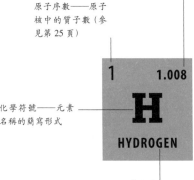

相對原子質量——元素同位素的平均原子質量(參見第 25 頁)。括號中的數字代表放射性元素最穩定同位素的原子質量

原子序數——原子核中的質子數(參見第 25 頁)

化學符號——元素名稱的簡寫形式

元素名稱

週期——即行,從 1 到 7;同一週期中的元素有相同的核外電子層數

族——即列,從 1 到 18 共 18 列;同族元素有相同的最外層電子數和相似的化學性質

同位素

元素的同位素具有相同的質子數,但是中子數不同,因此,它們的原子質量不同。例如,自然存在的碳的同位素分別有 6、7 和 8 個中子數。同位素在化學反應活性上保持一致,但在其他方面可以非常不同,比如有些同位素具有放射性。

碳12
6個中子 + 6個質子 =12

碳13
7個中子 + 6個質子 =13

碳14
8個中子 + 6個質子 =14

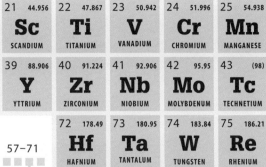

元素週期表的排列方式
從左至右,元素的原子序數依次增加,並在元素特性重複時另開一行。金屬元素在表的左邊,非金屬元素在表的右邊。

圖例

 氫——一種活性氣體

活潑金屬

鹼金屬——較軟，化學性質非常活潑的金屬

鹼土金屬——化學性質中等活潑的金屬

過渡金屬

過渡金屬——元素週期表中的一系列金屬元素，它們具有可變化學價態

主族非金屬

準金屬——元素性質位於金屬和非金屬之間的元素

其他金屬——大部分相對較軟且熔點低的金屬

碳和其他非金屬

鹵素——化學性質非常活潑的非金屬

惰性氣體——無色，化學性質非常不活潑的氣體

稀土金屬

 也被稱為鑭系或錒系金屬，它們是化學活性很強的金屬，有些非常稀有，甚至只能通過合成得到

週期、族和區

在元素週期表中，一行也被稱為一個週期，同一週期的元素具有相同的電子軌道（參見第 25 頁）層數；一列又稱一族，同族的元素最外層電子數相同，因此化學反應活性相似。元素週期表四個主要「區域」（參見左側）中，同「區域」內的元素性質相似，比如過渡金屬元素大多是硬度高、閃閃發亮的金屬。氫的性質很不一樣，因此和同族區別開來，自成一區。

					18
					2　4.0026 **He** HELIUM

13	14	15	16	17	
5　10.81 **B** BORON	6　12.011 **C** CARBON	7　14.007 **N** NITROGEN	8　15.999 **O** OXYGEN	9　18.998 **F** FLUORINE	10　20.180 **Ne** NEON
13　26.982 **Al** ALUMINIUM	14　28.085 **Si** SILICON	15　30.974 **P** PHOSPHORUS	16　32.06 **S** SULPHUR	17　35.45 **Cl** CHLORINE	18　39.948 **Ar** ARGON

8	9	10	11	12						
26　55.845 **Fe** IRON	27　58.933 **Co** COBALT	28　58.693 **Ni** NICKEL	29　63.546 **Cu** COPPER	30　65.38 **Zn** ZINC	31　69.723 **Ga** GALLIUM	32　72.63 **Ge** GERMANIUM	33　74.922 **As** ARSENIC	34　78.97 **Se** SELENIUM	35　79.904 **Br** BROMINE	36　83.80 **Kr** KRYPTON
44　101.07 **Ru** RUTHENIUM	45　102.91 **Rh** RHODIUM	46　106.42 **Pd** PALLADIUM	47　107.87 **Ag** SILVER	48　112.41 **Cd** CADMIUM	49　114.82 **In** INDIUM	50　118.71 **Sn** TIN	51　121.76 **Sb** ANTIMONY	52　127.60 **Te** TELLURIUM	53　126.90 **I** IODINE	54　131.29 **Xe** XENON
76　190.23 **Os** OSMIUM	77　192.22 **Ir** IRIDIUM	78　195.08 **Pt** PLATINUM	79　196.97 **Au** GOLD	80　200.59 **Hg** MERCURY	81　204.38 **Tl** THALLIUM	82　207.2 **Pb** LEAD	83　208.98 **Bi** BISMUTH	84　(209) **Po** POLONIUM	85　(210) **At** ASTATINE	86　(222) **Rn** RADON
108　(277) **Hs** HASSIUM	109　(278) **Mt** MEITNERIUM	110　(281) **Ds** DARMSTADTIUM	111　(282) **Rg** ROENTGENIUM	112　(285) **Cn** COPERNICUM	113　(286) **Nh** NIHONIUM	114　(289) **Fl** FLEROVIUM	115　(289) **Mc** MOSCOVIUM	116　(293) **Lv** LIVERMORIUM	117　(294) **Ts** TENNESSINE	118　(294) **Og** OGANESSON

61　(145) **Pm** PROMETHIUM	62　150.36 **Sm** SAMARIUM	63　151.96 **Eu** EUROPIUM	64　157.25 **Gd** GADOLINIUM	65　158.93 **Tb** TERBIUM	66　162.50 **Dy** DYSPROSIUM	67　164.93 **Ho** HOLMIUM	68　167.26 **Er** ERBIUM	69　168.93 **Tm** THULIUM	70　173.05 **Yb** YTTERBIUM	71　174.97 **Lu** LUTETIUM
93　(237) **Np** NEPTUNIUM	94　(244) **Pu** PLUTONIUM	95　(243) **Am** AMERICIUM	96　(247) **Cm** CURIUM	97　(247) **Bk** BERKELIUM	98　(251) **Cf** CALIFORNIUM	99　(252) **Es** EINSTEINIUM	100　(257) **Fm** FERMIUM	101　(258) **Md** MENDELEVIUM	102　(259) **No** NOBELIUM	103　(262) **Lr** LAWRENCIUM

放射性

放射性物質的原子核不穩定，會釋放能量或放射物質。放射性通常很危險，如果處理不當則後果嚴重。然而，它也可以減少人類對污染性化石燃料的依賴。

輻射是甚麼？

輻射由能夠將電子從原子中轟擊出來的能量波或粒子流組成。大量的輻射會損害細胞中的脫氧核糖核酸（DNA）。另外，它還可以在身體中產生很多活性自由基，這也可能傷害細胞。

輻射的種類

α粒子由兩個質子和兩個中子組成（氦原子核）。β粒子是電子或正電子。γ射線是高能電磁波。

放射性原子

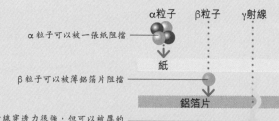

α粒子可以被一張紙阻擋

β粒子可以被薄鋁箔片阻擋

γ射線穿透力很強，但可以被厚的鉛板阻擋

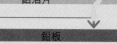

核能

原子分裂或融合在一起時釋放出來的能量被稱為核能。它以熱的形式釋放，可用於燒開水以驅動渦輪發動機，如同燃燒化石燃料來發電一樣（參見第84頁）。

裂變反應

裂變反應中，原子裂變會釋放出能量。在核電站，這個過程是被嚴格監控的，以防鏈式反應失控。

不穩定的鈾核分裂成兩部分

核裂變過程中釋放大量的熱

中子

軸原子核

更多的鈾原子被中子轟擊，引發進一步的裂變反應

向核材料發射高能中子

1 中子撞向原子核
中子流轟擊放射性物質（通常是鈾），部分中子擊中一個原子核，導致其變得不穩定。

2 核裂變
不穩定的原子核分裂成兩個。裂變過程釋放出巨大的能量和更多中子。

3 鏈式反應
釋放出的中子繼續轟擊其他原子，這可能導致更多原子分裂並釋放更多中子，引發鏈式反應。

半衰期和衰變

放射性物質的半衰期是指一半的放射性物質發生衰變所需要的時間。一些物質的衰變週期比較快,但是另一些物質卻長達上百萬年。例如,用於裂變反應堆的鈾-235 具有大約 7 億 400 萬年的半衰期,使處置核廢料變成一個很棘手的問題。

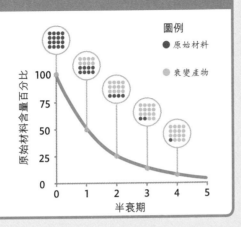

圖例
● 原始材料
● 衰變產物

原始材料含量百分比

半衰期

核聚變反應是否安全?

與核裂變反應堆不同,核聚變反應堆中的核融合過程是沒有風險的。因為故障一旦發生,等離子體就會冷卻並停止反應。

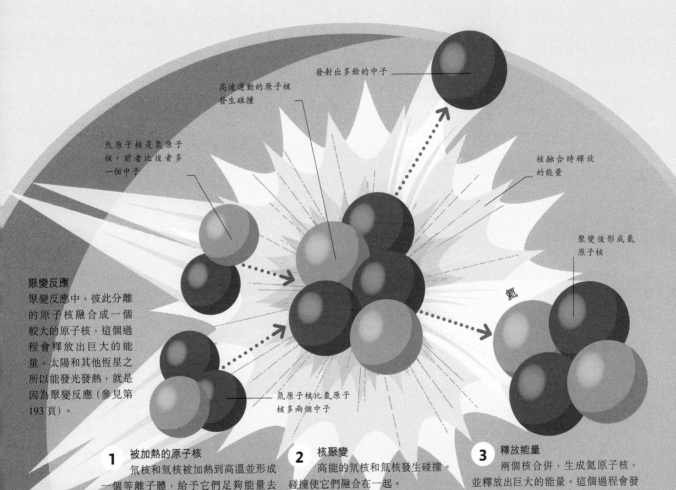

發射出多餘的中子

高速運動的原子核發生碰撞

氚原子核是氫原子核,前者比後者多一個中子

核融合時釋放的能量

聚變後形成氦原子核

氦

聚變反應

聚變反應中,彼此分離的原子核融合成一個較大的原子核,這個過程會釋放出巨大的能量。太陽和其他恆星之所以能發光發熱,就是因為聚變反應(參見第193頁)。

氘原子核比氫原子核多兩個中子

1 被加熱的原子核
氘核和氚核被加熱到高溫並形成一個等離子體,給予它們足夠能量去克服核之間的自然排斥力,從而進行融合。

2 核聚變
高能的氘核和氚核發生碰撞。碰撞使它們融合在一起。

3 釋放能量
兩個核合併,生成氦原子核,並釋放出巨大的能量。這個過程會發射出多餘的中子。

混合物和化合物

當把不同的物質混合時，會發生下列其中一種
情況：它們發生反應並形成新的物質——化合物，
或者保持各自的性質不變，只是混合在一起。

化合物

化合物是兩種或以上元素的原子通過化學作用鍵合
在一起形成的物質。化合物的性質可能和其組成元素的
自身性質有很大差別，比如氫和氧各自都以氣體形式存
在，但鍵合時可形成液態的水。

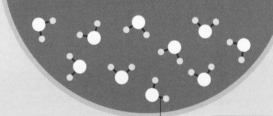

不同元素原子之間的化學鍵

混合物

很多物質混合的時候，它們之間並不發生化學反應，
並保持各自的化學性質不變，例如沙和鹽的混合。這些
物質可能是單種元素原子、單種元素分子，或含有多種元
素的分子（化合物）。

一種物質顆粒

另一種物質顆粒

濾紙

被濾紙過濾出來的
顆粒

過濾了的液體
（濾液）

分離混合物

混合物可用物理方法分離，這是因為組成混合物的物
質之間沒有形成化學鍵。具體的分離方法取決於混合物類
型。比如，混合物中只有一種組分可溶解，便可以通過過
濾分離，而其他類型的混合物則需要更複雜的方法分離，
如色譜法、蒸餾法或離心法。

過濾法

過濾器允許非常小或可溶的顆粒通過，但
阻擋較大或不可溶的顆粒。例如，混合物
中的鹽水溶液可以全部通過過濾器，而混
合物中的沙子將全部被過濾器阻擋。

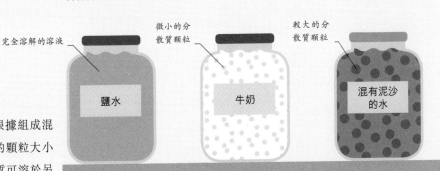

完全溶解的溶液

微小的分散質顆粒

較大的分散質顆粒

鹽水

牛奶

混有泥沙的水

混合物的種類

　　混合物有多種類型，根據組成混合物物質的溶解度和它們的顆粒大小不同而有差異。當一種物質可溶於另一種物質時可形成溶液，比如糖溶於水（參見第 62 ～ 63 頁）。當一種物質不溶於另一種物質，而是相互分散時，則形成膠體或懸浮物。

真溶液

真溶液中所有的組成成分都處於相同的物質形態，比如鹽溶於水形成的鹽水就呈現為液體形態。

膠體

膠體是微小顆粒均勻分散的混合物。分散質顆粒很小而不可見，且不能自然沉澱析出膠體顆粒。

懸浮物

懸浮物中的分散質顆粒像塵埃一般大小，肉眼可見且可沉澱析出。

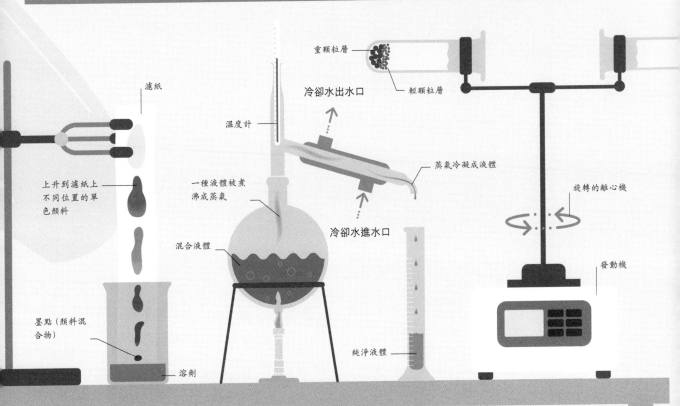

濾紙

重顆粒層

輕顆粒層

冷卻水出水口

溫度計

蒸氣冷凝成液體

上升到濾紙上不同位置的單色顏料

一種液體被煮沸成蒸氣

旋轉的離心機

冷卻水進水口

混合液體

發動機

墨點（顏料混合物）

純淨液體

溶劑

色譜法

複雜混合物中的各個組分通常可用色譜法分離。當溶劑沿濾紙向上擴散時，混合物中的不同組分會上升到不同的距離。

蒸餾法

沸點不同的液體混合物可以使用蒸餾法分離。當加熱混合物時，各組分由於沸點不同而依次沸騰。煮沸的單一組分液體可變成蒸氣而脫離混合物，之後被冷卻水冷凝成液體。

離心法

由不同密度顆粒組成的混合物，或由懸浮物和液體構成的懸浮液，可以通過離心機來實現分離。密度較大的顆粒和懸浮顆粒將會沉積在底層。

分子和離子

　　分子由兩個或以上的原子鍵合組成。這些原子可以是同種元素，也可以是不同種元素。這些原子被它們的帶電粒子間的引力連結在一起，而引力是通過電子轉移或共享形成的。

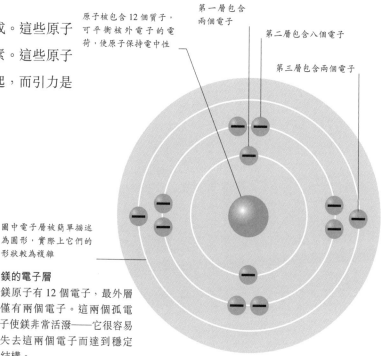

原子核包含 12 個質子，可平衡核外電子的電荷，使原子保持電中性

第一層包含兩個電子

第二層包含八個電子

第三層包含兩個電子

圖中電子層被簡單描述為圓形，實際上它們的形狀較為複雜

鎂的電子層

鎂原子有 12 個電子，最外層僅有兩個電子。這兩個孤電子使鎂非常活潑——它很容易失去這兩個電子而達到穩定結構。

鎂原子：Mg

電子層

　　核外電子軌道處於不同的能級或殼層。每層都有固定的最大電子填充數：第一層最多可填充兩個電子，第二和第三層最多可分別填充八個電子。原子會尋找最為穩定的電子排佈結構，即儘量使最外層飽和。

甚麼是離子？

　　原子是電中性的，即核內的正電性質子和核外的負電性電子相互平衡。原子為了實現穩定的電子排佈，通常會獲取一個電荷，這種帶電的原子（或帶電的分子）被稱為離子。某些原子通過獲取一兩個電子使最外層形成飽和電子結構來實現離子化，而另一些原子，例如 I 族（鹼）金屬中的鈉（參見第 34 頁）則是通過失去最外層電子來實現離子化。無論是原子失去電子還是獲取電子，都將使原子帶電，因為它們的電子數和質子數不再相同。

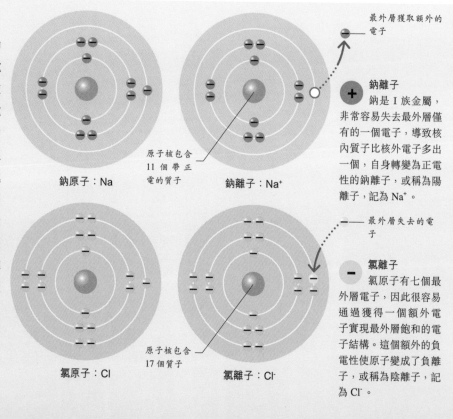

鈉原子：Na

原子核包含 11 個帶正電的質子

鈉離子：Na⁺

最外層獲取額外的電子

鈉離子

鈉是 I 族金屬，非常容易失去最外層僅有的一個電子，導致核內質子比核外電子多出一個，自身轉變為正電性的鈉離子，或稱為陽離子，記為 Na^+。

氯原子：Cl

原子核包含 17 個質子

氯離子：Cl⁻

最外層失去的電子

氯離子

氯原子有七個最外層電子，因此很容易通過獲得一個額外電子實現最外層飽和的電子結構。這個額外的負電性使原子變成了負離子，或稱為陰離子，記為 Cl^-。

共享電子

對於一些成對的原子而言，為使它們的電子保持穩定，最容易的方法就是共享電子。共享電子的原子通過共價鍵結合在一起。這種共價鍵通常於同種元素或元素週期表上相近元素的兩個原子之間存在。

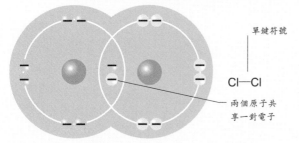

單鍵符號

Cl—Cl

兩個原子共享一對電子

氯氣分子：Cl_2
單鍵
氯原子最外層有七個電子，所以兩個氯原子可以通過共享一對電子而形成最外層飽和的電子結構。通過這樣的單鍵形成了氯氣分子（Cl_2）。

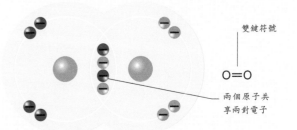

雙鍵符號

O=O

兩個原子共享兩對電子

氧氣分子：O_2
雙鍵
氧原子最外層只有六個電子，因此當兩個氧原子結合時，它們必須共享兩對電子才能變得穩定。這種共享兩對電子的情況稱為雙鍵。

轉移電子

當一個最外層只有一個或幾個電子的原子，遇到另一個最外層未飽和的原子時，前者通常會轉出它的電子，使自身形成正離子和負離子。由於不同電荷相互吸引，這兩個離子通過靜電力結合，形成離子化合物。

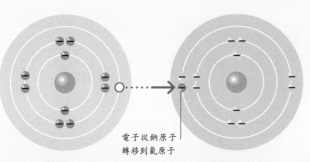

電子從鈉原子轉移到氯原子

鈉離子：Na⁺　　**氯離子：Cl⁻**

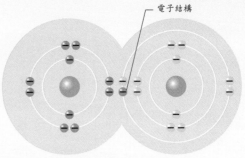

通過電子轉移，鈉離子和氯離子均實現了最外層飽和的電子結構

氯化鈉化合物：NaCl

1　電子轉移
鈉原子的最外層電子轉移到氯原子中，使兩個原子都達到最外層飽和的電子結構，形成各自的離子態，即陽離子鈉和陰離子氯。其他原子配對時，還可能有兩個、三個或更多電子發生轉移。

2　形成離子鍵
正電性的鈉離子和負電性的氯離子相互吸引，形成氯化鈉化合物（鹽）。它們之間的電荷達到平衡，因此，化合物整體上呈電中性。離子化合物經常通過鍵合作用形成巨大的晶格，從而形成晶體（參見第60頁）。

化學反應

化學反應是通過打破原子之間的鍵，創造新物質的方式來改變物質的過程。我們身體中就發生着很多化學反應，對我們的生命至關重要。

食鹽是如何製成的？

食鹽可以通過把鈉和氯混合來製成。鈉和氯混合發生化學反應，生成氯化鈉化合物（即食鹽）。

反應是甚麼？

當發生化學反應時，化學物質的原子被重組。這些原子就像樂高積木一般，能以不同的方式重組，但是各自的總數和類型保持不變。這些原子重組的實際方式取決於發生了甚麼反應。發生反應的物質稱為反應物，形成的新物質稱為產物。

不可逆反應

大部分反應都是不可逆的，意味着這些反應只能向單方向進行，比如當鹽酸 (HCl) 與氫氧化鈉 (NaOH) 混合時，生成氯化鈉 (NaCl) 和水 (H_2O) 的過程。

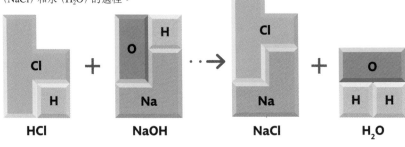

動態平衡

在可逆反應中，反應物混合後反應即開始，最終生成產物（本例中為氨氣）。當反應進行一段時間後，如果沒有增加或減少任何東西，則產物的總量也將停止增加。此時，反應仍是雙向進行的，但雙向反應達到了相互平衡，這就稱為動態平衡。

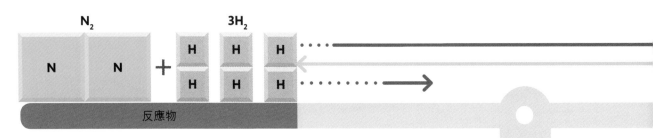

反應達至平衡

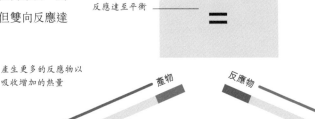

產生較多的產物，以令反應物氣體粒子數量減少，從而使壓強減小

產生更多的反應物以吸收增加的熱量

壓強增加
增壓使反應向產生產物的方向進行，這是因為產物包含較少的氣體粒子。

溫度增加
升溫使反應向產生反應物的方向進行，這個過程能夠吸收熱量。

反應物濃度增加
這產生更多的產物以抵銷增加的反應物。

圖例

- ■ 氧 (O)
- ■ 氯 (Cl)
- ■ 氫 (H)
- ■ 鈉 (Na)
- ■ 氮 (N)

可逆反應

在某些反應中,反應物可以從產物中重新形成。例如氮氣 (N_2) 和氫氣 (H_2) 反應產生氨氣 (NH_3)。

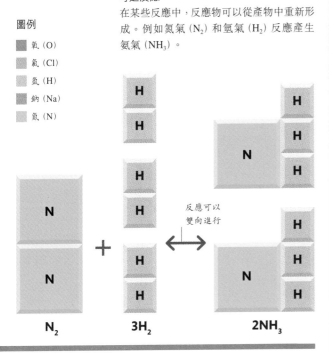

N_2　　　　$3H_2$　　　　$2NH_3$

反應可以雙向進行

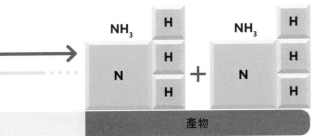

產物

破壞反應平衡

當反應達到平衡時,如果改變某些因素,則平衡將向抵銷這種改變的方向移動。以下四個例子展示了在形成氨氣的反應過程中,四種不同因素改變時,反應的移動方向。

化學反應在我們人體的 **37 萬 2,000 億個細胞**中持續不斷地**發生**着。

產物

產物

反應物

產物濃度增加

這產生更多的反應物以抵銷增加的產物。

常見的反應類型

化學反應可以分為幾類。有些反應是把分子結合在一起,而另一些則把複雜的分子分解成簡單的分子。還有些反應是通過原子互換位置,形成不同分子。燃燒 (參見第 54 ～ 55 頁) 是另一種反應類型,是指氧氣和其他物質發生化學反應,在過程中會釋放出足夠的熱和光以助點燃。

反應類型	定義	反應方程式
合成反應	兩種或以上元素或化合物結合形成一種更複雜的物質	A + B ↓ AB
分解反應	化合物分解為更簡單的物質	AB ↓ A + B
置換反應	一種元素取代化合物中另一種元素	AB + C ↓ AC + B
複分解反應	兩種不同化合物中的不同原子相互交換	AB + CD ↓ AC + BD

煙花

煙花被點燃時會發生快速的化學反應,釋放氣體,並且向外爆炸形成彩色的火花。煙花的顏色取決於所用金屬的類型。例如,燃燒碳酸鍶會產生紅色煙花。

反應和能量

　　如果原子獲得足夠的能量，原子之間的鍵就會斷裂並重組，反應就發生了。非常活潑的物質只要很少的能量就可觸發反應，但是另一些不活潑的物質則需要高溫來觸發反應，這是因為它們的鍵能較強。

活化能

　　觸發一個化學反應所需要克服的能量被稱為活化能。這個過程有點像滑雪者想要從山坡滑下，需要首先爬上頂峰。對於某些反應，反應物一旦結合，反應就會發生。這是因為這類反應所發生的活化能較小，比如強酸和強鹼之間的反應。

一旦滑雪者到達頂端，就可以滑下來；同理，當反應物有足夠的能量時，反應就開始並形成產物，過程中會釋放能量

反應會否不受控制？

如果放任不管，放熱反應速率會隨溫度上升而提高，導致危險性增加。它可能引起爆炸並釋放出有毒化學物質，比如 1984 年印度博帕爾發生的嚴重事故。

釋放還是吸收能量
如果釋放的能量比吸收的能量多，產物的能量會比反應物少，這個過程就是放熱反應。如果吸收的能量比釋放的能量多，反應物的能量會比產物少，這個過程就是吸熱反應。

滑雪者需要先爬上山坡頂峰，就如同觸發反應需要活化能一般

活化能

能量

釋放的能量

氧化鈣　＋　水

＝ 氫氧化鈣　＋　熱

釋放淨能量
把氧化鈣和水混合是放熱反應的一個例子，因為在反應過程中，（以熱的形式）釋放的能量比吸收的能量多。因此，反應時會釋放淨能量。

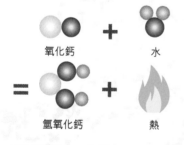

這次滑雪者需要爬上更高的山坡，這表示觸發反應需要更高的活化能

放熱反應

反應速率

當反應物中的原子與足夠的能量碰撞時，反應就會發生。升高溫度、增加反應物濃度、增大反應物表面積或減小容器體積，都會使原子之間的碰撞次數上升，從而使反應速率增加。

增加反應物濃度
反應物越多，原子之間的碰撞次數就越多，反應速率就越快。

濃度增加前　　濃度增加後

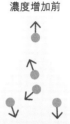

氣體和液體

升高溫度
這使原子移動加快，碰撞頻率和能量增加。

升溫前　　升溫後

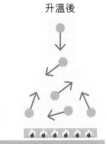

氣體、液體和固體

減小容器體積
在一個較小的容器內，原子被擠在一起，它們之間的碰撞更頻繁。

體積減小前

體積減小後

僅限氣體

增大反應物表面積
碰撞只發生在固體表面，增大反應物表面積也可使反應速率加快。

表面積增大前　　表面積增大後

僅限固體

雪酪

雪酪裏含有檸檬酸和碳酸氫鈉，一接觸唾液就會分解並發生反應，產生二氧化碳氣泡，從而使我們感到雪酪起泡。該反應過程為吸熱反應，所以，喝雪酪時舌頭會有一種涼爽的感覺。

滑雪者從比之前所爬山坡的較緩一側滑下，表示這類反應釋放的能量比反應發生所需的活化能少

鉋非常活潑，
以至於一接觸
空氣就會**發生自燃**。

活化能

吸收的能量

碳酸鈣　　　　熱

＝

氧化鈣　　　二氧化碳

吸收淨能量
加熱碳酸鈣就是吸熱反應的一個例子，因為反應過程中（以熱的形式）吸收的能量比釋放的能量多。因此，反應時會吸收淨能量。

吸熱反應

強度高

大部分金屬都比較堅硬且有韌性。施加外力後，它們的原子可以被輕微擠壓，之後又可以恢復到先前的位置。

正常形態　　受擠壓後

例子
● 銅
● 鎢
● 鈦

密度大

大部分金屬中的原子都是緊密堆積的，這是因為離域的電子和正電性離子之間的吸引力較強，使金屬的密度和質量都較大。

例子
● 鐵
● 鉑
● 鈦

由海量的⋯⋯和原子可⋯⋯對移動，因此⋯⋯很容易發生重排⋯⋯金屬有很好的延展性⋯⋯如，當把金屬拉伸成一條⋯⋯絲時，它們原子之間的鍵⋯⋯破壞。

層間相對滑動

力

導熱性

位於金屬一端被加熱的電子可以自由移動到另一端，因此，金屬中熱量的傳導比那些熱量需要從一個原子傳到另一個原子的材料要快得多。

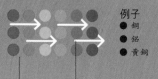

電子　　金屬中的熱量傳遞

例子
● 銅
● 鋁
● 黃銅

金屬中的電子相對⋯⋯屬陽離子移動時並不⋯⋯會破壞它們之間的⋯⋯學鍵，因此可以通過⋯⋯捶打來塑造形狀。

施加外力時，原子相互滾動以達到新的位置

力

金屬的結構

離子　　離域的電子

金屬原子最外層的電子都是離域的，因此它們可以在離子之間和離子周圍移動。這種結構賦予了金屬獨特的性質。

導電性

金屬中的電子移動時會運載電荷，使金屬有很好的導電性。其中某些金屬，例如銅和銀，比其他金屬有更好的導電性。

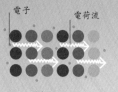

電子　　電荷流

例子
● 銀
● 銅
● 金

高熔點和高沸點

熔化金屬需要克服海量負電性的電子和正電性的金屬離子之間的強吸引力，這個過程需要消耗大量熱能。

例子
● 鎢
● 錸
● 鐵

金屬的每條邊都有許多電子繞行。當光照射到金屬上時，這些電子可以吸收光子並重新發射光子，使金屬帶有光澤。

例子
● 銫
● 鋁
● 銀

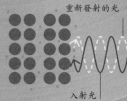

重新發射的光

入射光

有光澤

主要特性

金屬的特性使它們有非常廣泛的應用範圍，從高導電性的銅線和平底鍋，到反應惰性和可塑性高的金及鉑的首飾不等。

金屬

地球上自然存在的元素中，四分之三以上都是金屬，它們形態各異，性質也各不相同。然而，大多數金屬元素都具備一些關鍵的共同特性。

金屬的特性

金屬是結晶物質，它們往往堅硬、有光澤、具有良好的導電性和導熱性。它們密度大、熔點和沸點較高，但又很容易通過各種方法形變重塑。然而，也有一些金屬與上述特徵不完全相符。例如，水銀在室溫下呈液態，這是因為它的最外層電子非常穩定，不容易和其他原子成鍵。

鐵銹

許多金屬都有很高的反應活性，特別是 I 族的金屬（參見第 34 ～ 35 頁）。大部分金屬遇到氧氣都會產生金屬氧化物。例如，當鐵暴露在含氧氣的空氣或水中時，就會產生氧化鐵，俗稱鐵銹。

合金

在實際應用而言，大部分高純度的金屬都顯得太軟、太脆或太活潑。為了改善它們的特性，通常會把不同的金屬相互結合或把金屬和非金屬混合成合金。合金的性質可以通過改變混合金屬的類型或比例來調節。鋼鐵是最常見的合金，它是鐵、碳和其他元素的混合物。增加碳含量會令鋼鐵變硬，使其成為良好的建築材料。增加鉻含量會令鋼鐵變成具有抗腐蝕性的不銹鋼。加入其他元素也可使鋼鐵的性質改變，包括提高耐熱性、耐用性或韌性，可應用於製造汽車零件或鑽頭等。

奧運金牌是純金造的嗎？

現在的奧運金牌只有表面一層鍍上六克純金。最後一塊純金造的金牌於 1912 年頒發。

合金成分
銅有兩種常見的合金：青銅（增加錫以提高硬度）和黃銅（增加鋅以提高可塑性和耐用性）。不銹鋼也是一種常見的合金，其組成成分有不同的變化。

錫 12%
銅 88%

青銅

鋅 30%
銅 70%

黃銅

鉻 18%
鎳 8%
鐵 74%

典型的不銹鋼

易延展

子
鉑
銀
鐵

子
鉑
銀
鐵

可鍛性

氫

在可見宇宙中，90% 的物質都由氫元素組成。氫對地球上的生命至關重要，主要因為它是水和被稱為碳氫化合物的有機物的重要組成元素。氫還是未來潛在的清潔能源之一。

氫是甚麼？

氫是恆星和木星、土星、海王星、天王星等行星的主要組成成分。在地球上，正常溫度和壓強下的氫是無色、無臭無味的氣體，高度可燃且非常活潑。氫在地球上主要以和其他元素結合的分子形式存在，例如水就是氫和氧結合而成的。氫原子和碳原子結合，可以形成數以萬計被稱為碳氫化合物的有機物，這是組成生命體的基礎物質。

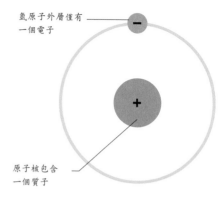

氫原子外層僅有一個電子

原子核包含一個質子

最簡單的元素
氫是元素週期表（參見第 34～35 頁）中最小、最輕、最簡單的元素，只包含一個質子和一個電子。但是，它可以以非常複雜的方式發生反應，形成不同類型的原子鍵，既可以和酸反應，也可以和鹼反應。

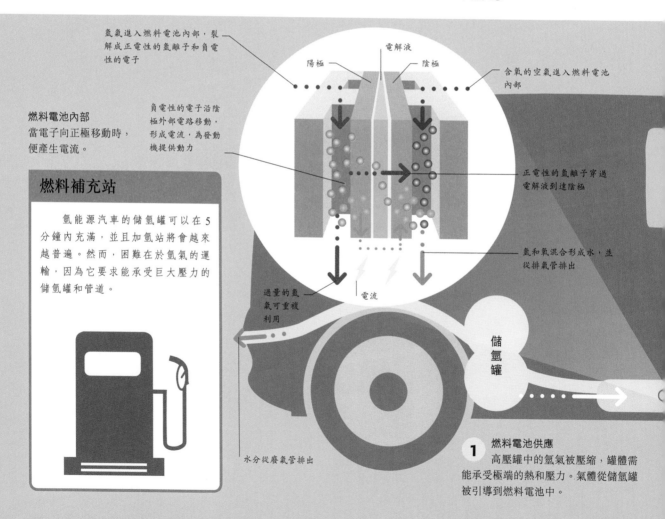

氫氣進入燃料電池內部，裂解成正電性的氫離子和負電性的電子

陽極

電解液

陰極

含氧的空氣進入燃料電池內部

燃料電池內部
當電子向正極移動時，便產生電流。

負電性的電子沿陰極外部電路移動，形成電流，為發動機提供動力

正電性的氫離子穿過電解液到達陰極

燃料補充站

氫能源汽車的儲氫罐可以在 5 分鐘內充滿，並且加氫站將會越來越普遍。然而，困難在於氫氣的運輸，因為它要求能承受巨大壓力的儲氫罐和管道。

過量的氫氣可重複利用

電流

氫和氧混合形成水，並從排氣管排出

儲氫罐

水分從廢氣管排出

1 燃料電池供應
高壓罐中的氫氣被壓縮，罐體需能承受極端的熱和壓力。氣體從儲氫罐被引導到燃料電池中。

提取氫

　　在氫可被用作燃料之前，必須先隔離它。從沼氣中提取甲烷的過程可以獲得氫，但是過程中會產生溫室氣體。另一種提取氫的較清潔方法是電解，即通過電流將水分解成氫和氧。然而，這一方法通常效率低且能耗高，因此，人們正研發用特定催化劑來提高分解水分子效率的方法。

電解如何運作？

當電流通過水時，會使氫原子失去電子，並使氧原子得到電子，從而將原子轉變成帶電離子。隨後，正電性的氫離子和負電性的氧離子分別轉移到陰極和陽極，和電子重新組合成氫原子和氧原子。

試管收集氧氣

電池

氧 O_2

氫 H_2

產生的氫是氧的兩倍，因為水分子 (H_2O) 中包含的氫原子是氧原子的兩倍

上升的氫氣氣泡

負電性的氧離子 (O^{2-}) 被正電性的陽極吸引；每個氧離子失去兩個電子形成氧原子，氧原子進一步反應形成氧

正電性的氫離子 (H^+) 被負電性的陰極吸引；每個氫離子獲得一個電子變成氫原子，氫原子進一步反應形成氫

＋ 陽極

－ 陰極

水

氫能源汽車

　　氫的儲能特性使其有可能替代汽油作為燃料。但因為它是氣體，單位體積能量少於汽油，因此必須壓縮儲存。這需要專門的設備且消耗能量，同時會產生排放物。科學家正在開發儲存和運輸氫的方法，例如金屬氫化物可以固體形式儲存氫，隨後可在有需要時透過一些可逆的化學反應（參見第 42 ～ 43 頁）釋放氫。這可以避免氣態氫的儲存問題，但同時也引發了新問題，例如化合物重量的問題。

未來能源

氫能源汽車使用壓縮氫，它向電堆中的燃料電池提供氫。在燃料電池中，氫和氧發生電化學反應，從而產生供應汽車發動機的電能。

動力控制單元從燃料電池獲取電力，控制其在發動機中的流動

動力控制單元

燃料電池電堆

發動機

2 轉變成電能
　　燃料電池電堆包含數百個單個燃料電池。每個燃料電池中，氫和氧結合產生電能。這個過程比燃燒汽油驅動汽車的效能更高。

3 發動機驅動
　　電動發動機直接驅動車輪，因此比內燃機更寧靜，浪費的能量更少，效能也更高。

碳

所有生物體的 20% 都是由碳元素組成，而其原子是組成目前科學已知的最複雜分子的骨架。任何元素都沒有如碳元素這樣的結構多樣性。

甚麼使碳如此不簡單？

碳原子可以和其他原子多元地鍵合，從而產生眾多分子結構。每個碳原子有四個最外層電子，可以形成四個強化學鍵。最常見是碳原子與更小的氫原子或與另一個碳原子鍵合，而其他原子也可作為組成成分。結果形成了包含相互連接的碳「骨架」和一層氫「皮膚」的分子結構。這種結構涵蓋了從只包含一個碳原子的簡單分子——甲烷，到包含很多碳原子的長鏈分子。

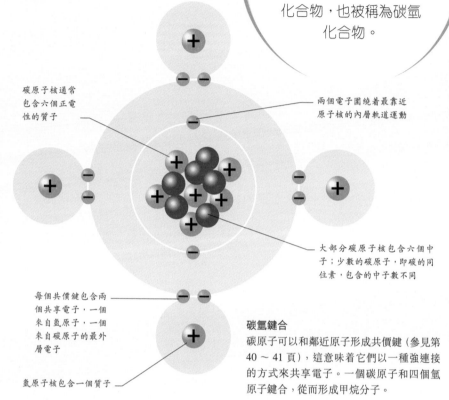

碳原子核通常包含六個正電性的質子

兩個電子圍繞着最靠近原子核的內層軌道運動

大部分碳原子核包含六個中子；少數的碳原子，即碳的同位素，包含的中子數不同

每個共價鍵包含兩個共享電子，一個來自氫原子，一個來自碳原子的最外層電子

氫原子核包含一個質子

「有機」是甚麼意思？

從化學的角度而言，「有機」物含有碳；嚴格意義上是指碳原子和氫原子結合形成的化合物，也被稱為碳氫化合物。

碳氫鍵合

碳原子可以和鄰近原子形成共價鍵（參見第 40 ～ 41 頁），這意味着它們以一種強連接的方式來共享電子。一個碳原子和四個氫原子鍵合，從而形成甲烷分子。

碳鏈和碳環

碳原子和其他原子鍵合成分子的方式多得數不清。每種結合方式都對應一種具有獨特性質的化合物。最短的碳鏈是兩個碳原子和六個氫原子結合形成的電中性氣體乙烷（C_2H_6）。當碳鏈足夠長時，鏈端的碳原子可以相互結合形成環，例如原油的液體組成成分之一苯（C_6H_6）。

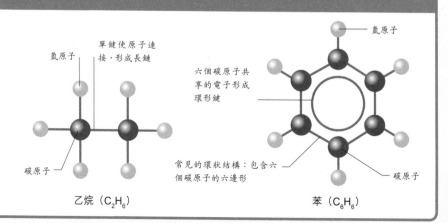

氫原子

單鍵使原子連接，形成長鏈

碳原子

六個碳原子共享的電子形成環形鍵

常見的環狀結構：包含六個碳原子的六邊形

氫原子

碳原子

乙烷（C_2H_6）

苯（C_6H_6）

碳的同素異形體

同素異形體，是指由同一種化學元素構成，因原子排列方式不同而具有不同結構形態的單質。固體碳有三種主要的同素異形體：片層狀排列的石墨、硬度極高的金剛石晶體和中空結構的富勒烯。

石墨

石墨易剝離，因為石墨中碳原子是片層狀排列的，可以相互滑動。每個碳原子與其他三個鄰近碳原子形成三個（共價）單鍵，另一個電子可以在平面層自由活動，因此石墨具有很好的導電性。

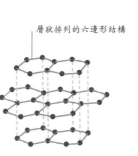

層狀排列的六邊形結構

金剛石

在金剛石中，每個碳原子均與相鄰的四個碳原子成鍵，形成三維晶體。這種結構硬度極大，不易變形。金剛石中沒有自由電子，因此與石墨不同，金剛石不導電。

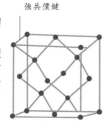

強共價鍵

富勒烯

在富勒烯中，原子以圓形或管形的「籠」狀結構排列。儘管是中空的，但這種結構非常堅固，且這種獨特的原子排列方式應用廣泛，例如網球拍中的增強石墨纖維。

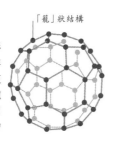

「籠」狀結構

庫里南鑽石——迄今為止**世上最大**的天然鑽石，重 **621.35 克。**

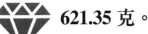

構成生命的基礎物質

最複雜的碳基分子存在於生物體中。這裏，碳原子通常和氧、氮及其他元素結合，形成生化物質——構造生命的分子，且主要分為四大類：蛋白質、碳水化合物、油脂和核酸。它們通過一系列被稱為新陳代謝的複雜反應結合在一起。

蛋白質
含碳氨基酸組成的鏈被稱為蛋白質。蛋白質不僅能夠組成如肌肉的組織，也能夠加速細胞中的反應。

碳水化合物
碳是組成碳水化合物的關鍵元素。最簡單的碳水化合物是糖，它可以被分解以釋放能量。

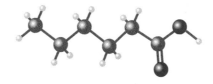

油脂
脂肪和油統稱油脂。油脂含有由碳、氫、氧三種元素組成的脂肪酸，其主要功能是儲存能量。

圖例
- 碳
- 氫
- 氧
- 氮

DNA 雙螺旋骨架由糖構成

核酸
核酸，如 DNA，是複雜分子，可攜帶遺傳信息，其成分主要是氮、磷和碳。

空氣

　　大氣層中的空氣是一種混合氣體。空氣對生命至關重要，它為動物的呼吸提供氧氣，也為植物的光合作用提供二氧化碳。但如果空氣受到污染，將會影響上述過程，並損害我們的健康。

空氣成分

　　空氣的主要成分是氮氣，還有約 20% 的氧氣、約 1% 的氬氣和少量其他氣體，如二氧化碳（CO_2）。空氣中的水蒸氣含量因地理位置而不同，因此空氣成分中常常忽略水蒸氣，但是在潮濕氣候中，水蒸氣含量可高達 5%。人類行為會改變空氣的成分，最明顯就是增加二氧化碳含量。

全球 92% 的人口呼吸的空氣超過了世界衛生組織的空氣質量的安全限值。

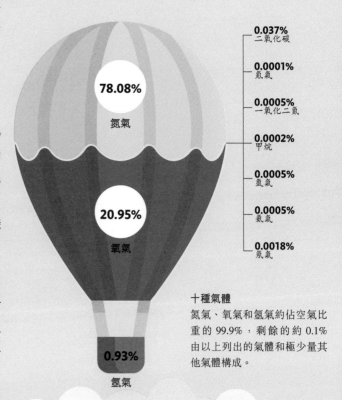

78.08%
氮氣

20.95%
氧氣

0.93%
氬氣

0.037%
二氧化碳

0.0001%
氖氣

0.0005%
一氧化二氮

0.0002%
甲烷

0.0005%
氦氣

0.0005%
氪氣

0.0018%
氬氣

十種氣體
氮氣、氧氣和氬氣約佔空氣比重的 99.9%，剩餘的約 0.1% 由以上列出的氣體和極少量其他氣體構成。

空氣污染

　　空氣污染是個大問題。世界衛生組織發現，由空氣污染導致的死亡人數甚至超過了由肺結核、愛滋病和交通事故導致的死亡人數總和。在發展中國家，最大的空氣污染源來自家中燃燒木材和其他燃料。在城市裏，汽車廢氣和家居及工業生產活動中排放的污染物會造成高污染區域。空氣污染可能會增加罹患哮喘和其他呼吸道疾病的風險。特別是顆粒物——懸浮在空氣中的微小顆粒和液體的複雜混合物，可以滲透並嵌入肺部深處，對健康尤其有害。

主要的污染物及其來源

被直接排放到大氣中的污染物主要有六種，其主要污染源也可分為六種。右圖顯示了各種污染源對各種主要污染物貢獻的佔比分佈。

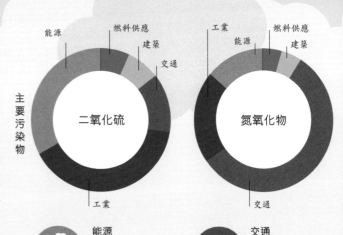

主要污染物

二氧化硫

氮氧化物

能源　燃料供應　建築　交通　工業

工業　能源　燃料供應　建築　交通

來源

能源
燃燒化石燃料獲取能源，會釋放很大比例的二氧化硫進入大氣。

交通
交通運輸使用的燃料釋放超過全球氮氧化物有毒氣體排放量的一半。

天空顏色的變化

　　可見光的顏色取決於到達我們眼睛的光的波長。波長較短的藍光最容易被大氣層中的顆粒物散射，使天空在白天呈現藍色（參見第107頁）。波長較長的紅和橙光被散射最少，故它們在白天是不可見的，但在日落或日出時，當太陽在天空中處於較低的位置，這時天空會呈現紅橙色。城市周圍的日落大多是血紅色的，這是因為城市空氣中有很多由內燃機產生的懸浮顆粒物。這些懸浮顆粒物把藍光、紫光和綠光散射了，使天空剩下紅色。

紅色的日落
日落時分，太陽相對於地面的角度較低，表示太陽光要在大氣中穿行相對長的路程，因此只剩下紅和橙光。

日落

太陽光

大氣層

波長較長的紅和橙光到達人眼

藍光、紫光和綠光被散射

地面

家居污染

　　家居環境中的空氣也可能存在較大的污染。常見的家庭污染源有由香煙、油漆、香味蠟燭釋放的苯，火爐裏燃料燃燒不完全所產生的氮氧化物，以及傢具泡沫材料釋放出的甲醛等，所有這些污染源都有損害我們健康的潛在風險。增加室內植物數量有助吸收有毒化學物質，而空氣淨化器也有助改善惡劣的空氣質量。

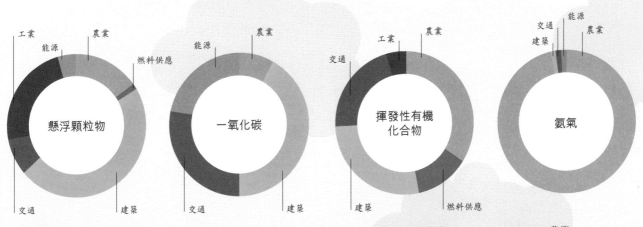

懸浮顆粒物

工業　能源　農業　燃料供應

交通　建築

一氧化碳

能源　農業

交通　建築

揮發性有機化合物

工業　農業

交通

建築　燃料供應

氨氣

交通　能源

建築　農業

工業
工廠是大量二氧化硫、氮氧化物和懸浮顆粒物排放的主要源頭。

建築
大部分的一氧化碳排放來自家庭的烹飪和取暖過程，特別是固體燃料火爐。

燃料供應
提取、運輸和處理燃料過程中產生的污染物大多是揮發性的有機化合物。

農業
絕大多數氨氣是由農業活動中產生的動物排泄物所釋放的。

燃燒和爆炸

受控的火可以用於烹飪食物、驅趕危險動物、發電及推動引擎。但如果火失控了，則會造成重大災害，甚至簡單的燃燒也可能導致毀滅性的大爆炸。因此，了解火如何運作非常重要。

燃燒

燃燒是一種化學反應。通常如煤或甲烷等碳氫化合物的燃料，與空氣中的氧氣發生反應，以熱和光的形式釋放出能量。在氧氣充足時，燃料完全燃燒產生二氧化碳和水。燃燒一旦開始就會持續進行，除非火被撲滅或者氧氣或燃料耗盡。

森林火災的溫度可高達 800°C 或以上。

自燃

啟動燃燒通常需要如火花或火焰之類的能量輸入。然而有些物質，例如乾草、某些油類或一些活潑元素（例如銣），如果它們足夠熱，就可以自發燃燒起來。

乾草和稻草　　亞麻籽油　　銣

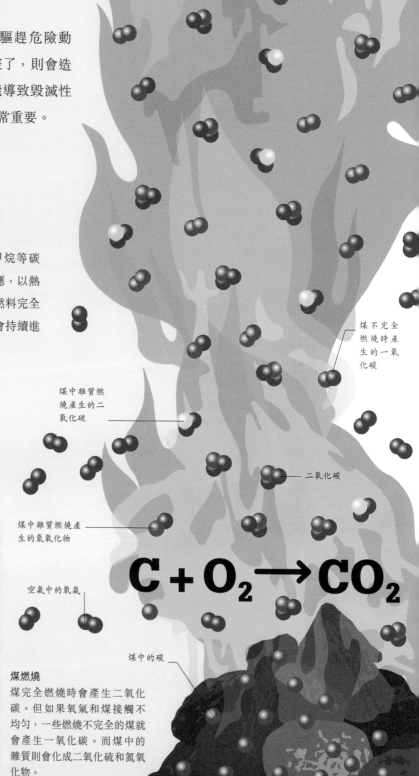

煤不完全燃燒時產生的一氧化碳

煤中雜質燃燒產生的二氧化硫

二氧化碳

煤中雜質燃燒產生的氮氧化物

空氣中的氧氣

$$C + O_2 \rightarrow CO_2$$

煤中的碳

煤燃燒

煤完全燃燒時會產生二氧化碳。但如果氧氣和煤接觸不均勻，一些燃燒不完全的煤就會產生一氧化碳。而煤中的雜質則會化成二氧化硫和氮氧化物。

滅火

起火必須具備三個條件：熱力、燃料和氧氣（通常是空氣形式）。移除其中任何一個條件都可以使火熄滅。但是，最佳滅火方法取決於火的類型。例如，用水撲滅由電引起的火可能會導致觸電；用水撲滅由油或油脂引起的火，則可能會使燃燒的油或油脂擴散。

水蒸發變成水蒸氣的過程會從火中吸熱。這一原理可用於撲滅某些類型的火，例如木材和紡織物的燃燒

減火器通過釋放二氧化碳阻隔氧氣供應來滅火

用阻燃材料（如防火毯）覆蓋燃燒物可以阻隔氧氣

對於森林大火，可砍伐火勢周圍的樹木來阻斷燃料以防止火勢蔓延

粉末和泡沫滅火器在燃燒物上形成覆蓋層，可以阻隔氧氣

熱力

氧氣

燃料

火的三角

爆炸

爆炸是熱力、光、氣體和壓力的一種突然釋放。爆炸過程比燃燒過程快得多。爆炸產生的熱力不會即時消散，周圍的氣體會迅速膨脹，形成衝擊波。衝擊波會從爆炸中心快速擴散，強大的能量足以危害人身和財產安全。爆炸產生的小碎片會隨之往外衝擊，造成進一步傷害。

能否從爆炸中逃脫？

不太可能。化工爆炸射出的碎片的速度可超過每秒8公里，比人類跑的速度快得多。

火球冷卻及凝結，聚集為蘑菇雲

爆炸形成上升的火球

核裂變或核聚變反應

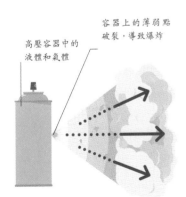

容器上的薄弱點破裂，導致爆炸

高壓容器中的液體和氣體

施加能量，例如熱力，會觸發化學反應

反應過程快速釋放大量能量

物理爆炸
高壓容器中的薄弱點可能會破裂而使其內部物質溢出，容器內部壓力下降，令氣體迅速擴張，導致爆炸。

化學爆炸
化學爆炸由快速化學反應過程中釋放的大量氣體和能量導致。反應通常是被熱力觸發的，如火藥，或被物理撞擊觸發的，如硝酸甘油。

核爆炸
核爆炸可以來自原子核的裂變反應或聚變反應。兩者都可以快速地產生巨大的能量，同時釋放放射性物質。

冰

當水冷卻時，水分子的運動變慢，形成更多氫鍵。當水凍結成冰時，這些氫鍵將水分子連接起來，並固定為一種鬆弛結構。這就是水凍結成冰後體積膨脹的原因。

形成更多氫鍵

分子向外擴張，使體積膨脹

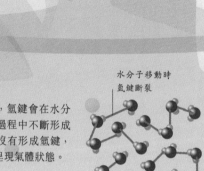

水分子移動時氫鍵斷裂

水

當水是液體時，氫鍵會在水分子相互運動的過程中不斷形成和斷裂。如果沒有形成氫鍵，水在室溫下將呈現氣體狀態。

水

　　水雖然是一種最常見的物質，但卻一點也不平凡。它是唯一一種可在正常溫度和壓強下以固體、氣體和液體三種狀態存在的物質，也是唯一一種固體密度比液體密度低的物質。

獨特性質

　　每個水分子由兩個氫原子和一個氧原子鍵合而成。水分子中的氧原子是弱負電性的，而氫原子則帶有少量的正電荷。這些不同的電荷使分子之間形成氫鍵，賦予了水獨特的性質。

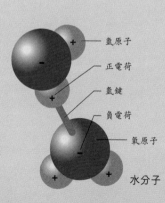

氫原子

正電荷

氫鍵

負電荷

氧原子

水分子

表面張力

相比於空氣，水更傾向和自己成鍵。因此，位於表面的水分子會和它們的近鄰分子形成較強的鍵，而不是和水面之上的空氣分子成鍵。實際上，正是這些相互作用形成了非常結實的表面層，足以讓小昆蟲在水面上行走。

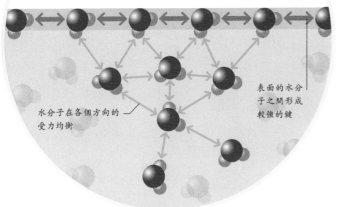

水分子在各個方向的受力均衡

表面的水分子之間形成較強的鍵

身體中的水分

水分約佔男性體重的 60%、女性體重的 55%。女性的水分比例稍低是因為她們的體內脂肪相對較多，而脂肪的含水量低於肌肉組織。平均而言，我們每天都需要喝 1.5 ～ 2 升水來補充由尿液、汗液和呼吸排出的水分，而精確的需求量則取決於天氣和活動量。

成年男性

60%
的水分

人體內絕大部分的水分都存在於身體的細胞裏

毛細管現象

水分子是否可以吸附到物體表面，很大程度上取決於該物體的材料。在幼細玻璃管中，由於水分子和玻璃管壁之間的吸引力比水分子之間的吸引力強，水會沿着管壁往上爬升。

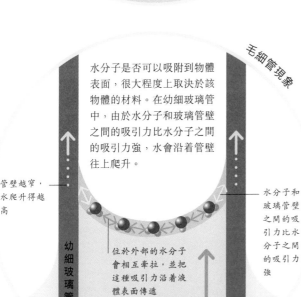

管壁越窄，水爬升得越高

幼細玻璃管

位於外部的水分子會相互牽拉，並把這種吸引力沿着液體表面傳遞

水分子和玻璃管壁之間的吸引力比水分子之間的吸引力強

水向上移動

為甚麼水有時看起來是藍色的？

水會吸收波長較長的光，即光譜中靠近紅光的部分，因此，我們最終看到的是波長較短的光，即偏藍光的部分。

當水凍結成冰時，**體積大約會膨脹 9%**。

pH值

0 蓄電池酸液
1 胃酸
2 檸檬汁
3 橙汁
4 蕃茄汁
5 黑咖啡

酸和鹼

雖然酸和鹼是化學性質相反的化學物質，但兩者都是人們所熟悉的具有刺激性和腐蝕性的危險物品。酸和鹼的強度範圍非常廣。

酸是甚麼？

酸是一種在溶於水時，氫原子會以正電性的氫離子被釋放的物質。釋放的氫離子越多，則酸性越強。例如，氯化氫氣體溶於水時，就會產生氫離子，形成被稱為鹽酸的溶液。鹽酸是最強的酸之一，它的氫離子濃度比某些酸性水果中的弱酸高 1,000 倍。

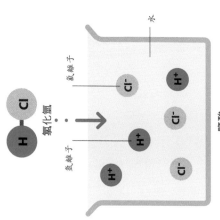

水
氯離子
Cl^-
H^+
H — Cl
氯化氫
氫離子
鹽酸

酸雨

酸的強的腐蝕性來自氫離子，因為這些含氫離子的化學反應活性強，會分解進入其他材料。工廠產生的二氧化硫污染進入大氣中，會和空氣中的水發生反應，形成硫酸。當這些硫酸雨以降落的形式降落時，會腐蝕石灰岩的建築物，也會使樹葉和其他植物死亡。

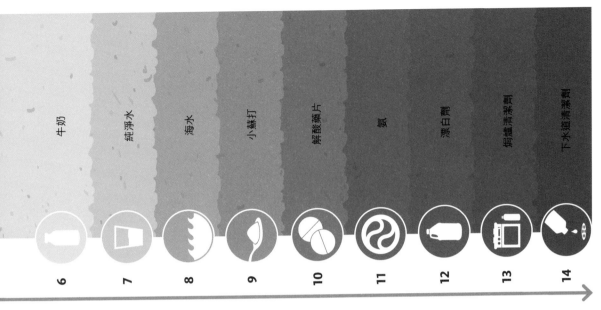

牛奶 6
純淨水 7
海水 8
小蘇打 9
解酸藥片 10
氨 11
漂白劑 12
焗爐清潔劑 13
下水道清潔劑 14

鹼是甚麼？

鹼是與酸化學性質相反的一類物質，也可以和酸發生反應。鹼可以中和酸中的氫離子。石灰岩和粉筆都屬於鹼性岩石，皆可以這種方式與酸反應。最強的鹼，例如氫氧化鈉（苛性鈉），溶於水中會形成強鹼溶液。鹼在水中會釋放出負電性的離子，即氫氧離子。

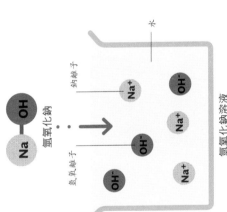

氫氧化鈉
鈉離子 Na^+
氫氧離子 OH^-
氫氧化鈉溶液

酸鹼反應

酸鹼反應產生水和另一種被稱為鹽的物質。鹽的種類取決於發生反應的酸和鹼的類型。鹽酸和氫氧化鈉反應產生氯化鈉（一般食鹽），其中的氫氧離子和氫離子結合產生水。

$$HCl + NaOH = NaCl + H_2O$$

酸（鹽酸）　鹼（氫氧化鈉）　鹽（氯化鈉）　水

量度酸度

pH值用於衡量物質的酸鹼強度，取值範圍從強酸的0到強鹼的14。pH值每增加一級，氫離子濃度就下降為原來的十分之一。一種被稱為pH值指示劑的染料可用於測量物質的pH值。物質和pH值指示劑發生反應，會出現從pH值為0時的紅色到pH值為14時的紫色等色不同顏色，而中間值，即pH值為7時則顯示綠色（表示中性）。

酸和鹼如何燒皮膚？

酸和鹼都可以損害皮膚中的蛋白質並殺死皮膚細胞。鹼和酸不同，它還可以液化皮膚組織，從而滲透到皮膚更深層，造成比酸更嚴重的傷害。

晶體

從最堅硬的寶石到轉瞬即逝的精緻雪花，晶體的結構無疑具有美感。這些獨特的性質來自組成晶體的原子或粒子精確而有序的細微排列。

晶體是甚麼？

結晶固體（參見第 14 頁）由整齊排列的粒子組成：原子、離子或分子以一定的重複結構為單元，有序地結合成晶體結構。與之相對的是無定形（即非晶體）物質，如塑膠或玻璃（參見第 70～71 頁），它們當中的粒子隨機無序地結合在一起。某些固體，如大部分金屬，只屬部分結晶。它們含有大量微小的晶體，稱為晶粒。這些晶粒也隨機無序地鍵合在一起。

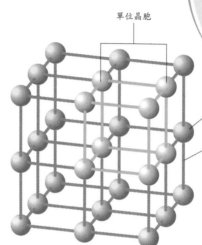

單位晶胞

原子

原子之間的鍵

晶體結構
晶體包含一個重複的原子排列，被稱為單位晶胞。圖示中最簡單的單位晶胞是包含八個粒子的立方體。這些原子組成的平面相互平行，晶體可以沿着這些平面被分割。

為甚麼有些晶體會有顏色？

和其他物質一樣，如果組成晶體的原子可以反射或吸收特定波長的光，則晶體就會呈現出顏色。例如，由於紅寶石中的鉻原子可以反射紅光，因此它是紅色的。

礦物晶體

礦物，即岩石的化學成分，是地球基岩在地質運動過程中形成的結晶狀物質。礦物晶體是熔岩固化或固體碎片在高溫和高壓下重新結晶而形成的。礦物晶體也可以從溶液中生長出來，例如當水中的礦物濃度過高時，那些溶解的礦物質就會開始沉澱。如果這一結晶過程長期且穩定（見右圖），就會生長出巨型晶體。

巨型天然石膏**晶體**重量可高達 **50** 噸。

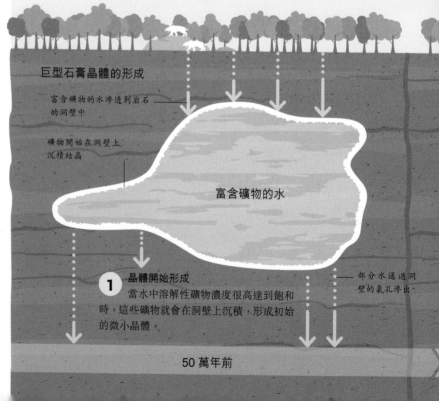

巨型石膏晶體的形成

富含礦物的水滲透到岩石的洞壁中

礦物開始在洞壁上沉積結晶

富含礦物的水

晶體開始形成
1 當水中溶解性礦物濃度很高達到飽和時，這些礦物就會在洞壁上沉積，形成初始的微小晶體。

部分水通過洞壁的氣孔滲出

50 萬年前

液晶

　　某些物質既具有易流動性，又具有晶體的特性。這種兼有晶體和液體性質的中間態，被稱為液晶。它們的粒子整齊排列，但由於可以轉動，粒子能夠指向不同的方向。如同固體晶體中的粒子一樣，液晶中粒子的排列取向也會影響光的傳播方式。旋轉分子可以「扭曲」偏振光（光的振動面只限於某一固定方向）。這一特性正是液晶顯示器的原理：通過電力來改變分子的排列狀況，以選擇性地點亮某些像素點。

液晶顯示器
在「休眠」狀態下，液晶分子扭轉偏振光以點亮一個像素點。但通電時，液晶分子平行排列，入射偏振光通過分子時不再扭轉，偏振光垂直的振動被水平濾光片阻擋，形成暗的像素點。

非偏振光源的光線包含所有振動方向的光

垂直方向偏振濾光片

僅在垂直方向振動的偏振光波

電源

不通電時，液晶分子使入射偏振光發生90°扭轉

水平方向偏振光

偏振光通過偏振濾光片

亮的像素點

水平方向偏振濾光片

垂直方向偏振光

垂直方向偏振濾光片

電源

通電時，液晶分子不會扭轉入射偏振光的方向

垂直方向偏振光被水平方向偏振濾光片阻擋

暗的像素點

水平方向偏振濾光片

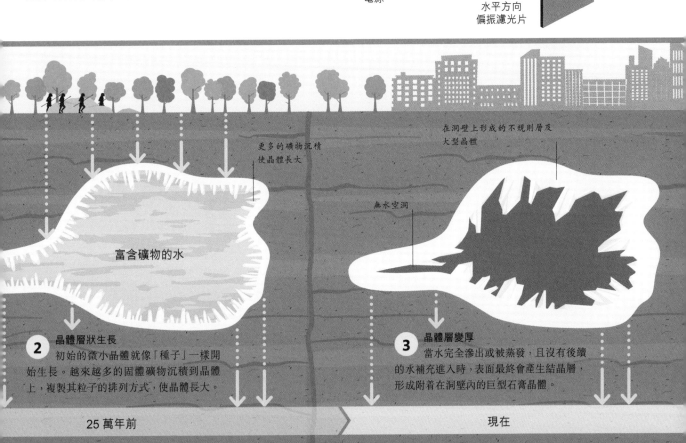

更多的礦物沉積使晶體長大

富含礦物的水

在洞壁上形成的不規則層及大型晶體

無水空洞

2 晶體層狀生長
初始的微小晶體就像「種子」一樣開始生長。越來越多的固體礦物沉積到晶體上，複製其粒子的排列方式，使晶體長大。

3 晶體層變厚
當水完全滲出或被蒸發，且沒有後續的水補充進入時，表面最終會產生結晶層，形成附着在洞壁內的巨型石膏晶體。

25萬年前　　　　　　　　　　　現在

溶液和溶劑

當把糖或鹽加到水中時，它們看起來像是消失了。但品嚐的時候，糖和鹽的味道卻還存在，證明它們已經在水中溶解並均勻分散在溶液中。

溶劑的種類

當一種物質溶解在另一種物質中時，被溶解的物質被稱為溶質，而溶解其他物質的物質則叫做溶劑。溶劑主要有兩種：極性和非極性。極性溶劑，例如水，其分子上的電荷差異較小，會和電荷極性相反的溶質發生作用。非極性溶劑，例如正戊烷，則沒有這種電荷。因此，它們較能夠溶解不帶電的原子和分子，如油和油脂等。

真的可以用酸或鹼來處理屍體嗎？

放入酸或鹼中的屍體最終會完全液化，但這可能需要幾天。具體時間取決於酸或鹼的強度和溫度。

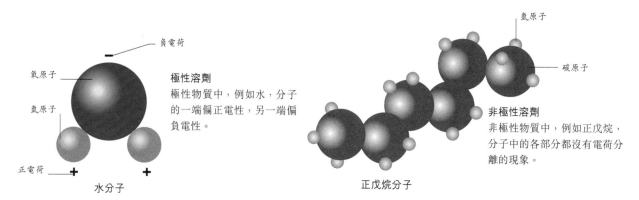

極性溶劑
極性物質中，例如水，分子的一端偏正電性，另一端偏負電性。

負電荷
氧原子
氫原子
正電荷
水分子

非極性溶劑
非極性物質中，例如正戊烷，分子中的各部分都沒有電荷分離的現象。

氫原子
碳原子
正戊烷分子

溶液的種類

當把溶質溶解到溶劑中形成溶液時，兩種物質混合，它們的粒子（原子、分子或離子）也完全融合在一起。儘管如此，它們的粒子之間卻沒有發生化學反應，故保持各自的化學性質不變。由固體溶於液體而形成的溶液是人們最為熟知的溶液種類，但溶液種類遠不止於此，還有例如氣體溶於液體的溶液和固體溶於固體的溶液。當溶質溶解後，最終形成的溶液會保持和溶劑一致的狀態（液態、固態或氣態）。

咖啡
糖分子
氨分子
水
錫原子
銅原子

固體溶於液體
加糖的咖啡就是一種固體（糖）溶於液體（咖啡，主要由包含芳香分子的水合成）而形成的溶液。

氣體溶於液體
氨氣是一種易溶於水的氣體。它溶於水後可形成一種鹼性溶液，是一些家用清潔劑的組成成分。

固體溶於固體
青銅是錫溶於銅而形成的溶液。銅是溶劑，因為 88% 的銅相比於 12% 的錫，其含量要多得多。

相似相溶

　　極性溶液溶解極性溶質，因為它們所攜帶的電荷極性相反，會相互吸引形成微弱的鍵。水是極性的，因為其中的氧原子是微負電性的，而氫原子則是微正電性的。非極性物質與極性物質無法相互混合溶解，這就是油不能完全溶於水的原因。只有非極性的分子才能完全混合成溶液。

水被稱為「萬能溶劑」，因為水能夠溶解的物質種類比其他液體都多。

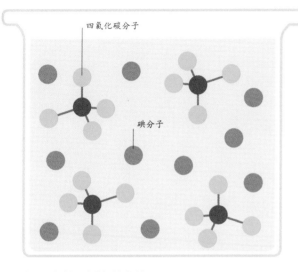

非極性溶劑中的非極性溶質
非極性溶劑（如四氯化碳）可以溶解非極性溶質（如碘），但不能溶解極性溶質。

四氯化碳分子
碘分子

水分子
氯離子（Cl⁻）
鈉離子（Na⁺）

極性溶劑中的極性溶質
極性溶劑（如水）可以溶解帶電荷的極性物質，如食鹽（氯化鈉：NaCl）和糖。

溶解度

　　溶解度是指物質溶解的程度。它取決於溫度，對於氣體則取決於壓力。例如，熱水就比冷水能溶解更多糖；當氣體的壓力上升時，氣體在液體中的溶解度也會增加。在一定溫度和壓力下，一定份量的溶劑所能溶解的溶質量當達到最大時，便是溶液的飽和點。

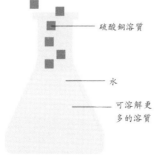

硫酸銅溶質
水
可溶解更多的溶質

不飽和溶液
不飽和溶液能溶解更多的溶質（該示例中，溶質是硫酸銅晶體）。

增加濃度

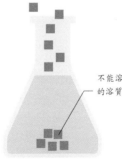

不能溶解更多的溶質

飽和溶液
飽和溶液是指在一定溫度下，溶劑中溶解的溶質已達其最大的量。

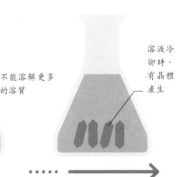

溶液冷卻時，有晶體產生

超飽和溶液
溫度上升時，更多的溶質能在溶液中溶解。溶液快速降溫後會形成超飽和溶液，之後會產生結晶。

催化劑

溫度越高，原子和分子之間的碰撞越激烈，化學反應速度就越快。此外，某些被稱為催化劑的化學物質也能加快反應速度。催化劑在化學反應過程中會保持不變，因此可以重複使用。

催化劑的運作原理

粒子之間發生反應需要一定的能量。某些反應中所需的活化能（參見第 44 頁）很大，因此它們在通常情況下並不會發生反應。催化劑正是通過降低反應的活化能來促使反應發生。通常只需要很少量催化劑就可達到這個目的。

工業催化劑

在工業化學反應中，使用催化劑能夠大大提高效能。當中大部分是金屬或金屬氧化物，例如鐵可加速生產氨中的哈伯反應過程（參見第 67 頁）。大部分工業催化劑都是固體，易分離和可重複使用。

鋁原子、矽原子和氧原子組成的晶格

沸石分子中間的孔洞

沸石
沸石是一種具有多孔性、網狀結構的大分子。它的工業用途廣泛，例如可用作把原油提煉成石化產品的催化劑。

一個**過氧化氫酶每秒**能催化大約 **4,000 萬**個反應。

促進反應
反應物之間要以特定的方式結合才能發生反應，而並非單純的物理結合。催化劑有助反應發生。催化劑通常會在反應的初段和反應物結合，然後在反應結束時解離出來，但其本身的化學性質卻保持不變。

反應

沒有催化劑時，活化能較高

反應物的能量

反應物

使用催化劑後，活化能降低

反應物

催化劑

反應物和催化劑鍵合，反應發生

反應結束後，催化劑保持不變

催化劑

產物的能量

產物

產物

能量

時間

催化轉換器

催化轉換器常被安裝於現代汽車中，主要由塗有鉑、銠等貴金屬催化劑的「蜂窩狀」陶瓷組成。這種結構具有較大的比表面積，使催化劑與汽車廢氣充分接觸，從而有效地將廢氣中的有毒氣體轉化為較安全的二氧化碳、水、氧氣和氮氣。汽車發動機的熱量使催化劑可以高效地運作。

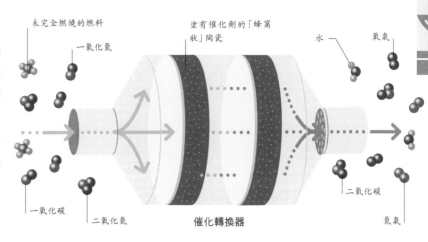

未完全燃燒的燃料
一氧化氮
塗有催化劑的「蜂窩狀」陶瓷
水
氧氣
一氧化碳
二氧化氮
催化轉換器
二氧化碳
氮氣

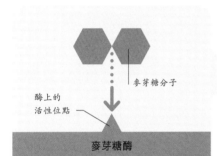

麥芽糖分子
酶上的活性位點

麥芽糖酶

1 **麥芽糖與酶鍵合**
麥芽糖暫時與麥芽糖酶中的活性位點（催化部分）鍵合。只有麥芽糖分子能與麥芽糖酶鍵合。

分子之間的鍵變弱

麥芽糖酶

2 **麥芽糖分子之間的鍵變弱**
當麥芽糖分子鍵合到麥芽糖酶的活性位點後，分解麥芽糖分子所需的活化能降低。這意味着麥芽糖分子很容易被麥芽糖酶分解。

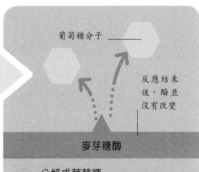

葡萄糖分子

反應結束後，酶並沒有改變

麥芽糖酶

3 **分解成葡萄糖**
活性位點的化學反應使化學鍵重構，一個麥芽糖分子被分解成兩個葡萄糖分子。麥芽糖酶也準備好另一次運作。

生物催化劑

用於工業的催化劑大多是無機物，可用於一系列的催化反應，但生物體中的催化劑卻有嚴格區別。被稱為酶的蛋白質分子只能催化特定的生物反應，例如複製 DNA 或消化食物。每種酶都有能和對應反應物相配合的特定形狀。維持生物體生命活動所需的一系列化學反應，即新陳代謝，需要成千上萬種酶參與。

生物清潔劑

和其他催化劑一樣，酶也具有應用價值，可以被使用在任何需要發生生物反應的地方，例如清潔衣服上的污漬。生物清潔劑含有可以溶解油脂中的脂肪或血液中的蛋白質的酶。酶在體溫環境下運作，如果太熱反而會失去活性，它在較低的水溫中仍可保持較高的活性，因此，使用酶不只節省能源，也較不會損壞精細面料的衣物。

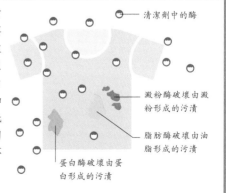

清潔劑中的酶
澱粉酶破壞由澱粉形成的污漬
脂肪酶破壞由油脂形成的污漬
蛋白酶破壞由蛋白形成的污漬

製造化學品

我們每天都在使用人造產品，從塑料到燃料，再到藥品。絕大多數人造產品在製造過程中都需要用到如硫酸、氨、氮、氯和鈉等基本化學品。

硫酸

硫酸是最常用的化工原料之一，它既用於排水管清潔劑和電池原料，也可用於製造紙張、化肥和錫罐等。製成硫酸的方法很多，其中最為人熟悉的是接觸法。

接觸法

液態硫與空氣反應，產生二氧化硫氣體。氣體經過淨化、乾燥，然後通過釩催化劑進一步轉化為三氧化硫氣體。將硫酸與高濃度的三氧化硫氣體混合就可產生焦硫酸，再用水稀釋就可得到所需濃度的硫酸。

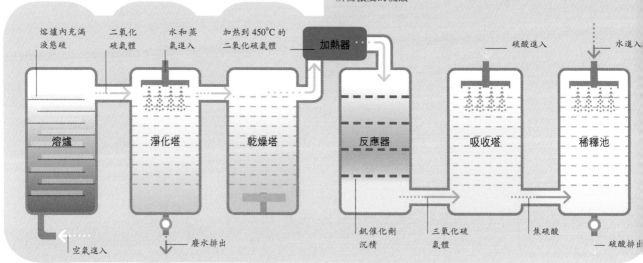

熔爐內充滿液態硫　二氧化硫氣體　水和蒸氣進入　加熱到450℃的二氧化硫氣體　加熱器　　硫酸進入　水進入

熔爐　淨化塔　乾燥塔　反應器　吸收塔　稀釋池

空氣進入　廢水排出　釩催化劑沉積　三氧化硫氣體　焦硫酸　硫酸排出

氯和鈉

氯和鈉可以通過電解食鹽（氯化鈉）製成。在工業層面，該過程可在一種被稱為唐士電解池的反應池中進行。該反應池由熔融的氯化鈉、鐵和碳電極組成。當電流通過電極，鈉離子和氯離子向電極兩側移動，並轉變為它們的原子狀態，從而被收集起來。

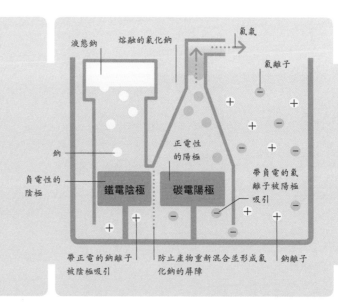

液態鈉　熔融的氯化鈉　氯氣

氯離子

鈉

正電性的陽極

負電性的陰極

鐵電陰極　碳電陽極

帶負電的氯離子被陽極吸引

帶正電的鈉離子被陰極吸引　防止產物重新混合並形成氯化鈉的屏障　鈉離子

當氏電解池

帶正電的鈉離子向負電性的陰極移動，在陰極獲得一個電子，形成金屬鈉。金屬鈉浮到熔融氯化鈉的表面。帶負電的氯離子向正電性的陽極移動，在陽極失去一個電子，產生氯氣氣泡浮出液體表面。

氮氣

空氣約有 78% 由氮氣組成,也是製成純氮氣的主要來源。氮氣可以通過分餾法從空氣中提取。首先將空氣冷卻成液體再逐漸加熱,不同氣體的汽化溫度不同,可以分別在蒸餾塔相應的不同高度產生不同的氣體。其中,液態氧會留在底部。

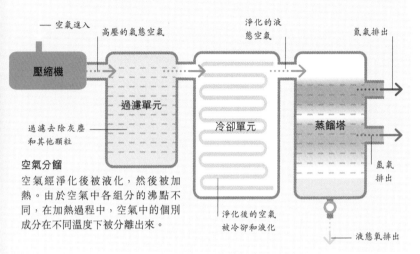

空氣分餾
空氣經淨化後被液化,然後被加熱。由於空氣中各組分的沸點不同,在加熱過程中,空氣中的個別成分在不同溫度下被分離出來。

石油產品

原油經過分餾過程會產生各種各樣的有用產品。其中有些可以直接使用,例如天然氣、汽油和柴油等燃料,以及潤滑油和用於鋪設公路表面的瀝青。另一些產品則需要進一步加工處理才能使用,如塑料和溶劑。

天然氣　　　　交通燃料

瀝青　　　　　溶劑

塑料　　　　　潤滑油

全球**每年**的**硫酸產量**超過 **2 億 3,000 萬噸**。

氨

我們可以用哈伯法直接將氮氣和氫氣合成氨。氨是製造肥料、染料及炸藥的重要原料,還可用於製造清潔劑。氮氣的化學性質不活潑,因此哈伯法利用鐵作為催化劑,加上高溫和高壓的反應器,以提高反應速度,增加氨的產量。

哈伯法反應過程
氫氣和氮氣混合後,通過鐵催化劑,發生反應後產生氨。混合氣體經冷凝器後,氨被液化,進而分離並排出。未發生反應的氫氣和氮氣會被循環再用。

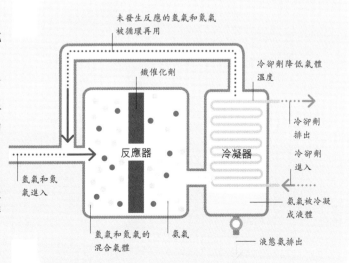

塑料

塑料堅固、輕便又便宜，改變了現代生活。但是，大多數塑料都是由化石燃料製成的，不能被生物分解，所以，塑料使用量日益增長同時也帶來了嚴重的環境污染問題。

單體和聚合物

塑料是一種合成聚合物，是由稱為單體的重複單元組成的長鏈分子。聚合物的鏈可達數百個分子的長度。由不同的單體組成的塑料有不同的屬性和用途。例如，尼龍可製成高強度的纖維，用於製造牙刷，而聚乙烯通常用於製造輕便袋子。

單體
很多塑料的單體都含有碳碳雙鍵（參見第 41 頁）。

聚合物
為了形成聚合物，單體中的雙鍵斷裂，使每個單體都可和鄰近單體成鍵，形成長鏈。

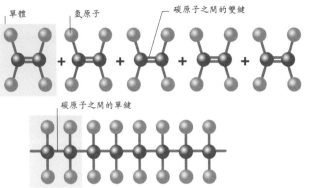

單體　　氫原子　　　碳原子之間的雙鍵

碳原子之間的單鍵

自然聚合物

聚合物也存在於自然界中，如糖、橡膠和 DNA。DNA 由稱為核苷酸的單體組成。核苷酸含有糖和磷酸鹽基團（形成骨幹），也有一個含氮鹼基作為核心，提供編碼以製造蛋白質。

鹼基對　　糖－磷酸鹽基團

每年產生的**塑料垃圾**足以**圍繞地球四圈**。

塑料製造

大部分塑料都是由原油經提煉後的產生的石化產品。添加催化劑、控制溫度和壓力促進單體變成聚合物。其他化學添加劑也可用於改變塑料的性質。合成的塑料可用於製造各種產品。生物塑料是可再生資源，例如木材或生物乙醇製成，但只佔生活中所有塑料中的極少部分。塑料可以是熱固性的或熱塑性的。熱固性塑料僅能一次成型，而熱塑性塑料則可以被重複熔融和重塑。

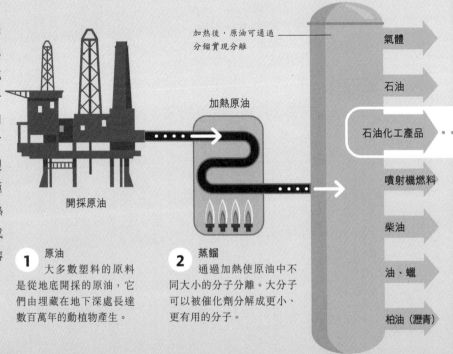

加熱後，原油可通過分餾實現分離

加熱原油

開採原油

1 原油
大多數塑料的原料是從地底開採的原油，它們由埋藏在地下深處長達數百萬年的動植物產生。

2 蒸餾
通過加熱使原油中不同大小的分子分離。大分子可以被催化劑分解成更小、更有用的分子。

氣體

石油

石油化工產品 ···

噴射機燃料

柴油

油、蠟

柏油（瀝青）

循環再用

　　某些塑料可以很容易被循環再用，通過切碎、熔化和重塑就可以製成新的產品。而某些類型的塑料則需要想其他辦法來回收。一種想法是將塑料轉變為液體燃料，或通過直接燃燒來產生能量；另一種想法則是製造可被細菌分解的塑料。但以上這些想法至今都還未能大規模實施。

塑料的優缺點	
優點	缺點
塑料的製造成本低廉，且不依賴於農作物、動物或它們所需的資源。	塑料主要由不可再生資源製成，而開採這些資源也會破壞環境。
塑料既輕便又堅固，用少量的原材料就可製成很多有用的產品。	塑料可以被分解成小塊，極易進入水循環系統，危害野生動植物，並污染我們的食物。
塑料可塑造成擁有硬度、靈活性、柔韌性等廣泛特性，而且都可被很好地控制。	塑料會勞損並在重複使用之後破裂。太陽的紫外線也會令塑料變得易碎。
合成纖維比天然纖維有更好的彈性、更抗皺、更防水及更耐髒。	合成纖維製成的衣服透氣度差，使汗液難以揮發，讓人在炎熱的天氣下不太舒服，也會導致靜電積累。
某些種類的塑料可以循環再用，比那些不能循環再用的塑料更加環保。	不可生物分解的塑料無論在海裏還是陸上，都會造成全球環境污染。它們也會佔滿垃圾堆填區。

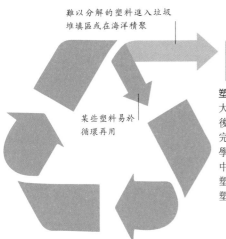

難以分解的塑料進入垃圾堆填區或在海洋積聚

某些塑料易於循環再用

塑料垃圾
大多數塑料垃圾被填埋後，需要幾千年才能被完全分解，其間有害化學物質會滲透到土壤中。而那些進入海洋的塑料垃圾會分裂成微型塑料，傷害野生動物。

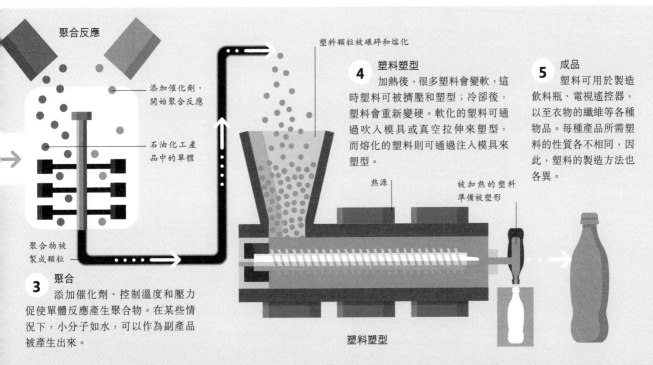

聚合反應

添加催化劑，開始聚合反應

石油化工產品中的單體

聚合物被製成顆粒

塑料顆粒被碾碎和熔化

塑料塑型
　　加熱後，很多塑料會變軟，這時塑料可被擠壓和塑型；冷卻後，塑料會重新變硬。軟化的塑料可通過吹入模具或真空拉伸來塑型，而熔化的塑料則可通過注入模具來塑型。

熱源

被加熱的塑料準備被塑形

3　聚合
　　添加催化劑、控制溫度和壓力促使單體反應產生聚合物。在某些情況下，小分子如水，可以作為副產品被產生出來。

4

5　成品
　　塑料可用於製造飲料瓶、電視遙控器，以至衣物的纖維等各種物品。每種產品所需塑料的性質各不相同，因此，塑料的製造方法也各異。

塑料塑型

玻璃和陶瓷

　　玻璃堅硬、抗腐蝕，通常還透明。我們所熟悉的玻璃大部分是由沙子或二氧化矽煉製而成的。但是，「玻璃」一詞也用來泛指更大的物科羣組，即所有種類的陶瓷製品。

玻璃的結構

　　玻璃具有無定形結構，表示組成玻璃的分子（或原子）幾乎是無序排列的。在原子層面上，它們看起來像不動的液體（參見第 16～17 頁），但玻璃其實是固體材料。玻璃通常由物質熔化後快速冷卻製成。冷卻速度如此快，以至組成這些物質的原子（或分子）來不及排列成晶體或金屬時的結構。相反，它們被困在固定的位置卻又像液體一樣無序。

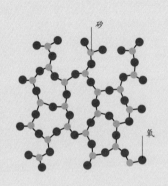

矽

氧

無定形結構

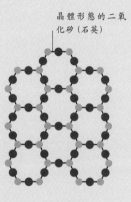

晶體形態的二氧化矽（石英）

晶體結構

玻璃的種類

　　提起玻璃，我們首先想到的是窗戶上所使用的透明、易碎的材料。玻璃的主要成分是二氧化矽。其實，玻璃可以由一系列材料形成，金屬可以是玻璃狀，甚至某些聚合物或塑料在技術上而言也可稱為玻璃。矽酸鹽玻璃的性質可以通過添加某些化學物質來調節，這些化學物質可改變成品玻璃的顏色或透明度，或使其更耐熱，如硼矽酸鹽玻璃中的派熱克斯玻璃（Pyrex），又或是提高其防刮性能，例如通常用作智能手機屏幕的大猩猩玻璃（Gorilla Glass）。

玻璃的性質

玻璃的高硬度、耐腐蝕性及低反應活性使其適合製成很多產品，但它最有用的性質當屬透明性，使它被廣泛應用於建築物窗戶和汽車車窗的材料。

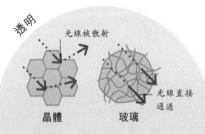

透明

光線被散射

晶體　　玻璃

光線直接通過

玻璃是透明的，因為可見光的能量和玻璃中電子的能量水平不配合，光子因而不能被吸收。由於沒有晶界，光線通過玻璃時也不會被散射。

易碎

不變形，直接破裂

玻璃是易碎的，因為組成它們的分子被固定在某些位置上不能相互滑動。玻璃表面上任何瑕疵或裂紋都會迅速在整塊材料內傳開，使裂縫蔓延。

其他陶瓷

玻璃是一種被稱為「陶瓷」的物料的分支。「陶瓷」在傳統上指黏土類產品，但其科學定義也包括任何能被塑形、加熱後能硬化的非金屬固體。陶瓷既可以是晶體結構，也可以是無定形結構，幾乎能由任何元素組成。陶瓷像玻璃一樣，通常是堅硬且易碎的，並且熔點高，使它成為理想的隔熱和絕緣材料，例如碳化鈦陶瓷就常被用作太空船上的隔熱板。

防刮花　　抗壓　　不活潑　　絕緣

玻璃能否流動？

有些人誤以為玻璃是一種流動性較弱的液體。他們看到老舊窗戶上的玻璃底部較厚，是因為出於穩定性的考慮，通常會將玻璃偏重的一端安裝在底部。

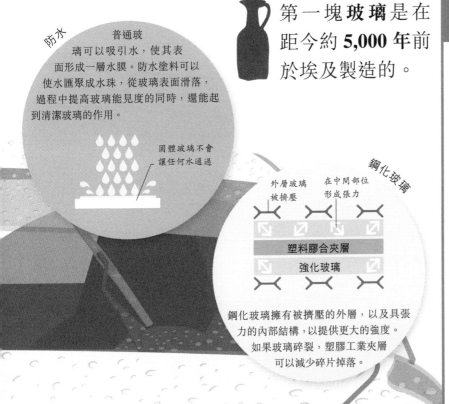

防水

普通玻璃可以吸引水，使其表面形成一層水膜。防水塗料可以使水匯聚成水珠，從玻璃表面滑落，過程中提高玻璃能見度的同時，還能起到清潔玻璃的作用。

固體玻璃不會讓任何水通過

第一塊**玻璃**是在距今約 **5,000 年**前於埃及製造的。

鋼化玻璃

外層玻璃被擠壓　在中間部位形成張力

塑料膠合夾層
強化玻璃

鋼化玻璃擁有被擠壓的外層，以及具張力的內部結構，以提供更大的強度。如果玻璃碎裂，塑膠工業夾層可以減少碎片掉落。

透明鋁

氮氧化鋁，俗稱透明鋁，是一種高強度的透明陶瓷。將氮氧化鋁粉末混合後壓縮，加熱至 2,000°C，然後冷卻，使其分子保持無定形態。它的強度足以防彈，卻依然保持透明。目前，它的高昂造價使其只能用於特殊的軍事設備，但它有更廣泛的應用前景。

這種陶瓷的高強度和透明性使它非常適合用作裝甲車上的防彈玻璃

透明陶瓷

神奇的材料

從超級強度到超級輕盈，我們使用的某些材料實在具有神奇的性能。其中很多是由人類發明的，還有一些是自然存在的。某些合成材料的靈感來自大自然。這個過程被稱為仿生。

複合材料

有時，沒有一種單一材料能夠在各方面性能都達到某些特定產品的要求。為了解決這一問題，可以使用兩種或更多種材料以合成具有最佳性能的產品，這些合成材料統稱為複合材料。混凝土是最常見的現代複合材料，而6,000 年前用稻草或樹枝和泥土混合之後製成的泥巴牆，恐怕是最早的複合材料。現今，應用新材料和新技術可以創造出更先進的複合材料。

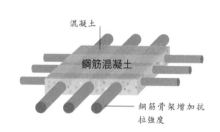

是否所有混合材料都是合成的？

並非如此。木材和骨頭皆是自然形成的混合材料。其中，骨頭是由堅硬但易碎的羥磷灰石，和柔軟但韌性強的膠原蛋白組成。

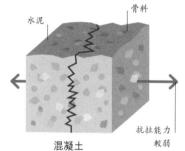

相對強度
混凝土是一種由水泥作為膠凝材料，砂石作為骨料膠結而成的複合材料。混凝土抗壓能力強，但是抗拉強度較弱，因此，混凝土不能單獨用作建築材料。

水泥　骨料　混凝土　抗拉能力較弱

增加抗拉強度
在建築業中，混凝土通常要用鋼筋骨架加固來增加抗拉強度。它們結合在一起形成了鋼筋混凝土，是現代用途最多的材料之一。

混凝土　鋼筋混凝土　鋼筋骨架增加抗拉強度

先進的複合材料
加固型聚合物是一種高科技複合材料，如碳纖維和纖維玻璃。交織在一起的碳纖維或玻璃纖維可被用作其他聚合物的中間夾層，或被混入液態樹脂中，以提高材料的性能。儘管這種材料較為昂貴，卻具有強度大、重量輕的優點。

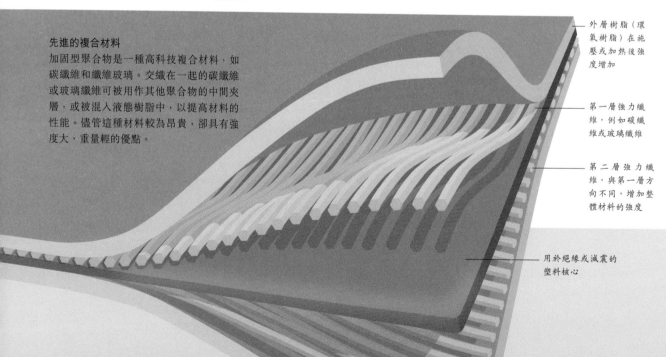

外層樹脂（環氧樹脂）在施壓或加熱後強度增加

第一層強力纖維，例如碳纖維或玻璃纖維

第二層強力纖維，與第一層方向不同，增加整體材料的強度

用於絕緣或減震的塑料核心

蜘蛛絲

大規模生產的蜘蛛絲可用作新的防彈材料。蜘蛛絲如鋼絲一樣堅硬，但重量更輕，且可伸縮，不易破損。

氣凝膠

氣凝膠是用氣體取代凝膠中的液體而形成的一種超輕固體。氣凝膠中空氣所佔比例超過 98%，是良好的絕緣體。

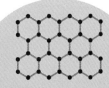

石墨烯

石墨烯由單原子層厚度的層狀石墨製造出來，它比鋼鐵更堅硬，具有良好的導電性、透明、柔韌而且超輕。

神奇的性能

某些天然或人造材料擁有不可思議的特性。從柔韌且防彈的克維拉（Kevlar）到可以自我修復的塑料，這些材料常常會使我們的生活更安全和更便捷。例如，將泡沫金屬植入人體可以實現骨再生，而超疏水材料玻璃則避免了危險性高的室外高空玻璃清潔工作。

自我修復塑料

自我修復塑料中含有一種在受損時會破裂的膠囊，當中流出的液體發生反應，進而固化並填補裂口。

泡沫金屬

把氣泡混入熔融金屬中可以形成泡沫金屬。它們重量輕，而且還保留了許多金屬特性。

克維拉

克維拉纖維是一種具有超高強度的塑料，可用於編織衣物或添加到聚合物中形成混合物。

超疏水材料

疏水材料表面覆有一層微小的凸起物，使水滴在其表面無法鋪展開來，使材料可以防水。

單層石墨烯可以承載一隻重 **4 公斤**的貓，但其本身的**重量**卻比**貓**的一根**鬍鬚還要輕**。

能量

和力

能量是甚麼？

　　物理學家從時空中的物質和能量的角度來理解宇宙。能量以多種形式存在，且不同形式之間可相互轉換。當一種力被用來移動一件物體，我們可以說這種力對物體產生作用。

能量的種類

　　能量無處不在。它不能被毀滅，而且在創世以來已經存在。為了更容易理解和衡量能量，科學家把能量分為不同種類。每一種自然現象，以及每一種通過人手的機器使用或技術應用，都是因為使用了某種形式的能量，然後轉換成另一種形式的能量。

勢能
勢能是存儲起來的能量，通常不對外產生作用。但它們可以轉換為其他形式的有用能量。

彈性勢能
受到拉伸或擠壓的材料在恢復原狀時會釋放勢能。

電勢能
封裝好的電池具有電勢能，可在產生電流時釋放出來。

重力勢能
被舉高的物體具有重力勢能，並在墜落過程中被釋放。

化學能
燃燒或其他化學反應都是由維持原子相互結合的化學能所驅動。

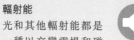
輻射能
光和其他輻射能都是一種以交變電場和磁場形式存在的能量。

聲能
聲波所攜帶的能量使空氣（或其他介質）被擠壓或拉伸。

核能
放射性衰變或核爆炸運用能量使原子相互結合。

電能
電流以移動的帶電粒子流形式攜帶能量，這些帶電粒子通常是電子。

熱能
原子通常以振動的形式運動，所釋放出的能量即為熱能。「熱」的原子振動較頻繁。

動能
任何運動的物體，從電子到星系，都具有動能，或稱為由運動而帶來的能量。

化學能的釋放
人在移動重物的過程中會伴隨着一系列的能量轉換過程。運動一旦開始，人體就會將從食物獲得並儲存的化學能轉換為動能。

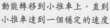
動能轉移到小推車上，直到小推車達到一個穩定的速度

重力勢能逐漸增加

1 移動時
　　人體把動能傳遞到小推車上。這些能量被用來克服摩擦力而使小推車前進。能量在傳遞過程中，部分轉變成了無用的熱能，因此人體會變熱。

能量守恆
　　宇宙中的總能量始終保持不變。能量既不能被創造，也不能被毀滅，只能從一種形式轉換為另一種形式。正是能量的轉換驅動着我們所看到的一切過程。能量也因會擴散或變得無序而難以利用。然而，就其本身而言，任何過程都會損失能量，大部分最終以熱的形式耗散。因此，需要一種能量源來使這些過程持續進行。

一根牛奶巧克力棒含有多少能量？

一根 50 克的牛奶巧克力棒含有約 250 卡路里，相當於一個標準體重的成年人 2.5 小時所消耗的能量。

量度能量

能量的單位是焦耳 (J)。1 焦耳是相當於將大約重 100 克的物體提升 1 米所需要的能量。食物所含的能量通常用卡路里來度量。人們可以通過在熱量計中燃燒食物來測量卡路里。

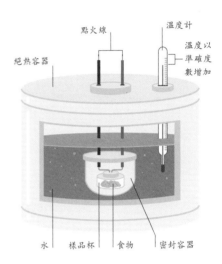

點火線　　　溫度計

絕熱容器　　　　　　溫度以準確度數增加

水　　樣品杯　　食物　　密封容器

量度卡路里
燃燒一個食物樣品時，水的溫度會增加。溫度的增量可用來計算食物中所含的卡路里。

重力勢能開始轉變為動能

儲存在人體中的化學勢能減少

2　上升過程
　　來自人體的力主要用於克服使小推車滑落下來的重力。爬到坡頂時，人體的動能轉變成人體自身和小推車的重力勢能。

磚塊墜落過程中，它們的動能增加，而重力勢能減小

3　釋放勢能
　　從小推車中倒出運載物，則其重力勢能又轉變成動能。當運載物到達地面時，動能又轉變成熱能、聲能和可能使磚塊從地面彈起的彈性勢能。

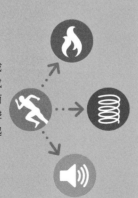

功率

能量轉換的速率被定義為功率。功率的單位是瓦特 (W)，常簡稱為瓦；1 瓦等於 1 焦耳每秒 (J/s)。功率越高，能量轉換越快。一個 100 瓦燈泡的能量轉換速率（或功率輸出）和一個成年女性差不多。

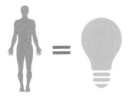

2,000卡路里在24　　100瓦燈泡亮着24
小時消耗的能量　　小時消耗的能量

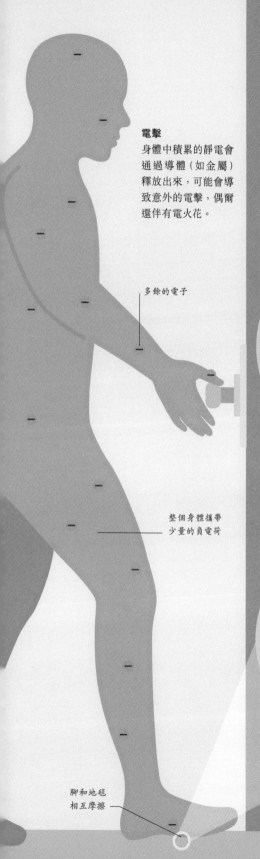

電擊
身體中積累的靜電會通過導體（如金屬）釋放出來，可能會導致意外的電擊，偶爾還伴有電火花。

多餘的電子

整個身體攜帶少量的負電荷

腳和地毯相互摩擦

靜電

目前最常見的電力形式就是家庭用電，它來自大規模的人力發電。而大多數天然的電效應，如閃電，則由靜電產生。

靜電力

電是由一種被稱為電荷的物質特性所引致。在原子中，質子帶正電，且位置固定，而帶負電的電子可以自由地移動到其他物體上。如果一個物體獲得了多餘的電子，它就會帶負電荷，並會吸引那些缺少電子、帶正電荷的物體。靜電力會使電子之間互相排斥，它們會逃離物體，產生電火花。

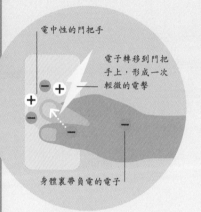

電中性的門把手

電子轉移到門把手上，形成一次輕微的電擊

身體裏帶負電的電子

2 放電
電子可以通過金屬（例如門把手）逃逸。當手觸摸或接近門把手時，多餘的電子會從人體轉移到金屬中，產生一次電擊。

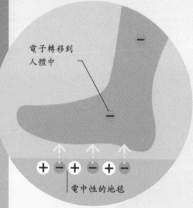

電子轉移到人體中

電中性的地毯

1 摩擦生電
腳部在人造纖維製成的地毯上摩擦時，會使電子從地面移動到人體中，從而在人體中聚集少量的負電荷。

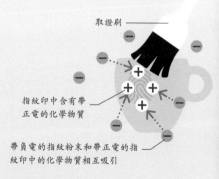

取證刷

指紋印中含有帶正電的化學物質

帶負電的指紋粉末和帶正電的指紋印中的化學物質相互吸引

指紋粉採集指紋
指紋採集員利用靜電原理採集指紋。指紋印中帶正電的化學物質與帶負電的指紋粉末相互吸引，指紋粉就會呈現出指紋的形狀。

靜電的應用

靜電在日常生活中很常見。靜電荷通常可以用於產生細小而易控制的電場力,這種力可以吸引或排斥某些物質。大量的電荷累積會造成危險,但是也有其用途,例如心臟除顫器。

護髮素
洗髮水使頭髮帶負電荷而相互排斥;而護髮素可中和洗髮水導致的負電。

除顫器
除顫器可以產生大量的電荷,向心臟釋放強脈衝電流,使驟停的心臟恢復正常狀態。

保鮮膜
展開的保鮮膜內層帶有少量電荷,使保鮮膜與其包裹的物體產生吸附作用。

噴槍
專業噴槍使油漆帶正電,令油漆吸附在帶負電的物體表面。

電子書
屏幕上帶正電(白色)的油性顆粒和帶負電(黑色)的油性顆粒通過靜電吸引或排斥來顯示文字。

粉塵過濾器
工業廢氣中的有害粒子通常帶電,然後在通過高電勢的過濾端時會被濾除。

雷擊

閃電是大量靜電荷的放電過程。空氣的導電性很差,因此雷雨雲中的電荷不能被及時導走,進而可以累積到很大的量,當累積的電荷找到釋放至地面的最直接路線時,最終會在空氣中形成曲折開叉的枝狀閃電。

---

5 **最終的影印件**
影印完成後,感光板上的電荷被留下來用於製作更多的影印件。

原始文件

原始文件待影印面朝下放置

帶正電的感光板

1 光
明亮的燈光將原始文件投射到帶正電的感光板上。

紙張被加熱,以使墨粉更牢固地被吸附

4 **轉移**
紙張在感光板上受壓或滾動時,墨粉會轉移到紙張上。

帶正電的圖案是原始文件的鏡像

負電荷從被光照亮的地方移除

影印機
影印機通過潛藏的靜電潛影來重現圖像或文本。靜電潛影使墨粉排列到正確位置上,進而製作出一份非常準確的影印件。

負電性的墨粉

3 **負電性的墨粉**
負電性的墨粉很容易被吸附到感光板上帶正電的區域。

2 **放電**
光照使感光板上未被原始文件圖案遮擋的區域內的電荷釋放。

電流

電流是一種電荷流。在日常生活中，電荷可以通過電子在銅線等金屬中運動來傳輸。所有能傳輸電流的材料稱為導體。反之，不能傳輸電流的材料稱為絕緣體。

形成電流

電流與電火花或閃電（參見第78～79頁）等靜態的電荷不同，形成電流的電荷是處於運動狀態的。帶電的粒子會移動是因為它們被極性相反的電荷吸引。電火花也會移動，然而這是因為一個物體和另一個物體所積累的電荷極性不同所致，並且這種運動可消除電荷極性的不同。對於電流而言，極性的不同是電荷得以持續運動的原因，例如電池產生的電流。

物理量	單位
電流是電荷的平均定向移動。	安培（A）
電壓或電勢差是一種推動電流移動的力。	伏特（V）
電阻指電流移動的阻礙。	歐姆（Ω）

金屬原子釋放電子，表現為正電性

正電極

絕緣材料阻隔層

保護殼

金屬原子源

電池中的電解液

化學能
電池中的化學反應發生時，金屬原子會釋放電子。隨後，這些電子被電解液吸引而進入其中。

負電極

圖例
- ⊖ 電子
- ＋ 正電荷
- ▬ 導線
- •••▶ 電流方向

電路

電流攜帶的能量可以被利用。電流就如同從高處往低處流動的水一般。水流的能量可以為水車提供動力，進而發動機器。電流的能量可以通過電路傳輸被很多設備利用，例如燈泡、暖爐或發動機。能量在電路中的消耗方式取決於電路設計。電路主要有兩種：串聯電路和並聯電路。

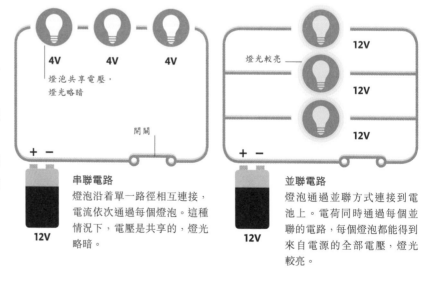

4V　4V　4V
燈泡共享電壓，燈光略暗

開關

＋ －

12V

串聯電路
燈泡沿着單一路徑相互連接，電流依次通過每個燈泡。這種情況下，電壓是共享的，燈光略暗。

燈光較亮

12V
12V
12V

＋ －

12V

並聯電路
燈泡通過並聯方式連接到電池上。電荷同時通過每個並聯的電路，每個燈泡都能得到來自電源的全部電壓，燈光較亮。

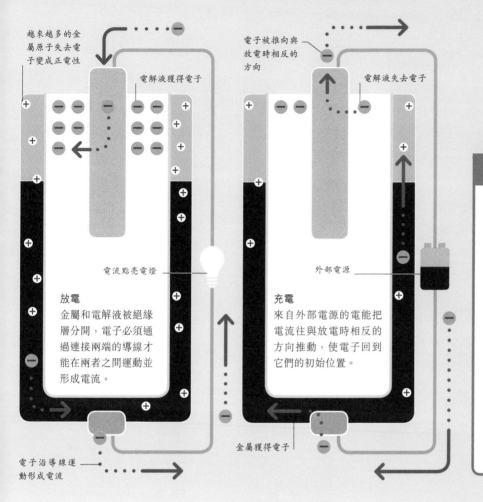

越來越多的金屬原子失去電子變成正電性

電解液獲得電子

電子被推向與放電時相反的方向

電解液失去電子

放電
金屬和電解液被絕緣層分開,電子必須通過連接兩端的導線才能在兩者之間運動並形成電流。

電流點亮電燈

充電
來自外部電源的電能把電流往與放電時相反的方向推動,使電子回到它們的初始位置。

外部電源

金屬獲得電子

電子沿導線運動形成電流

自由電子

大多數金屬(如鐵)都是良好的導體,因為它們電子層中的電子可以隨意地移動到周圍原子的電子層中。如果給這些電子足夠的能量,就可以形成電流。絕緣體(如橡膠)中的電子則被緊緊地束縛在原子的電子層中,因此難以形成電流。

導體　　絕緣體

歐姆定律

歐姆定律是描述導體中電壓、電流和電阻三者之間關係的物理定律,其公式(見右圖)可用於計算電路中既定電源電壓和電路中物體電阻時所通過的電流大小。

$$電流 = \frac{電壓}{電阻}$$

安培表顯示電流

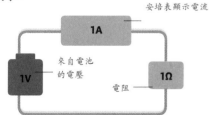

來自電池的電壓

電阻

增加電壓,電流增加

增加電阻,電流減小

歐姆
歐姆(Ω)是電阻的計量單位。當在一個電阻為 1 歐姆的導體兩端施加 1 伏特電壓時,通過該導體的電流為 1 安培。

正比關係
同一電路中,電流與電壓成正比。當電阻保持不變時,增加電壓,則電流也等比增加。

增加電阻
增加電阻意味着在同樣的電壓下將不能獲得相同大小的電流。如果要得到相同大小的電流,電壓應隨之增加。

磁力

材料之間的磁力是材料內部在亞原子規模下大量粒子行為的結果。磁鐵有廣泛的用途，是許多設備的重要組成部分。

磁場

磁鐵周圍存在着一些沿各個方向向外延伸的力場，並且該力場隨距離增加而迅速減小。磁場是有方向的，它總是從被稱為北極的磁鐵一端發出，然後回到被稱為南極的磁鐵一端。磁場在兩極分佈最稠密，因此兩極的磁場作用力最強。

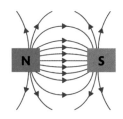

異極相吸
磁力遵循「異極相吸」的規則。一個磁鐵的北極會和另一個磁鐵的南極相互吸引，這種吸引力使它們相互靠近。

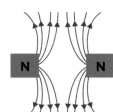

同極相斥
兩個相同的磁極，例如北極和北極會相互排斥。來自兩個相同磁極的磁力線方向相同，它們會互相排斥，並轉變方向。

磁力線
磁場可以被想像成一些圍繞着磁鐵的磁力線。這些線把磁場強度相同的點連結在一起，並且可以形象地通過在磁鐵周圍撒鐵屑而呈現出來。

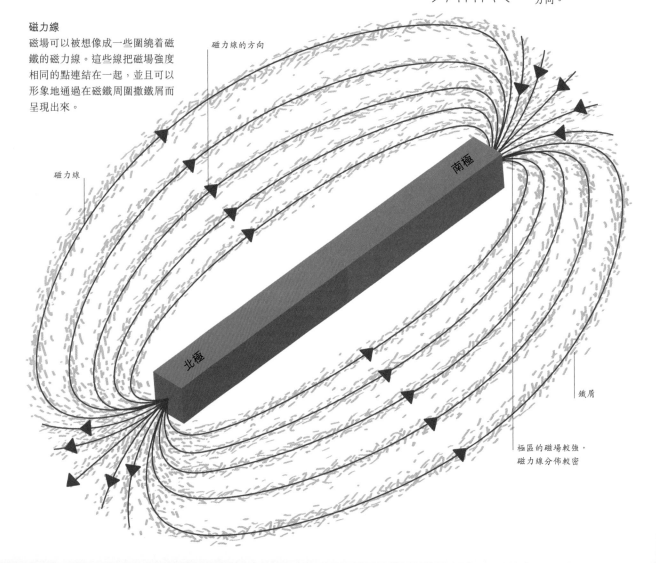

磁力線的方向

磁力線

南極

北極

鐵屑

極區的磁場較強，磁力線分佈較密

磁鐵的種類

每個原子都各有它們自己的微弱磁場，通常情況下，它們的方向是隨機的，因此在相互抵銷下不表現出整體磁性。如果物質中的原子在外磁場下沿一定方向排列，則它們各自的微小磁場就會相互疊加而形成一個大磁場。

抗磁性材料
那些包含銅和碳的物質，會自發產生一個和外磁場相反的磁場來抵銷外磁場的作用。

沒有外磁場	施加外磁場	撤去外磁場
內磁場隨機排列	內磁場排列方向和外磁場相反	內磁場排列方向重新變得隨機

順磁性材料
大部分金屬都是順磁性材料。它們內部原子的磁場排列方向和外磁場一致，因而可以吸引磁鐵。

內磁場隨機排列

內磁場排列方向和外磁場一致

內磁場排列方向重新變得隨機

鐵磁性材料
鐵和部分金屬中的原子在撤去外磁場後，還能繼續保持這種磁場排列，形成永久磁鐵。

原子被輕微磁化，但不表現出整體磁性

內磁場排列方向和外磁場一致

內磁場繼續保持其排列方向

最強磁體是甚麼？
快速旋轉的中子星又叫做磁星，其磁場強度是地球的 1,000 萬億倍。

核磁共振成像掃描儀利用一個冷卻到 -265°C 的磁鐵，使整個人體磁化幾分之一秒以成像。

電磁鐵

電磁鐵由鐵芯和環繞鐵芯的線圈構成，當電流通過線圈時會產生磁場。這意味着這種磁鐵的磁性可以通過電流的開關來控制。電磁鐵在現代設備中有廣泛的應用。

電動發動機
電動發動機利用環形電磁鐵產生的力來推動其內永久磁鐵的兩極，使其按需要在環形電磁鐵內持續轉動。

電腦硬盤
數據以一種磁化區和去磁化區交替編碼的方式儲存在硬盤中。電磁鐵可用於讀取、寫入和擦除這些編碼。

揚聲器
揚聲器利用電磁鐵產生的力使其內可動鐵芯隨電磁力的方向振動，進而將振動以一定模式傳遞到空氣中，形成聲波。

電磁爐
電磁爐用一個超強的電磁鐵來使金屬結構的鍋產生磁場波動，進而使鍋變熱。

地球磁場

地球外核中的液態鐵會產生強烈的磁場。磁力羅盤指針能指出北方，是因為它們可以根據地球的磁場來調整指針的方向。地球磁場一直延伸至遠處的太空，並在地球周圍形成可對抗太陽風的磁性保護層。太陽風是由太陽產生的高溫帶電的氣體衝擊波。

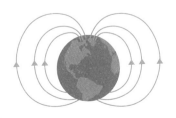

發電

電是一種非常有用的能源。它可以被輸送到距發電站很遠的地方以供使用。它為電腦以至汽車等各式各樣的設備提供動力。

感應電流

發電機利用一種稱為電磁感應的過程來產生電流。當一根導線從磁場中通過時，導線內部就會形成電壓和電流。導線也隨之轉化成電能，並形成通過導線的動能。將線圈在一個強力磁鐵的磁場中快速旋轉，就可以形成一個簡單的發電機。

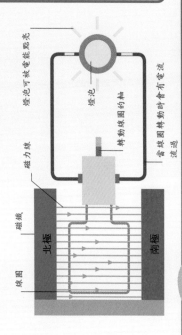

北極　南極
磁鐵
線圈
磁力線
轉動線圈的軸
燈泡
燈泡可被電亮點亮
當線圈轉動時會有電流流過

火力發電站

火力發電站利用熱能發電。火力發電站利用燃料燃燒所釋放的熱能並將之轉換為蒸汽機的轉子轉動而發電。火力發電站利用燃料燃燒所釋放的熱能驅動發電機內的動能。核電站則利用原子裂變所釋放出來的熱能。

燃料進入發電站
燃燒廢氣排放
燃料燃燒使水加熱
水蒸氣帶動渦輪機葉片轉動
渦輪機
水
水蒸氣冷卻和凝結成水，可循環再用
轉動能傳送至發電機

1 燃料的使用

燃料是指那些在燃燒時能釋放大量熱能的物質。常見的燃料有煤、天然氣和石油。發電站也可燃燒木頭、泥炭和垃圾等發電。

2 加熱爐

流經加熱爐管道的水被燃料釋放的熱能煮沸，形成的高壓水蒸氣做直接引入渦輪機。

3 渦輪機

水蒸氣的氣流通過渦輪機，並帶動葉片轉動。水蒸氣的壓力轉變為動能，進而傳遞至發電機。

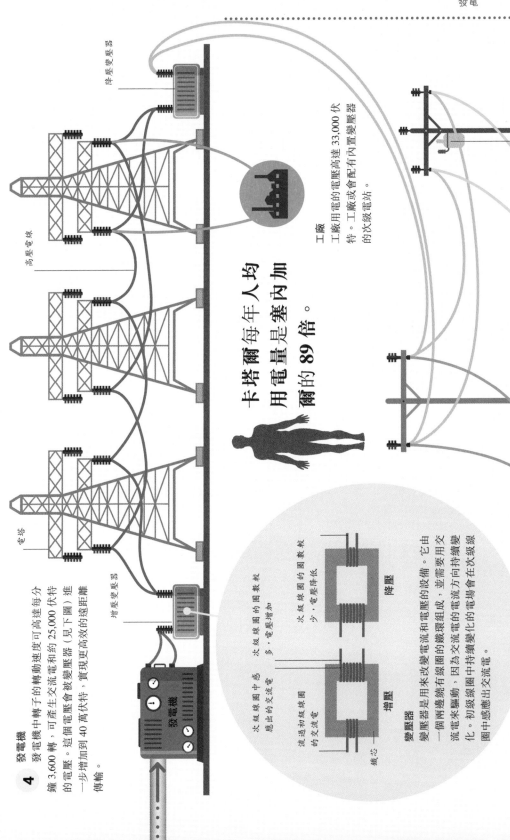

降壓變壓器

高壓電線

電塔

增壓變壓器

4 發電機

發電機中轉子的轉動速度可高達每分鐘 3,600 轉，可產生交流電和約 25,000 伏特的電壓。這個電壓會被變壓器（見下圖）進一步增加到 40 萬伏特，實現更高效的遠距離傳輸。

卡塔爾每年人均用電量足堪內加爾的 **89** 倍。

工廠

工廠用電的電壓高達 33,000 伏特。工廠或會配有內置變壓器的次級電站。

變壓器

變壓器是用來改變電流和電壓的設備。它由一個兩邊繞有鐵環組成，並需要用交流電來驅動，因為交流電的電場方向持續變化。初級線圈中持續變化的電場會在次級線圈中感應出交流電。

流過初級線圈的交流電 → 次級線圈中感應出的交流電

次級線圈的圈數較多，電壓增加
增壓

次級線圈的圈數較少，電壓降低
降壓

鐵芯

5 電源

高壓電網中電流對家庭用電而言太高。各地區都配有次級電站，其中的降壓變壓器可使電壓下降到更適用的水平。

寫字樓

寫字樓用電的電壓比家庭用電的電壓高。

住宅

家庭用電的電壓通常在 110 伏特和 240 伏特之間，具體電壓值每個國家都不同。

安裝了降壓變壓器的電線桿，降低家用電壓。

可替代能源

　　可替代能源是指可以替代當前廣泛使用的化石燃料的能源，如由水和風的運動而來的天然能源，或從地球和太陽而來的熱能。這些能源對環境的影響較小。

風能

　　風是空氣從高壓區域流動到低壓區域而形成的。這種壓力差由大氣層受太陽不均勻的加城所導致。這種空氣流動可以利用風力渦輪機被轉化為風能。

風

引擎

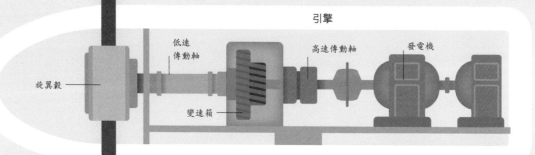

低速傳動軸　　高速傳動軸　　發電機

旋翼轂

變速箱

1　風機葉片
　　彎曲的風機葉片就像反向螺旋槳一般運作。它們的形狀被精確塑造，能夠捕捉空氣並將前進的動能轉變為轉動能。

2　變速裝置
　　風機葉片的轉動速度約每分鐘 15 次，這樣的轉速太慢，不能產生足夠的電能。而變速裝置會通過傳動軸將轉速增加到約每分鐘 1,800 次。

3　發電機
　　傳動軸的轉動能通過發電機被轉變成電能。發電機同時又可被用作電動機，在風速較低時可以維持葉片均速轉動。

我們能永久停止使用化石燃料嗎？

可替代能源足以滿足我們的需求，但是在可替代能源全面取代化石燃料之前，亟需想出可大量儲存由可替代能源產生的電能的方法。

水力發電

　　可替代能源系統的問題之一是如何找到可靠的能量供給源。水力發電站通常利用水壩控制水流。目前，約三分之二的可替代能源都來自水力發電站，它們所生產的電能約佔所有電能的五分之一。當水流動時，水的勢能轉變為動能，驅動水壩中的水力渦輪機轉動，產生電能。

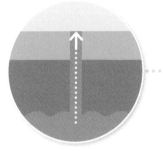

2 水流出
火山的熱量將水加熱到 100°C 以上。在高壓環境下,大部分水依然維持液體的形式,故熱水和水蒸氣的混合物被帶到地表。

3 變成水蒸氣
水蒸氣從水中分離出來,形成一種高壓氣流,可用於驅動渦輪機轉動。所有抵達地表的水都流入冷卻塔。

4 發電機
高壓水蒸氣驅動渦輪機葉片轉動,如同常規火力發電站一樣。渦輪機的轉動能會傳遞至發電機以產生電能。

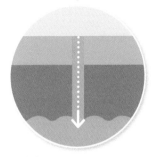

天然熱能

除了空氣和水的運動之外,天然熱能也可以用來發電。密集的太陽能發電廠使用一些鏡子陣列來聚集太陽光以把水加熱,沸水產生水蒸氣又能驅動渦輪機運轉。地熱發電廠則位於火山區。在那裏,地球內部的熱量非常接近地表,可成為一種能量源。

1 水進入
冷水被高壓泵入一個井或深洞中,進入地下天然蓄水池。這些地下蓄水池位於地下深處,通常是地下 2,000 米或以上。

5 冷卻塔
大型冷卻塔中的水蒸氣冷凝為液體。一旦冷卻,這些水會被注入地下蓄水池中循環再用。

生物燃料

生物燃料是一種潛在的可替代能源,其污染性低於化石燃料。它們是通過生物過程使原材料發生化學變化而製成的。生物燃料主要有三種來源:穀物、木本植物和藻類。穀物和木本植物已被證實在一定程度上對環境造成污染,但是,尚處於初步開發階段的藻類生物燃料,仍有望發展成一種低成本、低污染的燃料。

輸入

穀物

木本植物

藻類

預先處理
這個過程由對原材料進行物理破壞開始,包括將原材料分解為單一的物質、進行淨化並除去污垢。

糖化
通過化學處理將初始物質中的複雜分子分解為較小的、更有用的小分子,例如糖。

發酵
和酒精飲料的生產過程類似,糖可被轉化為乙醇和其他易燃物質,進而被用作燃料。

輸出

乙醇

氫氣

沼氣

丁醇

電子學如何運作

　　電子學是關於電子元件及其於電路中應用的技術，其中包括用於控制電流的晶體管，它們大多沒有可活動的部件。

何謂半導體？

　　導體有大量自由移動的電子，可以傳輸電流（參見第 81 頁）；絕緣體則存在一個很大的勢壘（或能隙），可以阻止電子流動，因此不能導電。半導體（例如矽）由於能隙較小，可在不導電的絕緣狀態和導電的導體狀態之間相互切換。

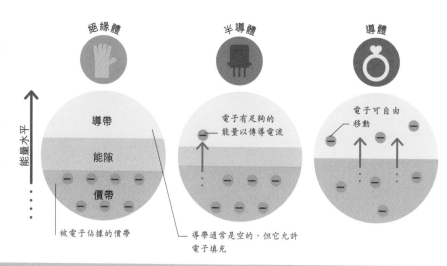

晶體管內部

　　電腦的大腦由晶片上的電路組成。這些電路可以通過程序給出一系列運行指令。早在 20 世紀 40 年代後期，晶體管這種半導體器件就已被發明出來，取代了早期那些由真空管組成的低可靠性電子器件。晶體管由晶體矽製成，可通過添加其他物質來改變其電學特性。由晶體管構成的電子器件能夠精確地控制電流。

預期中**最小的**晶體管和**兩個糖分子**尺寸相若。

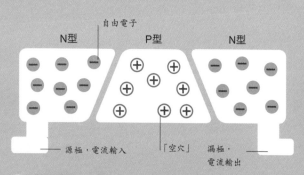

1 基礎結構
　　一個晶體管通常由兩個 N 型半導體及夾於其之間的 P 型半導體組成。N 型半導體有多餘的電子並表現為負電性。P 型半導體包含「空穴」，含有多餘的正電性電子。

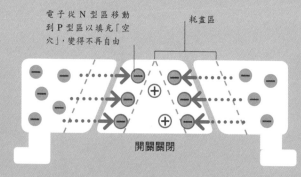

2 耗盡區
　　N 型區的電子由於受到正電性的吸引而移動到 P 型區。這會形成一個沒有自由電子可以傳輸電流的耗盡區。此時，由於電子不能通過此區，晶體管處於「關閉」狀態。

摩爾定律

1965 年，英特爾公司的共同創辦人戈登·摩爾（Gordon Moore）預言，晶體管的尺寸每兩年就會減半一次。迄今為止，摩爾定律基本上有效。現今，標準晶體管的基本長度只是 14 納米。這個尺寸還可以進一步縮小，但在下一個十年，電子技術就會達到極限，因為基極尺寸太小難以形成阻礙電流通過的勢壘。

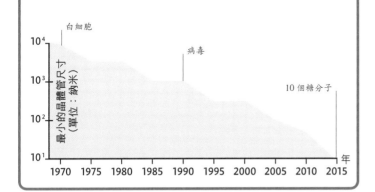

矽是從哪裏來的？

矽是地殼中含量第二多的元素。人們可以通過將包含矽的沙燃燒，並和熔鐵混合後提純取得。

摻雜矽

對矽進行摻雜是為了增加或減少電子的數量。添加磷原子可以引入額外的電子，而添加硼原子後，則會移除一個電子，在晶體中形成「空穴」。

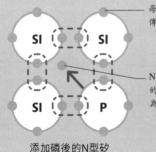

添加磷後的N型矽

每個矽原子有四個傳導電子

N 型矽有多餘的電子，表現為負電性

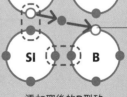

添加硼後的P型矽

P 型矽由於失去電子，留下「空穴」，表現為正電性

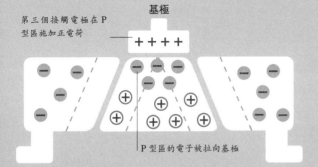

第三個接觸電極在 P 型區施加正電荷

基極

P 型區的電子被拉向基極

3　施加電荷

除了用於電流進入和離開的源極和漏極，晶體管還可以有第三個接觸電極，稱為基極，用於在 P 型區施加正電荷。基極一旦開啟就會從耗盡區拉出電子。

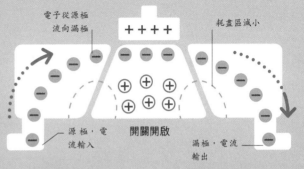

電子從源極流向漏極

耗盡區減小

源極，電流輸入

開關開啟

漏極，電流輸出

4　移動電流

基極啟動時，耗盡區縮小，並透過晶體管中創造了一個可以讓電子自由移動的區域，電流可以通過。這個狀態被稱為「開啟」狀態。當基極關閉時，電子不再移動，晶體管再次處於「關閉」狀態。

微型晶片

　　微型晶片是一種技術，它被廣泛應用於從手機到多士爐等各式各樣的日常生活物品中。製造微型晶片的技術主要涉及將微小的電子元件整合到純矽片上。

製造微型晶片

　　微型晶片是一個集成電路，其所有元件和它們之間的連接線都被製造在同一塊材料上。微型晶片電路通過刻蝕技術寫在矽片表面。微型導線由銅或其他金屬製成，而晶體管和其他電子元件則由摻雜矽（參見第 88～89 頁）及其他半導體器件組成。

（參見第 88～89 頁）

寵物晶片是甚麼？

　　這種晶片包含一個微型無線電發射器，可植入動物的皮膚下。當讀取器靠近該晶片時，會讀出一個獨一無二的辨識碼，當中記錄了寵物主人的信息。

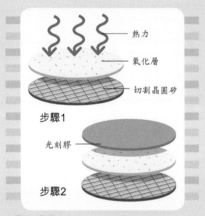

1 塗層
　　首先將純矽片加熱，使其表面形成一層耐高溫的二氧化矽保護層，然後再在其上旋塗一層感光材料——光刻膠。

（標示：熱力、氧化層、切割晶圓矽、步驟1、光刻膠、步驟2）

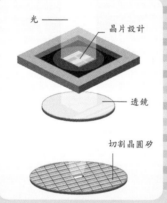

2 曝光
　　晶片設計的一大缺點在於晶片結構需要先繪製在透明材料上。通過曝光可將這些設計結構轉移到光刻膠上。每塊晶圓矽上都可以容納很多相同晶片。

（標示：光、晶片設計、透鏡、切割晶圓矽）

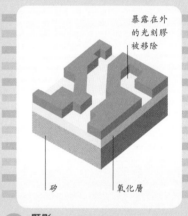

3 顯影
　　晶片上暴露在外的光刻膠在顯影過程中被移除，並在氧化矽層上留下圖案。某些功能區的設計僅有幾十個原子寬度。

（標示：暴露在外的光刻膠被移除、矽、氧化層）

應用邏輯

　　集成電路通過使用晶體管和二極管相結合形成的邏輯門來作出決策。邏輯門根據邏輯代數來比較輸入電流，從而輸出一個新的電流。邏輯代數又稱為布爾代數，它有在一組操作，當中返回值僅為真和假兩種，通常記作 1 和 0。

與門
這種元件有兩個輸入端，僅在兩個輸入端都為 1 時導通，即輸出值也為 1。

（輸入端 A、B　與門　輸出端）

輸入端A	輸入端B	輸出端
0	0	0
0	1	0
1	0	0
1	1	1

或門
這種元件和與門不同，通常輸出端為 1，而只有當兩個輸入端都為 0 時，輸出端才為 0。

（輸入端 A、B　或門　輸出端）

輸入端A	輸入端B	輸出端
0	0	0
0	1	1
1	0	1
1	1	1

電子元件

　　電子元件和其他電路的元件一樣，由一套專門的符號來表示。晶片設計者可用這些電子元件來設計新的集成電路。現代晶片通常包含幾十億個電子元件，因此晶片設計者會先列出高層次的晶片構架，然後通過電腦將之轉換成邏輯門的電路。一塊普通晶片從設計到完成測試前後需要千多人的共同努力。

二極管
一種單向管道，只允許電流由單一方向流過。

發光二極管
利用半導體使電子發出有顏色的光。

光電二極管
當受光照會產生電流。

NPN 型三極管
當基極有電流時，三極管導通。

PNP 型三極管
當基極沒有電流時，三極管導通。

電容器
能存儲電荷，並可以把電荷釋放回電路中。

留下的光刻膠

暴露在外的氧化矽層被移除

4　刻蝕
用化學方法移除暴露在外的氧化矽層後，矽片表面就可被分割成精確的通道形狀。

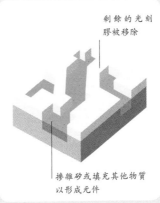

剩餘的光刻膠被移除

摻雜矽或填充其他物質以形成元件

5　摻雜
矽通過摻雜其他物質可以得到一些非常有用的性質，而這些通道也可以用化學混合物精確填充而形成元件。

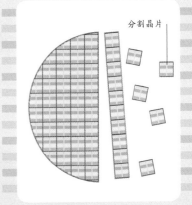

分割晶片

6　分割和安裝
晶片從矽晶體上分割下來，再分別增加塑料或玻璃保護層。晶片被安裝到電路板上之後，它們會連接其他晶片及電源。

非門
非門用於轉換輸入信號值，其輸出信號總與輸入信號相反。

輸入端

A　非門　輸出端

輸入端	輸出端
0	1
1	0

異或門
異或門用於檢測輸入信號異同。當兩個輸入信號一致時，輸出端為0。

輸入端

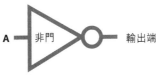

A
異或門　輸出端
B

輸入端A	輸入端B	輸出端
0	0	0
0	1	1
1	0	1
1	1	0

在**最新**技術中，一個**針**尖就可容納**數百萬個晶體管**。

電腦基礎

常見的輸入設備有鼠標、鍵盤和麥克風。這些設備可以把用戶的活動轉換成數字序列，然後發送到隨機存取記憶體（RAM）中。這些輸入指令會被中央處理器（CPU）調用。中央處理器對電腦輸入指令進行運算，進而產生可執行的輸出指令。這些輸出指令可以存儲在硬盤中備用，或被發送到輸出設備，例如作為聲音信號輸出或在打字時作為文字顯示在屏幕上。

互聯網

從互聯網上獲得的數據和指令可以作為電腦的輸入內容。而電腦同樣可以向互聯網輸出內容，用戶數據也可以存儲在互聯網或雲盤中。

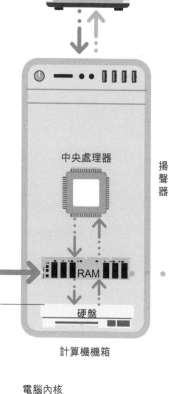
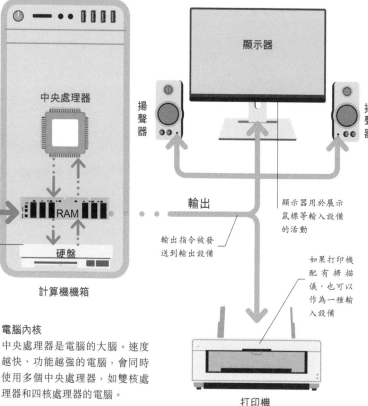

互聯網

中央處理器

揚聲器

顯示器

揚聲器

輸入

輸出

RAM

硬盤

計算機機箱

輸入指令被發送到隨機存取記憶體中

存儲在硬盤中的信息

輸出指令被發送到輸出設備

顯示器用於展示鼠標等輸入設備的活動

如果打印機配有掃描儀，也可以作為一種輸入設備

鼠標

鍵盤

電腦內核

中央處理器是電腦的大腦。速度越快、功能越強的電腦，會同時使用多個中央處理器，如雙核處理器和四核處理器的電腦。

打印機

電腦如何運作

簡而言之，電腦是從輸入設備獲得一個輸入指令，進而根據一系列的預設規則將之轉變為輸出指令的設備。這種系統的最大優勢在於它在運算方面可以比人類更快和更準確。

電腦代碼

中央處理器只能處理由代碼 0 和 1 組成的 8 位、16 位、32 位或 64 位數字序列的數據。人們通常會將較長的二進制代碼簡化為十六進制，組成一個含有 16 個數字的計算系統，它們是數字 0 到 9，之後用英文字母 A 到 F 來表示 10 到 15。

1111 = **15** = **F**

二進制　　　　　　　　十六進制

互聯網如何運作

在電腦網絡中，電腦彼此之間既可以相互連接直接通信，也可以經由其他電腦進行間接通信。互聯網沒有中心控制點，數據是從源設備直接發送到接收端。

世界上最快的超級電腦運算速度可達每秒 **9,300 億次**。

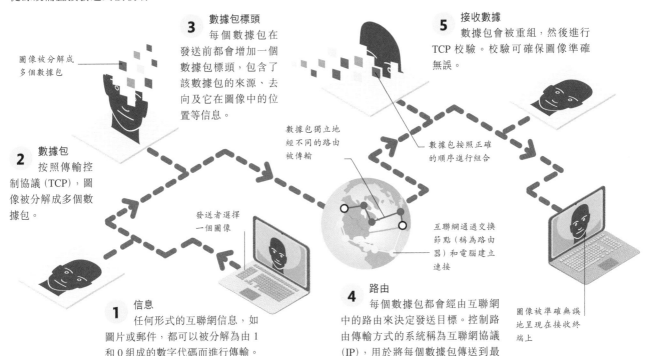

圖像被分解成多個數據包

3 數據包標頭
每個數據包在發送前都會增加一個數據包標頭，包含了該數據包的來源、去向及它在圖像中的位置等信息。

5 接收數據
數據包會被重組，然後進行 TCP 校驗。校驗可確保圖像準確無誤。

數據包獨立地經不同的路由被傳輸

數據包按照正確的順序進行組合

2 數據包
按照傳輸控制協議（TCP），圖像被分解成多個數據包。

發送者選擇一個圖像

互聯網通過交換節點（稱為路由器）和電腦建立連接

1 信息
任何形式的互聯網信息，如圖片或郵件，都可以被分解為由 1 和 0 組成的數字代碼而進行傳輸。

4 路由
每個數據包都會經由互聯網中的路由來決定發送目標。控制路由傳輸方式的系統稱為互聯網協議（IP），用於將每個數據包傳送到最近的互聯網伺服器上。

圖像被準確無誤地呈現在接收終端上

硬盤

大多數桌面型電腦都使用硬盤作為主要的存儲媒介。它以磁化和非磁化的物理圖案來記錄數據。這些圖案即使是在電源關閉下也會維持原狀。每個硬盤都包含幾個可以每分鐘旋轉幾千轉的磁盤。一些新近開發的電腦，如手機和筆記本電腦，會使用固態快閃記憶體代替把數據儲存在相互連接的晶片上的硬盤。

驅動電機
磁頭臂
讀寫頭
磁盤

讀和寫
每個磁盤會經讀寫頭掃描，其上的電磁鐵既能探測磁盤上的圖案，也可以在磁盤上寫入新的圖案。

位元組是甚麼？

電腦代碼中的一位數字稱為一位元。數據通常是以八位元作為一組，每八位元又形成一個位元組。而四位元，即一個位元組的一半，則稱為半位元組。

虛擬實境

多年以來，技術發展都未能滿足用戶對虛擬實境（VR）的期望，直到近來虛擬實境技術才在各領域廣泛地應用。VR 頭戴設備會通過很多情景模擬，以說服用戶他們正身處另一個地方。

VR 頭戴設備的內部結構

「虛擬」一詞在這裏指某種並不真實的東西，但它可以被看見和操縱，也能與之互動，就好像它真實存在一樣。於鏡子中的虛擬影像看上去好像處於玻璃「背後」就是一個好例子。VR 頭戴設備用部分虛擬場景來填充用戶的視野。當用戶移動頭部時，屏幕上的場景也會隨之變換。

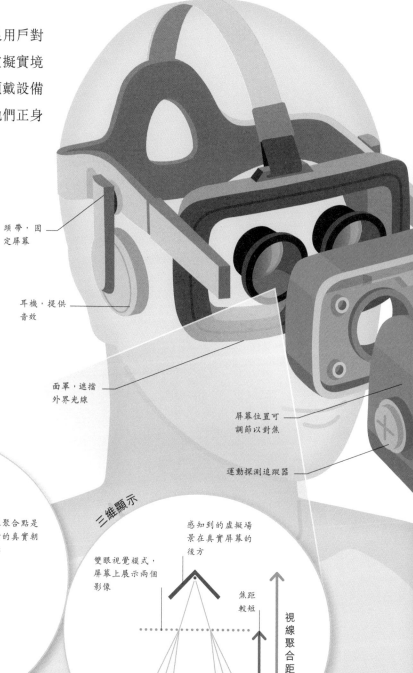

頭帶，固定屏幕

耳機，提供音效

面罩，遮擋外界光線

屏幕位置可調節以對焦

運動探測追蹤器

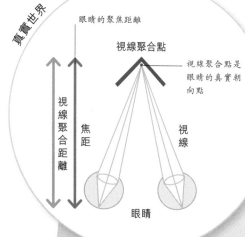

真實世界

眼睛的聚焦距離

視線聚合點

視線聚合點是眼睛的真實朝向點

視線聚合距離

焦距

視線

眼睛

三維顯示

感知到的虛擬場景在真實屏幕的後方

雙眼視覺模式，屏幕上展示兩個影像

焦距較短

視線聚合距離

眼睛

雙眼視覺
虛擬屏幕為每隻眼睛各展示一幅圖片。右眼看到的圖片比左眼看到的稍微向右移動了一點。這種模式被稱為立體視覺，它通過模仿人類視覺以創造出三維虛擬幻象。

追蹤技術

　　為了使用戶在虛擬實境中獲得更好的沉浸式體驗，頭戴設備會追蹤用戶頭部和眼部的運動，並隨之改變屏幕上的場景。這使得用戶可以更自然地在虛擬實境中到處觀看。用戶手臂和腿部的運動可以通過身體對紅外光的反射信號作出追蹤，從而使用戶能與虛擬環境作出更多的互動。

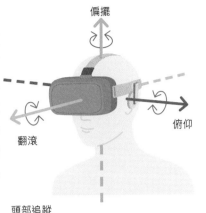

偏擺

翻滾

俯仰

頭部追蹤

頭戴設備內置了頭部運動追蹤功能，類似於智能手機可以從偏擺、翻滾和俯仰三個方向作出追蹤。這些信息被用作對虛擬場景進行大幅度的調節。

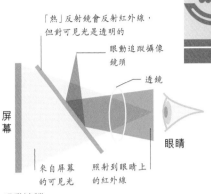

「熱」反射鏡會反射紅外線，但對可見光是透明的

眼動追蹤攝像鏡頭

透鏡

屏幕

眼睛

來自屏幕的可見光

照射到眼睛上的紅外線

眼動追蹤

人類的眼睛只會聚焦於某一場景的細小部分，所以一些 VR 屏幕會在那一點上展示最清晰的影像。通過捕捉人眼反射回來的紅外線，可以實時追蹤眼部運動。

改變觀感

VR 頭戴設備通過欺騙用戶的知覺系統來運作，用戶會體驗到一個被電腦演繹過的三維空間。除了使用影像和聲音外，手或身體其他部分的「觸覺」設備，可使用戶感受到虛擬物體。

可向每隻眼睛各展示一幅圖片

主板上的強大圖像處理器，用於控制展示內容

屏幕

主板

外殼

擴增實境

　　擴增實境（AR）運用了類似虛擬實境的技術。在擴增實境中，由電腦產生的圖像層套在真實場景上。AR 用戶可以通過一個實時攝像鏡頭，例如智能手機的鏡頭來查看場景；或者通過透明的屏幕，例如一副眼鏡來查看。

立體視像早在 **1838** 年就已被發明，甚至**比攝影技術還要早**。

納米管

　　碳納米管是只有幾納米厚的圓柱形結構。目前，碳納米管的長度普遍在毫米量級，但是更長的碳納米管將會是比鋼鐵還要硬好幾倍的物質，且具有包括低密度的有用特性。

把一根**能伸到月球那麼長的納米管**捲起來，差不多等如一顆**罌粟花種子**那麼大。

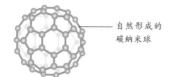

自然形成的碳納米球

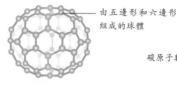

由五邊形和六邊形組成的球體

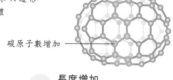

碳原子數增加

1　納米管的生長
製成納米管的一種方法是由其生長。首先從一個自然形成的、包含 60 個碳原子的球體開始。這個球體被稱為作巴克球。

2　增加六邊形數量
大部分球體是由六邊形的碳原子構成的。巴克球的長度隨六邊形數量的增加而變長。

3　長度增加
由 10 個碳原子組成的連續碳環被加到球體中。1 毫米長的納米管含有超過 100 萬個碳原子。

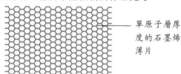

單原子層厚度的石墨烯薄片

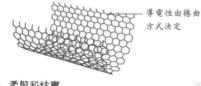

導電性由捲曲方式決定

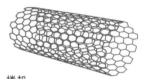

1　捲成納米管
另一種製成碳納米管的方法，是將單原子層厚度的、被稱為石墨烯的碳六元環薄片捲起。

2　柔韌和結實
石墨烯在所有方向上都非常柔韌，意味着它很容易被彎折和捲曲成不同形態。在上例中是捲曲。

3　捲起
將單層片狀石墨烯捲起，就形成了單壁納米管。多壁納米管可以通過將一根納米管嵌套在另一根中獲得。

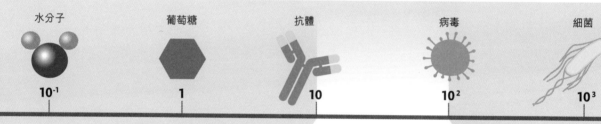

水分子　　　葡萄糖　　　抗體　　　病毒　　　細菌

10^{-1}　　　1　　　10　　　10^2　　　10^3

納米

微型科技
相對於體積，納米顆粒有較大的表面積，這意味着它們可以作出非常快速的反應。納米顆粒的很多獨特性質是其他大小的同類物質所不具備的。有些人憂慮，納米顆粒太小，很可能會通過血液進入腦部，對人體造成傷害。

原子和小分子可以被加載到巴克球內

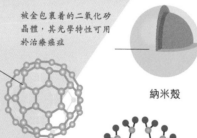

巴克球

被金包裹着的二氧化矽晶體，其光學特性可用於治療癌症

納米殼

半導體的分子和原子族羣具有一些獨特的性質

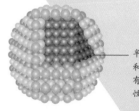

量子點

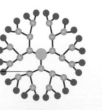

枝枝結構聚合物可用於傳輸、投遞或收集物質

聚合物
納米結構

捲起的碳（參見上文）

納米管

納米科技的應用

納米科技有望為未來的建築、醫療和電子學帶來改變。一種理論認為，微小的納米機械人可進入人體投遞藥物。另一個設想是納米尺度的工具可以操縱一個個分子組裝成物體。這些技術研究已經進行了數十年，而納米材料也已投入使用。例如，防刮玻璃表面就是通過一層只有幾納米厚而且透明的矽酸鋁納米顆粒來進行強化。

透明的防曬霜

氧化鋅和氧化鈦的納米顆粒常被用於防曬霜。這些微小的晶體顆粒可以散射有害光線，保護皮膚。

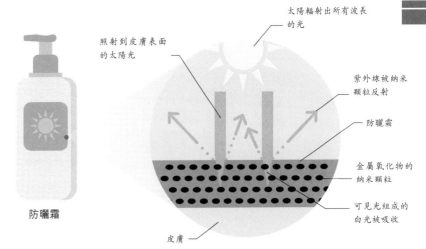

太陽輻射出所有波長的光

照射到皮膚表面的太陽光

紫外線被納米顆粒反射

防曬霜

金屬氧化物的納米顆粒

可見光組成的白光被吸收

皮膚

防曬霜

有機發光二極管電視

有機發光二極管技術通過給一層分子通電而發光。有機發光二極管的屏幕很薄且比較柔韌。

微型電腦

如導線的納米管和量子點有望被整合到微型晶片內，以構建更小和更強的微型晶片。

巨型建築結構

添加到建築材料中的納米管可增加建築材料的強度，使未來可建成巨型的建築結構。

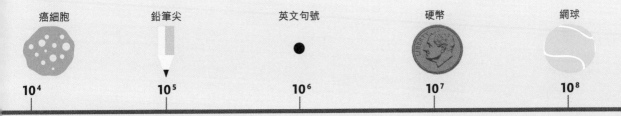

癌細胞 10^4

鉛筆尖 10^5

英文句號 10^6

硬幣 10^7

網球 10^8

納米科技

器件小型化一直是工程領域的目標之一。納米科技旨在組裝單一原子和分子來構建微型機器。

納米尺度

納米是一個長度單位。10 億納米為 1 米，而一個英文句號的大小大約是 100 萬納米。納米機器或納米機械人在理論上能夠在納米尺度上執行操作，它們的寬度大約在 10 ～ 100 納米之間。

利用 DNA

DNA 的其中一個有用特性是它可以進行自我複製，即以一條 DNA 鏈作為模板可複製出另一條新的 DNA 鏈。這種自我複製的特性有望被用於製成由 DNA 組成的納米器件。理論上，這種納米器件可以形變並像機器一樣運作。

機械人和自動化

　　機械人是人們為了執行複雜動作而製造的機器。它可以由人類遙遠操控，但通常都被設計為自動化。

機械人用來做甚麼？

　　機械人的各個組件可以在不同方向獨立移動，這使機械人能替代人類執行某些動作以完成複雜任務。機械人目前主要在比人類有明顯優勢的領域中應用，例如在高危環境中工作或進行重複操作的任務。

人類會否被機械人取代？

機動化的機械人是為少數特殊任務而設計的。到目前為止，機械人還遠不如人類這般多才多藝。

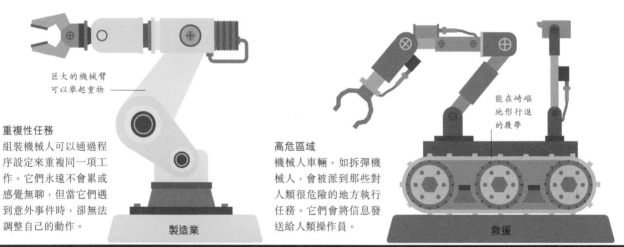

巨大的機械臂可以舉起重物

能在崎嶇地形行進的履帶

重複性任務
組裝機械人可以通過程序設定來重複同一項工作。它們永遠不會累或感覺無聊，但當它們遇到意外事件時，卻無法調整自己的動作。

製造業

高危區域
機械人車輛，如拆彈機械人，會被派到那些對人類很危險的地方執行任務。它們會將信息發送給人類操作員。

救援

仿真機械人

　　許多工程師都試圖製造一個能模仿人類行為的機器。在本領域的最新進展是仿真機械人（Actroid）的誕生。它栩栩如生，具有柔軟皮膚，並能夠識別和回應人類語言及面部表情。但是，設計師不得不與恐怖谷理論（The Uncanny Valley）抗衡。該理論指出，當機械人與人類的相似程度超過一定範圍時，機械人就會給人帶來奇怪，甚至恐怖的感覺。

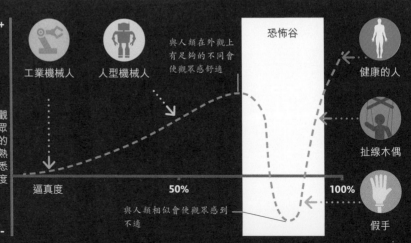

工業機械人　　人型機械人　　與人類在外觀上有足夠的不同會使觀眾感舒適

恐怖谷

健康的人

扯線木偶

假手

觀眾的熟悉度

逼真度　　50%　　100%

與人類相似會使觀眾感到不適

步進馬達

　　機械人關節的彎曲或旋轉都依靠一種被稱為步進馬達的發動機。該發動機運用一系列電磁鐵，每個電磁鐵都能使轉軸以非常小的幅度轉動。因此，發動機可以做到非常精確的轉動。

磁鐵的開關推動轉軸轉動

轉軸

齒輪受到磁鐵吸引

好奇號火星探測車可以使 **7 米之外**的樣品**蒸發**，進而用作分析。

其他世界
流動的科學實驗室如火星探測車，既可以按照操作者的指定路線行進，也可以自主地回應某些危險。

精密的需求
外科手術機械人能夠在人類醫生指導下或根據預先設定程序來實現非常精準的切割和其他操作。

用於信息交流的屏幕

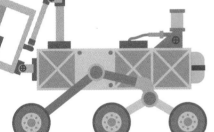

立體攝影機捕捉三維圖像

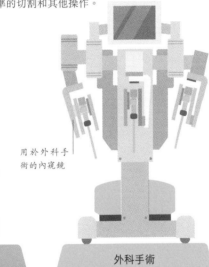

用於外科手術的內窺鏡

低下的角色
清潔和搬運等工作在未來很可能會被機械人取代，即使設計出能承擔這些工作的機械人並不容易。

探測

外科手術

低技術工作

無人駕駛汽車

　　能自動沿着道路行駛並對周圍環境作出反應的汽車也是一種機械人。機械人元件僅可以操縱轉向和油門，但無人駕駛汽車的成功之處在於它可以感知所處的位置和道路環境。它利用多種車載傳感器來全面感知車輛周圍的環境。

雷達　攝影機

光學雷達

規劃路線
乘客可以利用全球定位系統 (GPS) 來選擇路線。然後，無人駕駛汽車就會知道行進過程中可能遇到的十字路口和路況。

攝影機
用於探測車道、路標和其他道路標記。

雷達
識別運動物體或靜止物體的方向和速度。

光學雷達
基於激光的雷達探測器可以計算物體的大小和形狀。

人工智能

智力可以看成一種根據當前條件作出合適決定的能力。計算機科學的目標之一就是製造採用人工智能 (AI) 的設備。

是強？是弱？
絕大部分的人工智能技術都很薄弱，無法實現超出人類創造者設定範圍的功能。未來的人工智能技術會有更多樣化的潛能，幾乎可以完成任何人類大腦能夠做的事情。它甚至可能會聰明到懂得去學習未知的新事物。

人工智能會全面取代人類嗎？

人工智能在任何時候都不太可能會比人類更聰明，但將來人類可能會依靠人工智能來作決定，儘管我們不了解它們如何做到。

專家系統
國際象棋電腦就是一種專家系統。它通過參考由人類國際象棋專家編譯的數據庫來決定每一步該怎麼走。

語音識別
聲控小助手學會識別語音信息、分析語義，並以最佳的詞語組合作出回應。然而，它並不能真正理解這些詞語的意思。

廣義人工智能
沃森 (Watson) 是 IBM 公司製造的電腦問答系統。基於同樣的框架原則，它可以回答從娛樂節目到醫療建議等一系列問題。這可能是最接近我們理解的廣義人工智能。

狹義人工智能
推薦引擎，如社交媒體中的新聞推送，就是狹義人工智能。它能夠自動搜索並挑選那些與我們瀏覽過的內容密切相關的信息。

量子計算
未來的人工智能可能需要借助量子計算。當中會運用一種能夠比目前所有超級電腦處理更多數據的新型處理器。

弱

強

人工智能的種類

人工智能通常被理解為是一種具有類似人類智能的非人類機器。然而，人工智能在一段時間內還不太可能像人類那樣工作。目前，人工智能的應用主要集中在少數非常具體的任務領域。但是，在這些特定領域，人工智能往往能夠比人類更快和更準確地完成任務。

機器學習

　　機器學習是指允許電腦系統根據新情況進行學習並調整自身行為。這裏涉及人工神經網絡的概念。人工神經網絡是受生物大腦中關聯細胞的啟發而設計出來的，能夠通過處理信息來學習，並基於此作出合理預測。當它出錯時，會及時作出調整以使下一次的預測更準確。

試錯
在受監控的機器學習期間，會由人類創造者告知該系統輸出的結果是否正確。系統根據這些結果調整網絡節點的權重或偏差，以獲得正確的輸出。

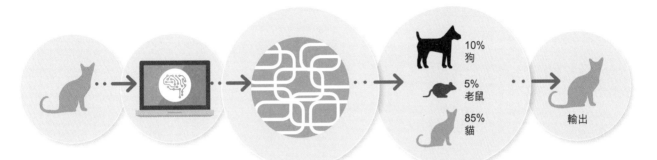

1　輸入
　　系統將一幅以不同顏色深度像素排列的圖像輸入人工神經網絡。

2　學習
　　電腦的目標是識別由這些像素點組成的圖像和甚麼動物相關。最初只是隨機猜測。

3　分析
　　與像素點相關的數據通過神經網絡層。每一層都學習到更多關於這些像素點的細節。

4　機器學習
　　在學習了很多圖像的像素點之後（可能經數百至數十億次學習），神經網絡能夠更準確地識別出該圖像的像素點代表的是狗、貓或老鼠。

5　投入使用
　　人工智能系統完成學習之後，這些習得的信息可自動用於分析圖像或學習其他任務。

圖靈測試

　　艾倫·圖靈是計算機科學的鼻祖之一，他提出了著名的圖靈測試，用於測試電腦是否具有人類智能。在測試中，人類測試者與電腦和人類被測試者進行交談。如果測試者分不開誰是人類被測試者，誰是電腦，那該電腦便算通過了圖靈測試。

盲測
測試者不能看到被測試者。在更精細的測試中，測試者會向被測試者展示圖片並進行交談。

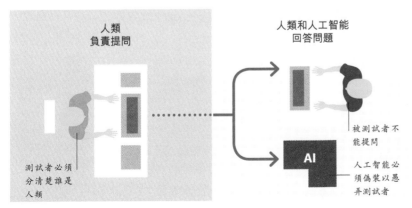

人類
負責提問

人類和人工智能
回答問題

測試者必須分清楚誰是人類

被測試者不能提問

AI

人工智能必須偽裝以愚弄測試者

量子位元

　　經典電腦使用二進制數字（位元）一次存儲一位數據，即 1 或 0。量子電腦則使用量子位元來存儲數據，有一家機率是 1 或 ），故每次可以存儲兩位數據。量子電腦的強大之處在於可以把這些量子位元聯合起來使用。一個 32 位量子位元的處理器一次可以處理 4,294,967,296 位元數據。

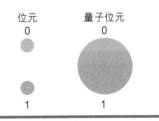

位元
0

量子位元
0

1

1

波

波是自然界中的振動或有節奏的波動。光和聲音都是波的例子，雖然它們的形式不同，但有一些特徵和行為是波所共有的。

波的種類

波是能量從一個地方轉移到另一個地方的一個例子。所有的波都因振盪運動表現出類似的基本行為，這種運動分為三種：一是聲波這類的縱波；二是光和其他輻射類型的橫波，不需要媒介來傳播；三是如海浪這樣較為複雜的波，被稱為表面波或地震波。

表面波
表面波中的水並不會隨波浪一起向前移動。表面波只是把波形傳遞到附近的水面，在平靜的水面上形成等高的波峰和波谷，並以環狀形式傳播出去。

在水平線之上形成波峰

在水平線之下形成波谷

波的傳播方向

水分子在水中圍繞一個固定點轉動

海浪從何而來？

當風在海洋表面吹起時，就會產生海浪。摩擦力將水推入波峰，進而捕捉到更多的風。

空氣分子擴散出去，形成低壓區域

船笛

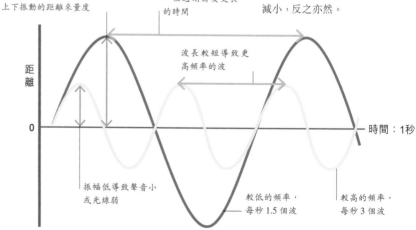

量度波

無論甚麼形式的波，都可以用同一套參數來量度。波長是波在一個振動週期內傳播的距離。量度波長的最簡單方法是量度從一個波峰到下一個波峰的距離。波的頻率指每秒鐘波的振動次數，其測量單位是赫茲。振幅等於波的高度，它體現了波的能量，或一段時間內波能傳播多少能量。

振幅可以從波動在中心線上下振動的距離來量度

波長較長說明完成一個週期需要更長的時間

波長較短導致更高頻率的波

波的關係
如果波速是常數，波長增加則頻率減小，反之亦然。

距離

時間：1秒

0

振幅低導致聲音小或光線弱

較低的頻率，每秒 1.5 個波

較高的頻率，每秒 3 個波

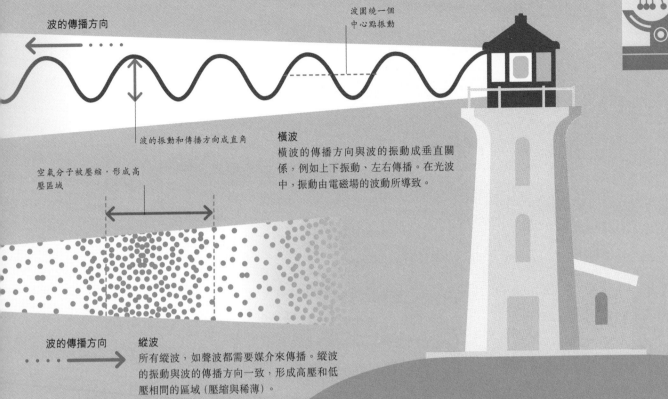

波的傳播方向

波圍繞一個
中心點振動

波的振動和傳播方向成直角

橫波
橫波的傳播方向與波的振動成垂直關係，例如上下振動、左右傳播。在光波中，振動由電磁場的波動所導致。

空氣分子被壓縮，形成高壓區域

波的傳播方向

縱波
所有縱波，如聲波都需要媒介來傳播。縱波的振動與波的傳播方向一致，形成高壓和低壓相間的區域（壓縮與稀薄）。

波的傳播

如果沒有屏障，從源頭發出的波可以向各個方向傳播。波的強度或其中聚集的能量，自其離開源頭之後會逐漸減弱。這個強度的下降，如聲音或光線減弱，都依循反平方定律。例如，當距離每增加兩倍，波的強度會降低四倍。

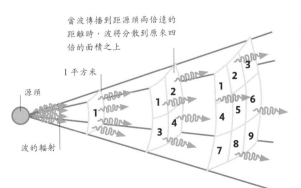

當波傳播到距源頭兩倍遠的距離時，波將分散到原來四倍的面積之上

1 平方米

源頭

波的輻射

遞減效應
離開源頭之後，波的強度會迅速減弱。當傳播到距源頭三倍遠的距離時，波的強度會降低九倍。當傳播到距源頭 100 倍遠的距離時，波的強度則降低一萬倍。

碎波

當海浪登陸淺灘後，由於海洋變淺，波浪不能形成一個完整的循環（參見第 233 頁），翻滾的海水會形成一個更高、更大的波峰，海浪因此變得頭重腳輕，進而破碎。

在波浪後方的水移動得更快

遇到海岸時

從無線電波到伽馬射線

我們周圍所見的一切都是可見光以波的形式抵達人眼形成的。但可見光只是電磁波寬廣波譜中的一部分。電磁波可以將能量從一個地方傳遞到另一個地方。

電磁輻射

能量可以通過電磁輻射來傳遞。它們以波的形式左右或上下振動。波的兩個元素以同相位振動，它們的波峰和波谷以規則的方式運動，且彼此對齊。波的長度可以改變，但波在真空中都會以光速傳播。

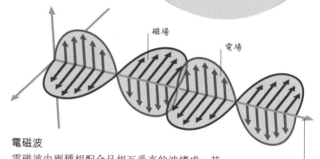

微波是否危險？

強微波可能會燒傷人體，但弱微波則無害。微波爐的設計使其產生的微波限制在爐的內部。

磁場
電場

電磁波
電磁波由兩種相配合且相互垂直的波構成。其中一種是振動的電場，另一種是振動的磁場。

波的傳播方向

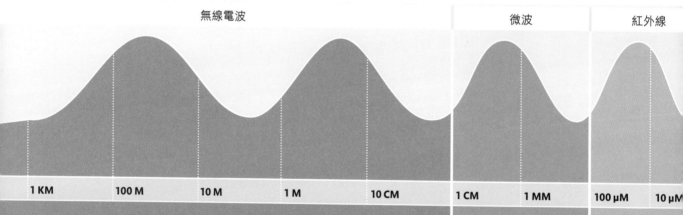

無線電波　　　　　　　　　　　　　　　　微波　　　紅外線

| 1 KM | 100 M | 10 M | 1 M | 10 CM | 1 CM | 1 MM | 100 μM | 10 μM |

電磁波波譜

我們平時看到的一些電磁波以可見光的形式出現。它由一系列顏色的光組成，每個顏色都有特定的波長，範圍介於紅光和紫光之間。但實際上，電磁波波譜的範圍遠遠超出可見光範圍。長波長電磁波的範圍由攜帶熱能的紅外線到微波和無線電不等，而短波長電磁波的範圍則由紫外線到 X 射線和伽馬射線不等。

電波望遠鏡
碟形天線用來接收從遙遠星系發射出來的無線電波。

微波爐
高能量的微波促使食物裏面的水分子劇烈運動，從而加熱食物。

遙遠控制
遙控器使用紅外線輻射脈衝來傳播數碼控制的代碼。

數碼廣播

　　模擬無線電廣播將基礎的波形疊加到普通的無線電波中。不同的無線電波之間可能會相互干擾，使模擬無線電廣播失真。數碼無線電廣播則將聲音信號轉換為數碼代碼。只要數碼代碼可以通過傳輸，就可被轉換成清晰的信號。

> 光在真空中的**傳播速度**是**每秒299,792,458 米**。

高音質
聲波在傳輸之前先被轉換為數字流。數碼接收器接收到數字流並進行解碼，將它轉變為可以驅動揚聲器的形式播放。

數碼信號由寬頻帶廣播，以避免干擾

傳輸器傳送由1和0構成的數字流

數碼接收器接收由1和0組成的數字流，並進行解碼，進而轉換成聲音

聲音被捕獲為不斷變化的模擬信號

聲音通過模擬數碼轉換器轉變為數碼信號

數碼信號僅包含1和0兩個狀態

1011010111 0001

| 聲源 | 聲波 | 數碼信號 | 信號發射塔 | 收音機 |

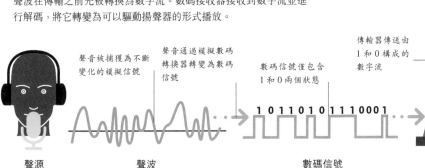

| 可見光 | 紫外線 | X 射線 | 伽馬射線 |

| 1 µM | 100 NM | 10 NM | 1 NM | 0.1 NM | 0.01 NM | 0.001 NM | 0.0001 NM | 0.00001 NM |

波長

人眼
人眼能感應到的只是色譜中很窄範圍內的一些波長。

消毒
某些波長的紫外線可用於殺死細菌，消毒物件。

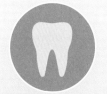

牙科 X 射線
短波長的 X 射線可以穿透肌肉組織並探測其內的牙齒結構。

核能
核反應中伽馬射線的能量可用來產生電力。

電磁輻射的應用
19 世紀 80 年代之前，被發現的電磁輻射形式還僅限於紅外線、可見光和紫外線。但是，現代科技已經可以探測到整個電磁譜系。

顏色

顏色是一種由眼睛和視覺系統衍生的現象，使人類可以看見不同波長的光。我們所感知到的顏色取決於眼睛所探測到的光線的波長。

為甚麼在晚上我們會看不清楚顏色？

夜間光線太暗，人眼中對顏色敏感的視錐細胞不能很好地運作。此時較敏感的視桿細胞卻可以區分光暗。

可見光譜

人眼能探測到的光的波長在 400 到 700 納米之間。該範圍內所有波長的光混合後呈現出白光。當不同波長的光被單獨分解出來後，人腦將它們歸屬到全色光譜中與之對應的顏色。紅光的波長最長，而紫光的波長最短。

分解白光
白光中不同波長的光可以通過折射進行分解。不同顏色的光因不同的折射率而分解開來，形成彩虹。

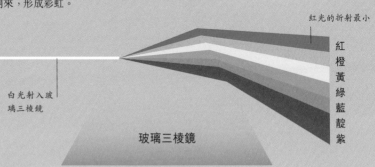

紅光的折射最小

紅橙黃綠藍靛紫

白光射入玻璃三棱鏡

玻璃三棱鏡

彩色視覺

人眼通過三種對光敏感的細胞來創造彩色圖像，這些細胞由於形狀是錐形故被稱為視錐細胞。視網膜中的視錐細胞含有對特定波長的光敏感的化學色素。它們一旦被觸發，就會向神經系統發射信號。人腦接收到紅光、綠光和藍光的信號進入眼睛，然後就產生了對應某一種顏色的感覺。例如，從綠光和紅光視錐細胞來的信號會形成黃色的感覺。所有視錐細胞感知到的信號會形成白色；反之，如果沒有任何一種視錐細胞接收到信號，則會形成黑色。

光傳感器
視網膜的所有部位都包含這三種類型的視錐細胞，但是大多數視錐細胞都分佈在眼球中央正後方的瞳孔周圍，這裏是圖像細節形成的區域。

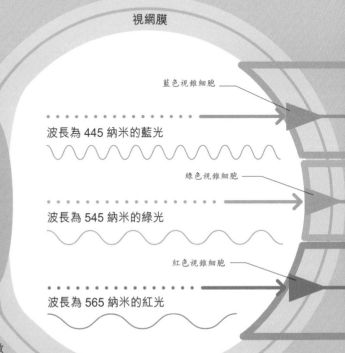

視網膜

藍色視錐細胞

波長為 445 納米的藍光

綠色視錐細胞

波長為 545 納米的綠光

紅色視錐細胞

波長為 565 納米的紅光

混合色

當光線照射到物體上時，光線可以被吸收或反射。大腦根據反射的光線來給物體分配特定的顏色。例如，香蕉反射黃光而吸收其他顏色的光。這就是所謂的減法混色，可用來製造彩色墨水和染料。而加法混色則與之相反，指由光源直接混合形成新的顏色，例如舞台燈光。

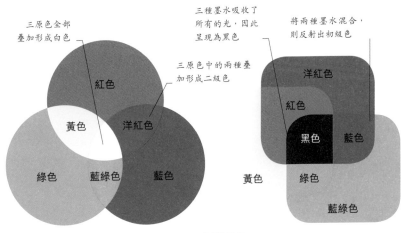

三原色全部疊加形成白色

三種墨水吸收了所有的光，因此呈現為黑色

三原色中的兩種疊加形成二級色

將兩種墨水混合，則反射出初級色

加法混色
使用添加色光的方法會改變透射光的顏色。紅、綠、藍是三原色。三原色中的兩種疊加形成二級色。若將三原色全部疊加則形成白色。

減法混色
藍綠色、洋紅色和黃色顏料被用來產生反射光。每種顏料吸收一種顏色並反射其他兩種顏色。添加另一種顏料會將反射光減少到只有一種初級色。

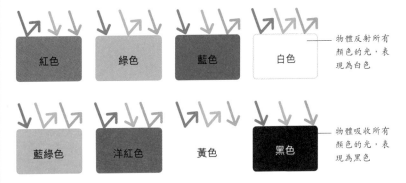

物體反射所有顏色的光，表現為白色

物體吸收所有顏色的光，表現為黑色

反射光
當我們看到一個物體時，它總是表現為某種特定的顏色。這取決於材料的性質，以及甚麼波長的光會被吸收或被反射而到達人眼。

蝦蛄 身上有 **12** 種光線接收器，它可以看到從**紫外線**到近紅外線範圍內的所有光。

蔚藍的天空

天空看起來是藍色的，這是因為大氣分子對波長較短的藍光的散射能力比對其他波長較長的光強得多，這種散射沿各個方向發生，最終藍光射入我們的眼睛。紫光也會被散射，但是只有少部分到達人眼，且人眼對藍光比較敏感。

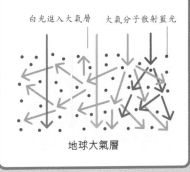

白光進入大氣層　　大氣分子散射藍光

地球大氣層

洋紅色並不是天然彩虹的構成部分，但當眼睛探測到紅光和藍光，但探測不到綠光時，卻可以合成洋紅色。

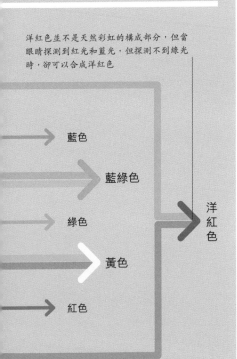

藍色

藍綠色

綠色

洋紅色

黃色

紅色

反射鏡和透鏡

光線通常會沿直線移動，但是光會因反射和折射等現象而改變方向。反射鏡和透鏡就是利用這兩個效應來控制光線。

光的反射

反射光線與入射光線的角度相同，其中，用於量度角度的法線通常用一條垂直於反射平面的虛線表示。因為光線會從不同角度射到凹凸不平的表面，故由大部分物體反射出來的光線會向各個方向散射。反射鏡十分平滑，所以反射出來的光線會保持平行，並產生影像。

鑽石為何會閃閃發光？

切割後的鑽石會閃閃發光是因為它們的表面被切割出許多角度，確保任何入射到鑽石表面的光都在裏面反射，卻只從頂部反射出去。

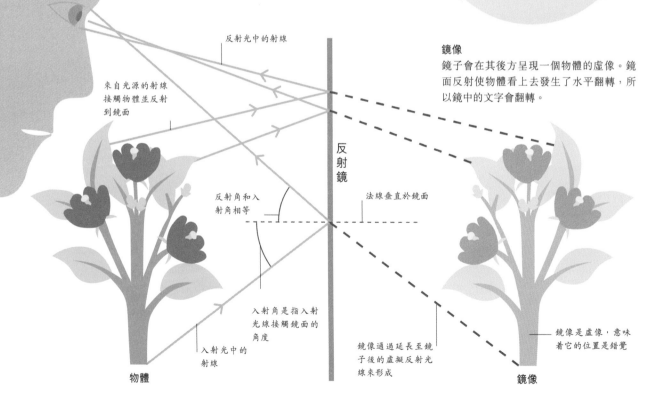

反射光中的射線

來自光源的射線接觸物體並反射到鏡面

反射鏡

反射角和入射角相等

法線垂直於鏡面

入射角是指入射光線接觸鏡面的角度

入射光中的射線

物體

鏡像通過延長至鏡子後的虛擬反射光線來形成

鏡像
鏡子會在其後方呈現一個物體的虛像。鏡面反射使物體看上去發生了水平翻轉，所以鏡中的文字會翻轉。

鏡像是虛像，意味着它的位置是錯覺

鏡像

光的折射

　　光波以不同速度通過不同媒介。如果光線以一種角度進入新的透明媒介時，速度的改變會導致光的方向偏離。這種現象稱為折射。由於光束中各部分的折射率不同，光的移動軌跡會發生變化。

當光被雨點反射、折射和散射後，就會形成彩虹。

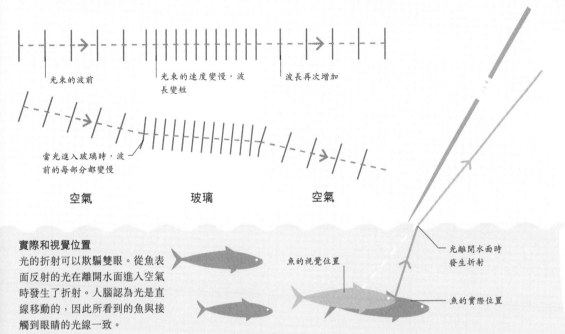

光束的波前

光束的速度變慢，波長變短

波長再次增加

當光進入玻璃時，波前的每部分都變慢

空氣　　　　玻璃　　　　空氣

光離開水面時發生折射

實際和視覺位置

光的折射可以欺騙雙眼。從魚表面反射的光在離開水面進入空氣時發生了折射。人腦認為光是直線移動的，因此所看到的魚與接觸到眼睛的光線一致。

魚的視覺位置

魚的實際位置

光的聚合

　　由一塊透明玻璃構成的透鏡可以通過折射來改變光的方向。透鏡表面是曲面，代表光線以一系列不同的角度通過透鏡，而因此也產生各不相同的折射。透鏡主要可分為兩種：可以匯聚光線的凸透鏡和可以分散光線的凹透鏡。

凸透鏡

光線通過凸透鏡後，會在透鏡的另一側匯聚為一點，稱為焦點。凸透鏡和焦點之間的距離稱為焦距。凸透鏡可放大細小物體（參見第 113 頁）。

凹透鏡

凹透鏡可使光線分散，因此平行光線看起來就像來自凹透鏡之後的一個點，稱為焦點。凹透鏡可用於製造近視眼鏡的鏡片。

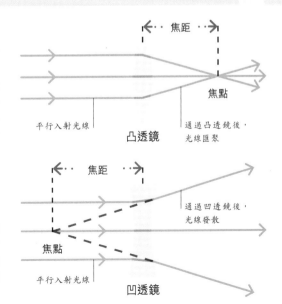

焦距

平行入射光線

凸透鏡

焦點

通過凸透鏡後，光線匯聚

焦距

通過凹透鏡後，光線發散

焦點

平行入射光線

凹透鏡

激光器如何運作

激光器是一種能產生強光束的裝置。這種激光是相互平行且連貫的,也就是說,激光的光波呈線性排列且彼此相連。這些特質使激光的精準度高而且功率大。

充滿活力的光

在晶體激光器中,光被引進一個由人造晶體(如紅寶石)製作的導管中。其中的原子吸收了能量並重新發射光子,附近的原子也發射光子,且所有光子都有特定的波長。光子在位於導管兩端的鏡子之間來回反射,直到強度增大到足以形成一束很窄的光線從導管中逃逸出來,光線的強度可以鑽穿鑽石。

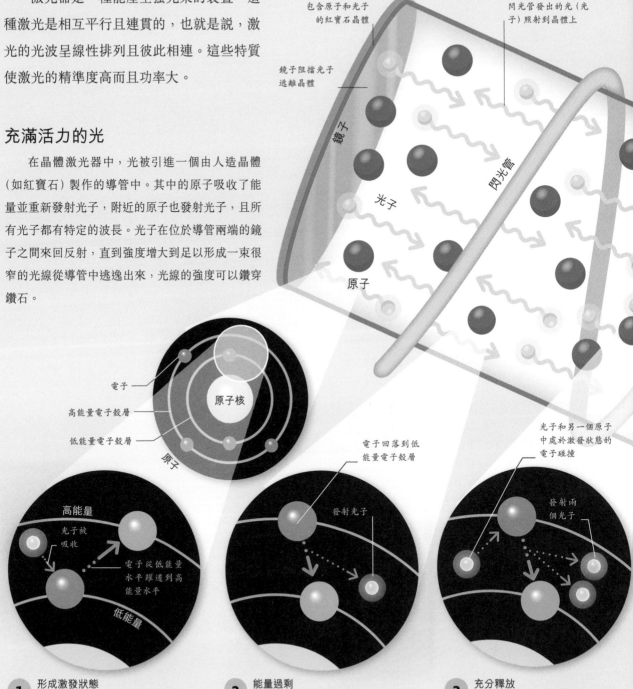

包含原子和光子的紅寶石晶體

鏡子阻擋光子逃離晶體

閃光管發出的光(光子)照射到晶體上

鏡子

光子

閃光管

原子

電子

原子核

高能量電子殼層

低能量電子殼層

原子

電子回落到低能量電子殼層

光子和另一個原子中處於激發狀態的電子碰撞

發射光子

發射兩個光子

高能量

光子被吸收

電子從低能量水平躍遷到高能量水平

低能量

1 形成激發狀態
當原子吸收一個光子後,一個電子會從低能量水平躍遷到高能量水平。處在激發狀態的原子並不穩定。

2 能量過剩
被激發的電子只能維持激發狀態幾毫秒,然後會釋放已吸收的光子。被釋放的光子具有特定的波長。

3 充分釋放
已被激發的電子和其他光子碰撞,使每個電子都能釋放出兩個(而不是一個)光子。這個過程稱為受激發射。

激光的應用

　　激光已被證明是現代世界用途最廣泛的發明之一。現今，激光在日常生活中有着非常多元化的應用，從衛星通信到超市商品條形碼掃描都離不開激光。

激光打印
激光將靜電分散到紙上以吸引墨粉。

燒錄數據
數據通過激光編碼圖案刻蝕在光盤上。

閃光效果
舞台現場通過激光營造效果。

低	中	高

激光強度

醫療
外科醫生利用激光取代傳統的手術刀以切除或破壞組織。

切割材料
強激光可切割硬度高的材料。

天文探測
精密激光可用於精確的距離量度。

當更多受激發的電子發射出更多光子時，晶體中的光子數量增加

激光器有多強？

世界上最強的激光器設備可以在萬億分之一秒產生二瓦拍激光，幾乎和全世界的平均耗電量相等。

激光束包含特定波長的光子，它們相互平行且連貫地發射出來

光子在晶體的長軸方向來回反射

部分鍍銀的鏡子

4 **光被放大**
一個光子每次都可以激發出兩個光子，使光被放大。激光的英文 "laser" 一詞是「由激發輻射所加強的光」的英文縮寫。這些光子在導管中來回反射。

5 **激光束逃逸**
部分鍍銀的鏡子使一些光子逃逸出晶體，並以一種能量非常集中且連貫的形式形成激光束。

光波和所有的波一樣，也會彼此干涉。當兩束光波相遇時便會合一。如這兩束光波是同相位的，即它們的波峰（或波谷）位置完全一致，則它們會形成一束更強的光波；反之，如果兩束光波是反相位的，即波峰對波谷，則會相互抵銷。干涉效應會形成一些圖案，例如在油上看到的彩色渦旋花紋。

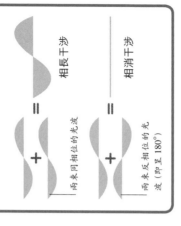

相長干涉

相消干涉

兩束同相位的光波

兩束反相位的光波（即呈180°）

眼鏡是否會使視力變差？

視力差是由眼球變形和晶狀體屈光不正導致。戴眼鏡並不會改善這些情況，但應有助你看得更清楚。

光學應用

光學即是對光的研究。光在光學中的行為，如反射和折射，有着很多強大的應用，使我們能以超越人眼極限來觀察世界。

光學的實踐應用

人眼只能看見直徑大於 0.1 毫米的物體。光學儀器可用於觀察比上述更細小的物體，或看清楚遙遠處物體的細節。它們通過收集物體反射回來的光線來讓人看清楚。對人眼而言，物體反射回來的光線呈現出的微弱圖像因為太小而無法看清，但光學儀器可以收集到的光線更多的光線使圖像變亮，再用透鏡將之放大。

光學纖維

超高速光纖通過編碼在具彈性的玻璃裏的激光衝來傳送信號。光線通過光纖內表面的全反射來移動。其中，激光在玻璃表面的反射角度至關重要：如果入射角度太大，光不能反射，而是折射出光纖。

多路復用

一根光纖中透過不同顏色的激光可傳輸多種光信號。

圖例

光信號 1
光信號 2

通常可放大 10 倍或 15 倍

光線通過另一目鏡聚焦

目鏡

光束交叉，成像翻轉

旋鈕調節鏡筒到樣品的距離，離樣品越近放大倍數越低

不同放大倍數教的物鏡通過旋鈕來選擇和定位

旋鈕

望遠鏡

天文望遠鏡用透鏡和反射鏡收集遠處物體發出的光。地球上的望遠鏡使用透鏡組把收集到的影像翻轉至正確方向。

雙筒望遠鏡

光線透過較大的主鏡頭，然後被放入內部的反射鏡反射，再通過較小的放大鏡進入眼睛。

物鏡

常見的物鏡可——放大 4 倍到100 倍

虹膜或光圈控制照射到樣品上光線的強度和光錐尺寸——

操作台

把樣品的載玻片放置在操作台上——

光

虹膜聚光鏡

反射鏡光（或一束光）反射到樣品上——

聚光鏡將光聚焦到樣品上——

反射鏡

光學顯微鏡

顯微鏡可以收集和放大從樣品傳來的光。來自樣品的光可從特定的物鏡進入。

加那利大型望遠鏡

36 個小鏡片拼接而成，總直徑達 10.4 米。

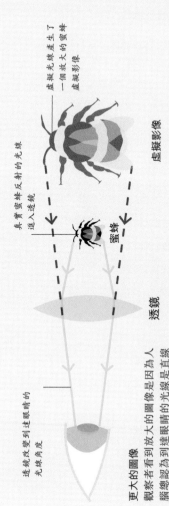

由蜜蜂反射的光線進入眼睛

虛擬光線產生了一個放大的蜜蜂虛擬影像

蜜蜂

透鏡

透過放大鏡看到放大的圖像是因為進入眼睛的光線是直線傳來的。

透鏡改變到達眼睛的光線角度

更大的圖像

觀察者看到放大的圖像總認為到達眼睛的光線是直線傳來的。

虛擬影像

物體如何被放大？

絕大部分安裝在顯微鏡下的鏡片都是凸透鏡（參見第 109 頁），用於形成樣品的放大圖像。如果物體被放置於透鏡和其焦點之間，來自物體的光線就會在凸透鏡的另一側匯聚。增加透鏡的曲率，則透鏡的焦距會增加，結果，透鏡的放大倍率也會增加。

聲音

所有進入我們耳朵的聲音都以波（參見第 102 ～ 103 頁）的形式，透過媒介來傳播。但聲波與光波和無線電波不同，聲波通過壓縮和膨脹形成縱向波紋，從聲源向外傳播。

壓力波

聲波由一種「推─拉」機制而產生。揚聲器中的錐形振動膜就是一個例子。其中，一個電信號驅動錐形振動膜高速來回運動，從而帶動振膜在空氣中來回推拉。每次推動都會產生一組壓縮的波紋，並通過空氣傳遞出去。週期中錐形振動膜振動的幅度越大，其產生的壓力也越大，而空氣分子被壓縮的程度也越高，從而令聲音更大。

音量高

嘈吵或寧靜？
音量越大，空氣分子被壓縮得越緊密，故空氣分子在波紋中移動得較多。每個波紋中，空氣分子密度的變化程度稱為振幅，即波形圖中波峰到波谷的距離。

音量低

空氣分子被壓縮得更緊密

空氣分子被壓縮得不那麼緊密

壓力差越大，聲音越大

壓力差越小，聲音越小

高振幅

低振幅

到底有多嘈吵？
聲音強度通常用分貝 (dB) 來度量，它是以指數級來增加的。使聲音提高 10 分貝實際上是指使該聲音的強度增加了 10 倍。

正常説話聲　車流聲　摩托車聲　音樂會　槍聲　爆炸聲

10	20	30	40	50	60	70	80	90	100	110	120	130	140	150+

分貝

130 分貝是耳朵忍受的極限

在 100 分貝環境中暴露 15 分鐘會損害聽覺

140 分貝的持續噪音會立即損害聽覺

鐘錶的嘀嗒聲　窃窃私語聲　電話鈴聲　結他聲

85 分貝是安全聲音的極限

都卜勒效應

聲波在空氣中的傳播速度為每小時 1,238 公里,這已經很快了,但無論聲波有多快也受到聲源速度的影響。如果一輛鳴笛的車向聽者迎面駛來,傳播聲波的空氣受到擠壓而變得更加稠密,聲波頻率和音高都會被提高。相反,當車輛往遠離聽者時,聲波會被拉伸,從而降低音高。

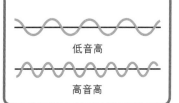

音高

聲音的音高和聲波的頻率呈正相關:頻率越高,音高越高。頻率是指每秒鐘通過某點的波峰和波谷數(或週期數),其量度單位是赫茲(Hz)。

低音高

高音高

聲波競速

聲波在賽車前面擴散後會被擠壓在一起,這是因為嘈吵的引擎在發出下一段聲波時與上一段聲波的距離不斷縮短。

每秒鐘移動的音波數增加,形成音高更高的聲音

新聲波與仍在擴散的舊聲波聚合

車輛後方的聲波在空間上分佈均勻而整齊

車輛後方的人聽到低音高的聲音

車輛前方的人聽到高音高的聲音

為何在宇宙中沒人能聽到你的叫喊聲?

聲音由通過媒介(如空氣分子)的壓力波來傳播。在太空的真空環境中,卻完全沒有空氣等媒介。

超音速

許多噴射式飛機的飛行速度比音速還快,當人們聽到巨響之前,它們早已從頭頂飛過了。這些聲波被壓縮得非常緊密,以至會形成一種嘈吵的音爆。

藍鯨可以發出**音量超過 180 分貝**的聲音。

噴射式飛機前面擴散的聲波

1 加速
當噴射式飛機從低速加速時,由於都卜勒效應,向前擴散的聲波會被擠壓得越來越緊密。

聲波合併

衝擊波擴散

2 突破音障
當速度達到每小時 1,238 公里時,飛機突破了音障。此時,飛機追及這些被緊密壓縮的聲波,並合併成單一的衝擊波。

3 音爆
衝擊波在飛機後面擴散,就像一個膨脹的椎體。這些衝擊波到達地面之處,聽起來就像一個跟隨飛機飛來的聲音炸彈。

溫度

溫度是用來表示物質熱能的量。物質的溫度與其粒子的平均能量有關。某些自然現象會在確定的溫度點發生，例如水的沸點是100°C。這些溫度點可以形成一定的參考，進而製成溫標，用於比較其他溫度點。

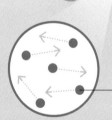

木材燃燒
有足夠氧氣的木材火堆所產生的熱量足以把礦石熔煉成純金屬。

噴射式飛機廢氣
噴射引擎推力來自高速運動而能量高的氣體分子。

鉛的熔點
鉛是第一種被提煉的金屬，因為它的熔點較低。

家用焗爐的最高溫度
在該溫度下長時間焗烤會逐漸損壞金屬支架。

水的沸點
攝氏溫標上方的固定點，因為該溫度值很容易複製，故被採用。

地球的最高溫度
於2005年經衛星研究分析從伊朗盧特沙漠測得。

1112	873.15	600
752	673.15	400
621.5	600.7	327.5
482	523.15	250
212	373.15	100
159.3	343.85	70.7

熱

熱的物體有很多內在的能量，使物體中的原子和分子運動。這種能量就是通常所說的熱能。一個有很高熱能的物體通常會很熱，其熱量會向較冷即熱能較少的地方擴散。

加速運動
當物體獲得熱能時，它的原子將加速運動。人們能感受到物體的熱量，是因為這種熱能會向周圍較冷的地方擴散。

咖啡中的原子受熱後快速運動，四處擴散

冷牛奶

當膏溫

在較冷的物質中（如冷牛奶），原子的運動很輕微

物質加熱
加熱時，固體和液體中的原子會來回運動。在氣體中，這些原子則會四處遊蕩，並彼此碰撞。物體的總質量保持不變，但原子之間的距離增加使物體體積變大。

能量傳遞
當冷牛奶和熱咖啡混合時，咖啡中的部分熱量就傳遞給了牛奶，使牛奶變熱而咖啡變冷。

正常體溫
最初被選為為華氏溫標上方的固定點。

冰點
攝氏溫標將水的冰點定為零度。水的冰點到沸點之間等分為100攝氏度。

地球的最低溫度
2010年在南極東部地區測得。

空氣液化
空氣中大多數氣體在該溫度下都會變成液體。

外太空
星際空間的最低溫度。

絕對零度
理論上的最低溫度，但實際上一個物體不可能達到這麼冷。

水在海拔18,000米的沸點溫度是37°C。

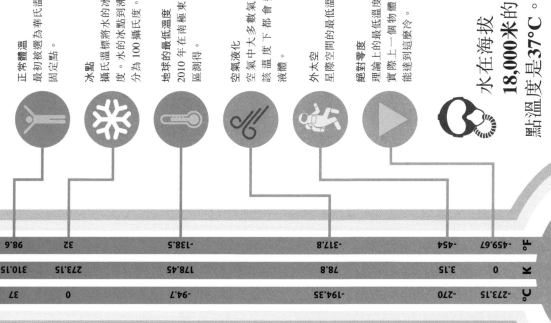

°F	98.6	32	-138.5	-317.8	-454	-459.67
K	310.15	273.15	178.45	78.8	3.15	0
°C	37	0	-94.7	-194.35	-270	-273.15

溫標
溫標主要有三種，分別是攝氏度（°C）、華氏度（°F）和開爾文（K），它們分別是在1724、1742和1848年確立的。

潛熱

在物質中加入熱能後，物質內原子和分子的運動會更加劇烈，甚至會破壞原子和分子之間的結合鍵。物質狀態會因而改變（參見第22～23頁），例如會沸騰。當物質發生這種變化時，繼續加熱不會使物質變得更熱，而是這些能量將隱藏起來，形成潛熱。

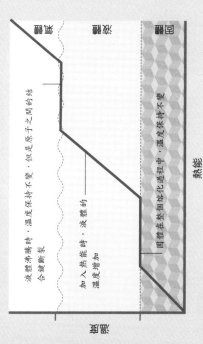

溫度

氣體

液體

固體

熱能

液體沸騰時，溫度保持不變，但是原子之間的結合鍵斷裂

加入熱能時，液體的溫度增加

固體產在整個熔化過程中，溫度保持不變

潛熱效應
與使原子和分子運動加劇的熱能不同，潛熱是用來打破原子和分子之間的鍵的。因此，在物質狀態發生變化時，雖然一直增加熱能，但是溫度會短暫保持不變。一旦原子和分子之間的鍵破裂，溫度會再次上升。

能量和溫度

煙花花瓣燃燒的溫度高達約1,000°C。然而，煙花濺射出的熱火花並不會燒傷皮膚，而燃燒的煙火花本身則會燒焦。這是因為微小的煙火花溫度雖高，但是質量較小，故其所包含的總熱量也較小，不足以灼傷皮膚。

煙花的小火花是鐵、鎂、鋁等金屬材料燃燒時產生的顆粒

熱傳遞

熱量從一個物體傳到另一個物體主要透過三種方式：對流、傳導和輻射。熱量的傳輸方式取決於物體的原子結構。

甚麼材料導熱性能最好？

金剛石是最好的導熱材料，其導熱效率比銅高超過兩倍，而比鋁高超過四倍。

對流

通過流體（液體或氣體）流動來傳播熱量的方式稱為對流。這個過程通過熱的流體上升和冷的流體下降的原則來實現。熱量會使流體中的原子和分子擴散，從而使它們的體積增加、密度減小。這就使熱流體上浮、冷流體下沉，從而產生對流氣流，以傳輸熱量。

當動能通過金屬擴散時，其溫度也隨之上升

動能通過碰撞傳遞給其他原子

暖空氣在房間中擴散開來，將熱量傳遍周圍環境

由火爐加熱的空氣上升

較冷的空氣下沉，為熱空氣騰出空間

加熱空間

如用於為空間加熱的火爐，通過對流將熱量傳遞到整個房間。中央發熱系統的加熱器的原理相同。

材料選擇

鍋通常由金屬製成，因為金屬中的原子結合得頗鬆散，使原子容易移動並和鄰近的原子發生碰撞。

熱源使原子運動得更劇烈

微小並可自由移動的電子在原子之間流動，將熱量傳遍整個金屬

下沉的空氣降到爐子附近，被右熱並上升

傳導

固體通過傳導來傳遞熱量。固體中較熱部分的原子振動很劇烈，經常與鄰近的原子碰撞。這種碰撞將動能傳遞到鄰近原子，使它們變熱。這個過程會一直持續，直到熱量傳遍整個固體。

紅外線輻射可在太空的真空環境中以光速傳播。

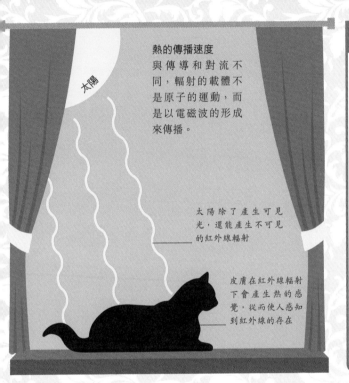

熱的傳播速度

與傳導和對流不同，輻射的載體不是原子的運動，而是以電磁波的形成來傳播。

太陽除了產生可見光，還能產生不可見的紅外線輻射

皮膚在紅外線輻射下會產生熱的感覺，從而使人感知到紅外線的存在

太陽

輻射

　　熱量傳輸的第三種方式是輻射。熱量可以被一種看不見的輻射形式——紅外線攜帶。紅外線有此名稱，是因為它的頻率低於可見紅光（但高於無線電波）。所有熱的物體都能發出紅外線，太陽或許是最顯著的例子。物體的表面面積相較其體積越大，輻射熱量（或冷卻）的速度比表面面積相對小的物體快得多。

絕緣材料

　　熱絕緣體通過阻止熱量傳輸來運作。諸如空氣的氣體導熱性能差，因此某種形式的熱絕緣體會有充滿空氣的袋子。衣服通過困着身體周圍的空氣來保暖。由於身體的熱量不能被空氣導走，體溫才得以保持。雙層玻璃是在真空條件下，於兩塊玻璃中間注入惰性氣體或乾燥空氣而製成。雙層玻璃窗是更好的熱絕緣體，可以阻止輻射和對流。

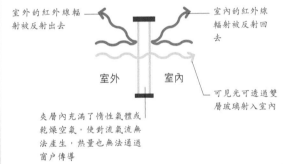

室外的紅外線輻射被反射出去

室內的紅外線輻射被反射回去

室外　　室內

可見光可透過雙層玻璃射入室內

夾層內充滿了惰性氣體或乾燥空氣，使對流氣流無法產生，熱量也無法通過窗戶傳導

熱平衡

　　當兩個物體發生物理接觸時，熱量會從較熱的物體傳到較冷的物體，反之則不行。這種熱量流動在兩個物體溫度一致時才會停止。這種狀態被稱為熱平衡，此時熱量將不再傳輸。

熱能量擴散，直到其在兩個物體上平均分佈為止

熱　　冷　　　　　　　溫暖

力

運動由一個力施加到有質量的物體上而產生。力對物體有不同的影響，主要取決於物體的質量。力的量度單位是牛頓（N）。1 牛頓的力相當於把一個質量為 1 公斤的物體在 1 秒鐘內加速到每秒 1 米的速率。

能量轉移

當兩個物體發生碰撞時，它們的原子相互靠近，但是原子周圍負電性的電子卻相互排斥，因此兩個物體並不會結合在一起，而會相互分開。這個力使能量從一個物體轉移到另一個物體，但是總能量保持不變。力通過在物體之間轉移能量，會改變物體的現狀，如改變物體的運動形式或形狀。

運動方向

施加到網球上的力

加速
一個力施加到網球上，使其開始向前加速運動。

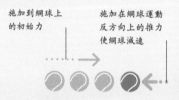

施加到網球上的初始力

施加在網球運動反方向上的推力使網球減速

減速
一個和網球運動方向相反的推力使網球減速。

網球的初始運動方向

施加一個和初始運動方向呈一定角度的力，改變網球的方向

新的運動方向

改變方向
當施加一個和初始力呈一定角度的力時，可改變網球的運動方向。

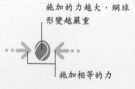

施加的力越大，網球形變越嚴重

施加相等的力

改變形狀
網球受到兩個相等但方向相反的力擠壓而形變。

歷史上，網球發球**最快**的速度高達**每小時 263.4 公里**。

拋物運動
網球或其他任何經拋物運動的物體，由於施加在其上的組合力，其運動軌跡都遵循一條拋物曲線。網球的動能轉化為網球的重力勢能（即存儲在網球垂直方向上的能量），之後在下落過程中又轉化回動能。

圖例

垂直的力

水平的力

組合力

網球的軌跡

向上和向側的力相等，網球沿著 45 度角的方向運動

由於重力作用，網球向上的運動略為減弱

組合力形成了直角三角形最長的一邊

球拍給網球施加一個向上而能克服向下重力作用的力，同時也施加向側的力。

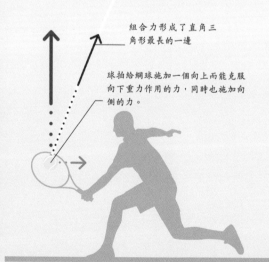

惰性

　　惰性是物體抗拒其運動狀態被改變的一種性質，這裏的運動狀態可以是靜止狀態，也可以是均速運動狀態。要克服惰性就必須施加外力。物體的質量越大則惰性越大，要改變其運動狀態所需的外力也越大。

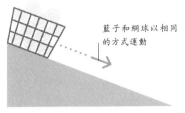

相同的運動
籃子和網球以相同的速度向相同的方向移動。只有施加外力才能改變它們的運動狀態。

籃子和網球以相同的方式運動

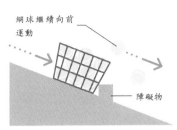

網球繼續向前運動

障礙物

惰性移位
一個外力（障礙物）阻止了籃子的運動，但是這個力難以對網球產生影響，由於惰性作用，網球仍繼續向前運動。

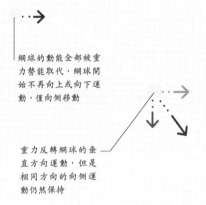

網球的動能全部被重力勢能取代，網球開始不再向上或向下運動，僅向側移動

重力反轉網球的垂直方向運動，但是相同方向的向側運動仍然保持

網球在其軌跡上的每個階段也被相同的力往下拉

重力

組合力

　　一般來説，多個力會同時施加在物體上，以不同的程度把物體推向不同的方向。這些個別的力會合併為一個組合力。組合力的計算遵循勾股定理。當中兩個力表示為直角三角形的兩條短邊，而組合力的大小和方向可由直角三角形的斜邊求得。

重力使網球加速下落，且垂直向下運動的力超過了向側運動的力

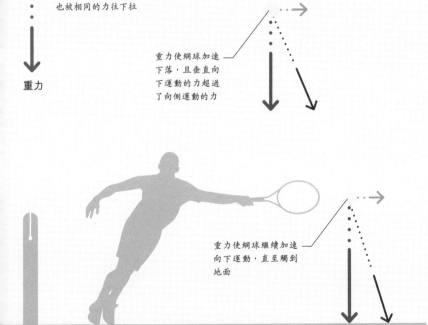

重力使網球繼續加速向下運動，直至觸到地面

安全氣囊如何運作

　　當汽車突然煞停時，來自乘客的惰性使他們的身體仍然保持向前的運動，故往往是導致危險發生的主要原因之一。安全氣囊利用惰性的原理，在感知到碰撞時充氣膨脹，安全地減緩乘客向前的運動。

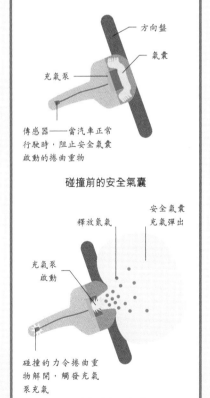

方向盤

氣囊

充氣泵

傳感器——當汽車正常行駛時，阻止安全氣囊啟動的捲曲重物

碰撞前的安全氣囊

安全氣囊充氣彈出

釋放氮氣

充氣泵啟動

碰撞的力令捲曲重物解開，觸發充氣泵充氣

碰撞後的安全氣囊

穿梭機需要 **8.5 分鐘才能加速到每小時 28,000 公里。**

牛頓三個運動定律共同作用

發射火箭就是牛頓運動定律共同作用的三個例子。

首先，根據牛頓第一運動定律，需要一個外力來改變火箭的初始靜止狀態；然後，根據牛頓第二運動定律，火箭的加速度取決於其自身質量和燃料提供的推力；最後，根據牛頓第三運動定律，引擎提供的推力會導致另一個大小相等但方向相反的力：阻力。

任何物體都會保持均速直線運動或靜止狀態，直到有外力施加其上。牛頓第一運動定律描述的是物體的慣性性質，即是物體運動抗拒改變運動狀態，除非受到外力所迫。（參見第 120～121 頁）

牛頓第一運動定律

阻力

速度和加速度

速度是物體施加力的作用，而速度改變的比率則用加速度來衡量。

速度是物體在特定方向運行的速率。要改變物體的速度就必須對其施加力的作用，而速度改變的比率則用加速度來衡量。

速度

速率是物體在一定時間內通過的距離，例如車在一小時內行駛了多速。

速度不僅度量速率，還表示運動的方向。以相反方向行駛的車輛雖然速率相同，但兩者的速度卻不同。每個移動的物體都具有對比其他移動物體的相對速度，該相對速度與其實際的速度不同。

沒有差異

兩輛車的行駛速率和方向都相同，代表它們有相同的速度。那麼，它們的相對速度為零，兩者將一直保持固定距離。

車輛以每小時30公里的速率行駛

趕超

黃色車輛行駛速度每小時比綠色車輛快30公里。那麼，也可以說黃色車輛對比綠色車輛的相對速度為每小時30公里。

車輛以每小時30公里的速率行駛

車輛以每小時60公里的速率行駛

迎面行駛

兩輛車行駛的速率相同但方向相反。它們彼此之間的相對速度都是每小時 60 公里。

車輛以每小時30公里的速率行駛

車輛以每小時30公里的速率行駛

運動定律

所有運動都遵循以上顯示物體質量、施加的力和加速度之間的關係的三個運動定律。這些運動定律於 1687 年由牛頓發表。它們在大部分應用下都是準確的，但在 1905 年，愛因斯坦在其著名的相對論中指出，當物體的運動速度接近光速時，牛頓的運動定律就不成立（參見第 140～141 頁）。

牛頓第三運動定律

相互作用的兩個物體之間的作用和反作用力總是大小相等，方向相反的。「作用力」意味著施加力，而「反作用力」則表示大小相等、方向相反的力。該定律表明，力並不能單獨存在，而是兩個物體之間的相互作用。

牛頓第二運動定律

物體的加速度取決於物體的質量和施加其上的力。施加在物體上的力越大，其加速度越大。這可以表述為如下公式：
力＝質量×加速度。

回到上方

加速度

加速度是指速度的變化，其量度單位是每平方秒米 (m/s²)。減速過程也可用加速度來描述，只是這裏是指速度下降。加速度透過末速度減去初速度，除以花費的時間來求得。

加速度

如果這輛車在 1 分鐘內增加兩倍速率，則加速度可由車速度的變化量 (6m/s) 除以花費的時間 (60s) 計算得到，即加速度為 0.1m/s²。

改變方向

改變方向，如轉彎，也是一種速度改變。因為這個過程需要施加外力，因此，儘管轉彎時有加速度，儘管速率保持不變。

減速度

如果這輛車在 1 分鐘內速率減半，則加速度為 −0.1m/s²。加速度為負值，因為末速率 (12m/s) 比初速率 (6m/s) 要低。

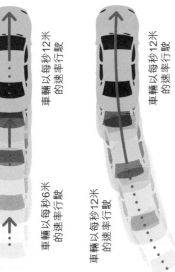

車輛以每秒12米的速率行駛

車輛以每秒6米的速率行駛

車輛以每秒12米的速率行駛

車輛以每秒12米的速率行駛

車輛以每秒6米的速率行駛

滑流

當一個物體在空中向前運動時，會將空氣向兩邊推開。在推開空氣的同時會產生阻力。走在滑流區域內，空氣的阻力將會減弱。在前後方跟隨的車輛能以相同速度行駛，卻可節省燃油。

空氣阻力

車輛所受到的空氣阻力較大，因此需要更大的力來加速。

滑流

跟隨的車輛受到的空氣阻力較小。

機械

那些能把一種力轉化為另一種力的設備就是簡單機械。以下列舉六種簡單機械為例，它們有些看起來甚至不像機械。

飛機螺旋槳這一名字來自達·芬奇早期設計的直升飛行器。

六種簡單機械

自行車和大多數機械設備一樣，是一種簡單機械的組合。自行車中某些簡單機械，如鏈條機制和制動桿，具有明確的機械功能；而另一些簡單機械的功能則不明顯，因為它們是用於調整、修復或便於爬坡的機械。綜合來說，騎行並保持自行車穩定會利用全部六種簡單機械，包括槓桿、滑輪、輪軸、螺絲、楔子和斜面。

螺絲

螺母在螺紋上旋轉並逐漸收緊

擰緊螺絲以扣緊鞍座的過程可將大量的轉動轉變為少量而強大的壓縮力。這可說是一種螺旋狀的長楔子。

楔子

將工具置於輪胎下面，把輪胎從輪圈除下就運用到楔子原理。當中，向前的推力轉換成在短距離內的強大向兩側分離的力。

楔子用於分離輪圈和輪胎

輪圈發揮了支點的作用

滑輪

輪子越小，轉動越快

自行車鏈條實質上是一種滑輪系統，一個輪子通過拉動鏈條驅動另一個輪子。輪子的相對大小會影響它們的相對速度和動力。

輪軸

輪胎轉動較快

輪子繞着固定的軸承轉動，依靠槓桿原理克服摩擦力（參見第 126 ～ 127 頁）前進。它會把輪子上大範圍的運動轉化為軸承上小而強的轉動。

軸承轉動較慢

機械效益

　　所有的機械設計都會遵循機械效益原理，即量度力的放大。這意味着機械允許你將一個較大的運動轉化為一個較小而力量較大的運動，例如用於開油漆罐蓋的槓桿。當然，它也可以反向運作，例如垂釣者拋魚竿時會在魚竿的一端施加一個小而強的力，使其在魚竿的另一端轉換成一個較大的寬弧形運動。簡而言之，更多的運動提供更少的力，反之亦然。

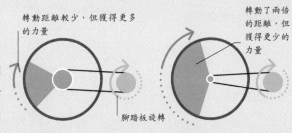

轉動距離較少，但獲得更多的力量

轉動了兩倍的距離，但獲得更少的力量

腳踏板旋轉

低速擋
騎自行車時，低速擋將更多的腳踏板旋轉轉換為爬坡的力量，但速度會下降。

高速擋
到達山頂後，轉換為高速擋，速度會增加。

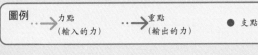

圖例　⟶ 力點（輸入的力）　⟶ 重點（輸出的力）　● 支點

槓桿的種類

　　根據支點、力點和重點所處的相對位置，槓桿主要分為三類。它們可用於增加不同方向的力量或運動。

槓桿

支點或轉動點

自行車的剎車把手作為槓桿，可以繞着支點旋轉。槓桿把小的力放大成大的力，由於前者在長的距離下運作。拉動槓桿時，線纜收緊，迫使夾鉗下壓並固定住輪緣。

第一類槓桿
重點和力點分別在支點的兩邊。例如剪刀和虎口鉗。

第二類槓桿
重點位於力點和支點之間。例如胡桃鉗。

第三類槓桿
力點位於重點和支點之間。例如夾鉗或鑷子。

齒輪比

　　以轉動力或扭力形式存在的力量，通常會通過齒輪之間互相緊扣的「齒」來傳遞。如果較大的驅動齒輪的齒數是較小齒輪的三倍，則小齒輪的轉速將是大齒輪的三倍。幾個齒輪可組合成齒輪系。

小齒輪轉動得更快

驅動齒輪

齒輪比
用較大的齒輪驅動較小的齒輪轉動時，小齒輪達到加速的效果，反之則會提供更大的力量。

斜面

距離越短、坡度越大，騎行難度越大

讓自行車直接爬上垂直的牆面並不可能。利用斜面或坡道可解決問題，但缺點是騎行者需要增加騎行距離。

摩擦力

當兩個物體發生相對運動時，在接觸面上產生的阻礙相對運動的力叫做摩擦力。當推動一個物體通過液體或氣體時，也會形成一種摩擦力，稱為阻力。

方向相反的力

摩擦力在兩種物體的表面相遇時產生。在微觀上，任何物體的表面不可能非常光滑，因此當兩個表面向相反方向移動時，這些表面的小凹痕就會相互阻礙運動。每個小凹痕都會產生一個微小的力，它們合起來就形成了阻力，使相互運動減慢，甚至停止。當兩個表面同時相對移動時，它們之間的摩擦力會將動能轉化為熱能。

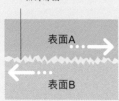

表面粗糙意味着兩個表面不能輕易地發生相對滑動

水膜

冰球

表面A

表面B

水

冰

互相摩擦
摩擦力的大小與物體表面的粗糙度有關。表面之間的緊密接觸來自上方物體施加於下方物體的重力。

順暢滑動
冰的表面很光滑，因其表面有一層水膜，使冰和其他物體的表面隔開，故兩者接觸較少，形成的摩擦力也較小。

磁浮列車通過磁性將列車**懸浮**起來，以消除**列車**和**鐵軌**之間的**摩擦力**。

抓住路面
輪胎表面覆有花紋，使其表面變得粗糙，從而增加和粗糙路面的接觸面積，形成「抓地力」。輪胎表面的凹槽具有排水作用。黏附和形變則幫助輪胎抓住路面，但如果壓力過大，會使形變超過輪胎的彈性回復範圍，導致輪胎破裂。

潤滑

機器上相互運動的零件常常由於摩擦而導致磨損。為了減輕這種摩擦損傷，技工通常會在機器零件上塗抹油性潤滑劑。這會在零件表面間形成一個光滑的屏蔽層，並且潤滑油的黏性足夠在零件表面維持較長的時間。

潤滑劑在齒輪之間形成一個物理屏蔽層

兩個齒輪

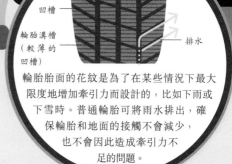

凹槽

輪胎溝槽（較薄的凹槽）

排水

輪胎胎面的花紋是為了在某些情況下最大限度地增加牽引力而設計的，比如下雨或下雪時。普通輪胎可將雨水排出，確保輪胎和地面的接觸不會減少，也不會因此造成牽引力不足的問題。

抓地力和牽引力

　　汽車輪胎是設計成可通過增加輪胎和道路表面的摩擦力以抓住地面。摩擦力為輪子提供牽引力，當輪子轉動時，地面能夠產生一個與之相反的推力，從而推動汽車前進。如果沒有足夠的抓地力，輪子就會打滑。

增加接觸面積

重量較大的負載會將輪胎壓得更貼近地面，從而增加輪胎和地面的接觸面積，摩擦力也隨之增加。

垂直方向較小的負載

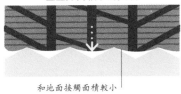

和地面接觸面積較小

垂直方向較大的負載

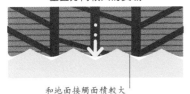

和地面接觸面積較大

利用摩擦力生火

　　摩擦取火是眾多最常見的取火方式之一，例如用打火石摩擦形成火花。弓鑽的操作方法是在鑽板的凹槽中裝滿木屑，並快速地左右拉動弓鑽，使硬木鑽頭在凹槽中摩擦，直到摩擦產生的熱量足以點燃木屑。

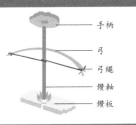

- 手柄
- 弓
- 弓繩
- 鑽軸
- 鑽板

減低阻力

　　阻力是物體在液體（如水）和空氣中移動時形成的摩擦力。飛機機翼和船體的設計，都旨在減低阻力。某些船體（如三體船和水翼船）通過減少船體和水的接觸面積來減低阻力。而飛機翼尖則通過控制氣流來減低阻力。

翼尖渦漩

飛機上的翼尖形成渦漩，這會降低燃料的使用效率。增加一個小翼可減小翼尖的尺寸，從而減低阻力。

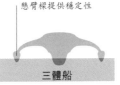

懸臂樑提供穩定性

三體船

減少船體和水的接觸面積
三體船由三個小船體組成，這減少了和水接觸的總表面積，從而減低阻力。

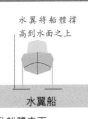

水翼將船體撐高到水面之上

水翼船

提升船體表面
水翼船使用翼狀結構將船體撐高至水面之上，大大減低阻力。

較大的渦流，形成較大的阻力

較小的渦流，形成較小的阻力

普通翼尖　　　　　**混合小翼**

黏附

行進方向

輪胎　←‥‥

道路

分子之間的鍵形成　　分子之間的鍵斷裂

橡膠表面由擁有剩餘化學鍵的分子構成。當橡膠與路面接觸時，會與路面形成弱鍵，使橡膠和路面在這種鍵斷裂之前短暫地黏合在一起。

形變

行進方向

輪胎　←‥‥

道路　　　　道路表面的小凸起導致橡膠變形

輪胎的橡膠富有彈性，即使內中的高壓空氣使其形狀固定。在坑窪的路面上，汽車的重量會使輪胎發生形變，這使汽車的重量集中在這些凸起處，從而增強抓地力。

破裂

行進方向

輪胎　←‥‥

道路　　　橡膠破裂

在不發生永久性形變和破裂之下，橡膠可以被拉伸和壓縮。然而，較強的力會撕扯輪胎表面，逐漸減弱其形變的能力。最終，輪胎需要更換，否則會發生爆胎。

彈簧和鐘擺

　　彈簧是一種有彈性的物體，當被壓縮或拉伸後，可以回復到原位。這主要源於一種稱為回復力的力量。這種力也是簡諧運動的一個主要特性。在簡諧運動中，一個有質量的物體圍繞一個中心點運動或振盪。鐘擺的運動也有類似的特徵。

在家居環境中是否有彈簧呢？

儘管沒有意識到，但每天的日常生活中我們都會使用到數百種彈簧，從牀墊、手錶、電燈開關、多士爐、吸塵器到門鉸鏈都有彈簧。

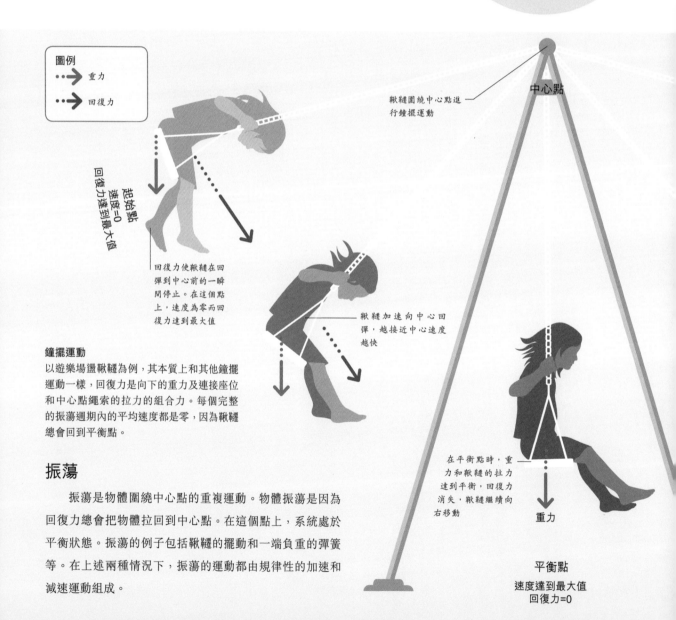

圖例
···▶ 重力
···▶ 回復力

鞦韆圍繞中心點進行鐘擺運動

中心點

起始點
速度＝0
回復力達到最大值

回復力使鞦韆在回彈到中心前的一瞬間停止。在這個點上，速度為零而回復力達到最大值

鞦韆加速向中心回彈，越接近中心速度越快

在平衡點時，重力和鞦韆的拉力達到平衡，回復力消失，鞦韆繼續向右移動

重力

平衡點
速度達到最大值
回復力＝0

鐘擺運動

以遊樂場盪鞦韆為例，其本質上和其他鐘擺運動一樣，回復力是向下的重力及連接座位和中心點繩索的拉力的組合力。每個完整的振盪週期內的平均速度都是零，因為鞦韆總會回到平衡點。

振盪

　　振盪是物體圍繞中心點的重複運動。物體振盪是因為回復力總會把物體拉回到中心點。在這個點上，系統處於平衡狀態。振盪的例子包括鞦韆的擺動和一端負重的彈簧等。在上述兩種情況下，振盪的運動都由規律性的加速和減速運動組成。

彈力

　　彈簧是一種特別有彈性的物體，它能夠在發生短暫形變後回彈。當一個有質量的物體拉動彈簧時，彈簧會伸長。這種拉伸會在彈簧上形成一個回復力，把彈簧拉回原來的形狀。當回復力等於使彈簧形變的拉力時，彈簧將停止拉伸。

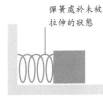

彈簧處於未被拉伸的狀態

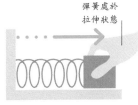

彈簧處於拉伸狀態

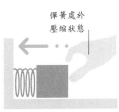

彈簧處於壓縮狀態

靜止狀態
連在彈簧末端的有質量的物體沒有在彈簧上施加力。該位置稱為平衡點。

拉力
當移動有質量的物體時，彈簧上會產生一個回復力，將彈簧拉回平衡點。

壓力
壓縮彈簧使其超過平衡點，但回復力會將其拉回至平衡點。

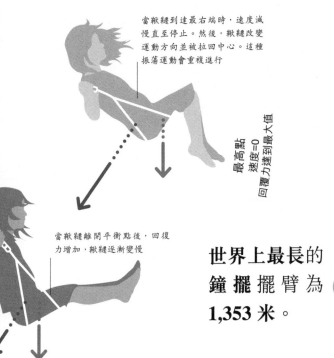

當鞦韆到達最右端時，速度減慢直至停止。然後，鞦韆改變運動方向並被拉回中心。這種振盪運動會重複進行

最高點
速度達到最大值

當鞦韆離開平衡點後，回復力增加，鞦韆逐漸變慢

世界上最長的鐘擺擺臂為 1,353 米。

楊氏模量

　　工程師需要知道物體的硬度，以了解如何使用它們來構建其他物體。物體的彈性可以通過其楊氏模量值來量度，用於表明需要多大的力才可使物體形變。其量度單位是帕斯卡，即壓力單位。楊氏模量越高，物體越硬，拉伸時其形狀越難改變。若楊氏模量值低，代表物體可以承受較大的彈性形變。

物質	楊氏模量（單位：帕斯卡）
橡膠	0.01～0.1
木材	11
高強度混凝土	30
鋁	69
金	78
玻璃	80
牙齒琺瑯質	83
銅	117
不銹鋼	215.3
鑽石	1,050～1,210

形變

　　某些力可以改變材料的形狀。首先，拉力可以導致彈性形變。當這個力被移除後，回復力會將物體拉回原來的形狀。如果拉力增加，材料會超過其彈性極限，則材料將發生永久性形變。

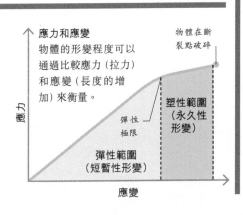

應力和應變
物體的形變程度可以通過比較應力（拉力）和應變（長度的增加）來衡量。

物體在斷裂點破碎

應力

應變

彈性極限

塑性範圍（永久性形變）

彈性範圍（短暫性形變）

壓強

壓強是物體表面所受的壓力與受力表面面積之比。

壓強可以施加於或施加自任何媒介，包括水和空氣。

氣體中的壓強

當對氣體施加力時，氣體的體積會被壓縮。氣體分子之間的距離會被擠壓直至它們不再是氣體分子而轉變成液體。這正是壓縮氣瓶瓶頂地載有液體的原因。打開氣閥釋放壓力時，瓶中的液體就會變回氣體。

海拔和海底壓強

大氣壓強的量度單位是標準大氣壓 (ATM) 或帕斯卡 (Pa)。海平面上的氣壓數值為 1 ATM (101.325 帕斯卡)。海拔越高，氣壓越低，因為空氣密度隨海拔升高而降低。空氣是氣體，故會擴散而變得稀薄。但水是液體，壓強則隨深度增加而增加。海水的密度卻會保持不變。

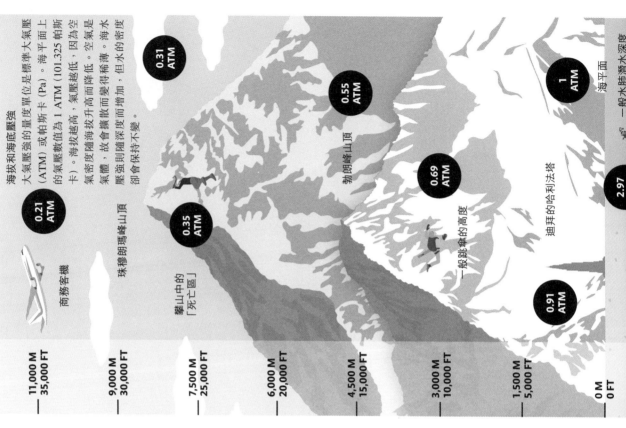

- 0.21 ATM — 商務客機
- 0.31 ATM
- 0.35 ATM — 珠穆朗瑪峰山頂
- 0.55 ATM — 勃朗峰山頂
- 0.69 ATM — 一般跳傘的高度
- 0.91 ATM
- 攀山中的「死亡區」
- 1 ATM — 海平面
- 2.97 — 一般水肺潛水深度
- 迪拜的哈利法塔

11,000 M / 35,000 FT
9,000 M / 30,000 FT
7,500 M / 25,000 FT
6,000 M / 20,000 FT
4,500 M / 15,000 FT
3,000 M / 10,000 FT
1,500 M / 5,000 FT
0 M / 0 FT

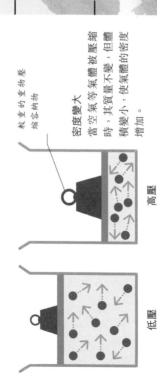

較重的重物壓縮納物

密度變大

當空氣等氣體被壓縮時，其質量不變，使氣體的密度小，使氣體的密度增加。

低壓　　高壓

壓力鍋的運作原理

在標準大氣壓下，水的沸點是 100°C。鍋中的水蒸氣會自然擴散到空氣中，但壓力鍋把水蒸氣保留在鍋中。增加了壓強，使食物熟得更快。

水的沸點提高到 121°C

密閉空間中的水蒸氣使壓力增加

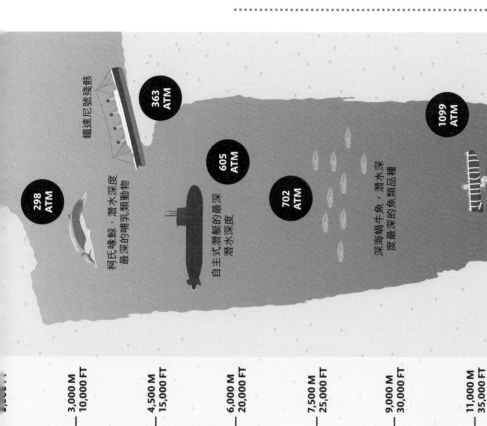

挑戰者深淵的壓強是海平面的 1,099 倍。

298 ATM — 柯氏喙鯨，潛水深度最深的哺乳類動物

363 ATM — 鐵達尼號殘骸

605 ATM — 自主式潛艇的最深潛水深度

702 ATM — 深海蝸牛魚，潛水深度最深的魚類品種

1099 ATM — 挑戰者深淵，世界上海洋的最深處

3,000 M / 10,000 FT
4,500 M / 15,000 FT
6,000 M / 20,000 FT
7,500 M / 25,000 FT
9,000 M / 30,000 FT
11,000 M / 35,000 FT

液體中的壓強

液體壓強的特性。液體具有傳遞壓強的方式壓縮體積，並在一端對液體施壓，則這種壓力會通過液體傳遞到管的另一端。因為水的重量的關係，深度越深，壓強越大，所以水桶的底部一般較堅固。壓強也受密度影響，液體密度越高，其施加的壓強越大。

滲漏的水桶

深度越深，壓強越大。這個事實可由水桶中水從三個小相同的孔中流出來的速度來顯示。

水桶最上方的壓強最低

較多的水位於水桶中部的洞之上，壓強也有所增加

水桶底部的壓強最高

從水桶上方的洞流出的水受的水受壓強最低

水桶最下方的洞壓強最高，水從該洞中噴射而出

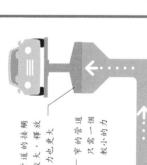

水力學

液體幾乎不可壓縮的性質使壓強能夠通過管道網絡傳遞，進而透過驅動機器運作。例如，連接泵缸以驅動起重裝置。寬窄的管道的接觸面積是窄的管道的兩倍，雖然壓強相同，但寬的管道釋放的力也會增加兩倍。

覓的管道的接觸面積較大，其釋放出的壓力也更大

窄的管道只需一個較小的力

飛行原理

飛行技術基於兩種頗為不同的運作原理來實現。氣球和飛船靠熱空氣和其他氣體如氫氣和氦氣等來浮上天空。其他所有飛機則依靠由機翼和轉子產生的升力來升空。

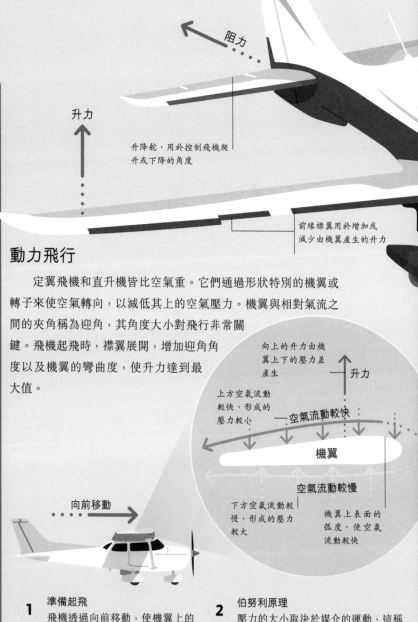

垂直的方向舵使兩側空氣轉向，以控制飛行方向

阻力

升力

升降舵，用於控制飛機爬升或下降的角度

前緣襟翼用於增加或減少由機翼產生的升力

輕於空氣

普通氣球之所以能夠升空，是因為其內填充了比外部空氣輕的氣體。絕大多數由人力控制的熱氣球通過加熱空氣使其膨脹，令空氣密度變小，故比冷空氣輕。飛船則通常由氫氣或氦氣填充。氦氣也可用來使派對用的氣球膨脹。氫氣比氦氣輕兩倍，但非常易燃，反之氦氣則不易燃。

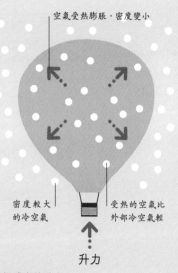

空氣受熱膨脹，密度變小

密度較大的冷空氣

受熱的空氣比外部冷空氣輕

升力

熱氣球中的升力
當空氣受熱，空氣分子劇烈運動，進而膨脹。由於較少在相同容量中的空氣分子減少，氣球內部的空氣密度較低。

動力飛行

定翼飛機和直升機皆比空氣重。它們通過形狀特別的機翼或轉子來使空氣轉向，以減低其上的空氣壓力。機翼與相對氣流之間的夾角稱為迎角，其角度大小對飛行非常關鍵。飛機起飛時，襟翼展開，增加迎角角度以及機翼的彎曲度，使升力達到最大值。

向前移動

向上的升力由機翼上下的壓力差產生

升力

上方空氣流動較快，形成的壓力較小

空氣流動較快

機翼

空氣流動較慢

下方空氣流動較慢，形成的壓力較大

機翼上表面的弧度，使空氣流動較快

1 準備起飛
飛機透過向前移動，使機翼上的空氣流動以產生升力來起飛。飛機利用強大的引擎來加速滑行，同時調整機翼在低速下增加升力。

2 伯努利原理
壓力的大小取決於媒介的運動，這稱為伯努利原理。機翼的上表面的曲線較長，使機翼上方空氣流動較快，機翼上方的壓力因而減低，從而產生升力。

幾乎**每時每刻**都
有約 **9,250** 架客
機在天空上飛行。

升力

後緣襟翼用於在飛機起飛時增加升力，
並在降落時增加阻力，以使飛機減速
以準備降落。在飛機水平飛行時，後
緣襟翼會收起

螺旋槳把空氣帶向後方，令
飛機向前推進

推力

重力

卡門線

　　海拔越高，空氣密度越低。
飛機飛行時的空氣阻力會大大減
小，同時也需要更快的速度提供
升力。卡門線位於海拔 100 公里
處，在此線以上不可能進行由空
氣承托的飛行。卡門線是外太空
和地球大氣層的分界線。

熱層 80～600公里

進入軌道
要保持物體在卡門線之上持續飛行，該
物體必須以軌道速度移動。在這個速度
下，離心力可抵銷重力。

每小時29,000公里

卡門線 100 公里

飛機停留在空中飛行
所需的速度

中氣層 50～80 公里

3 水平飛行
　　當引擎產生的推力使飛機向前移
動得足夠快時，由機翼產生的升力剛好
抵銷了重力。這種推力也必須能克服由
升力產生的阻力。

能起飛的最重飛機
是甚麼？

安托諾夫安 -255 運輸機於
1985 年製成，其重量為 640
噸，並由六個渦輪扇發動機
驅動。

平流層16～50 公里

商務客機在海拔 12
公里飛行時所需的
速度

對流層0～16 公里

直升機如何產生升力

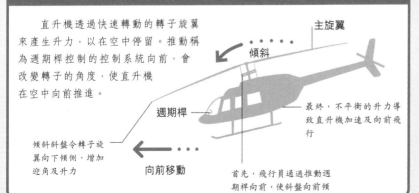

　　直升機透過快速轉動的轉子旋翼
來產生升力，以在空中停留。推動稱
為週期桿控制的控制系統向前，會
改變轉子的角度，使直升機
在空中向前推進。

主旋翼

傾斜

週期桿

最終，不平衡的升力導
致直升機加速及向前飛
行

傾斜斜盤令轉子旋
翼向下傾側，增加
迎角及升力

向前移動

首先，飛行員通過推動週
期桿向前，使斜盤向前傾

每小時900公里

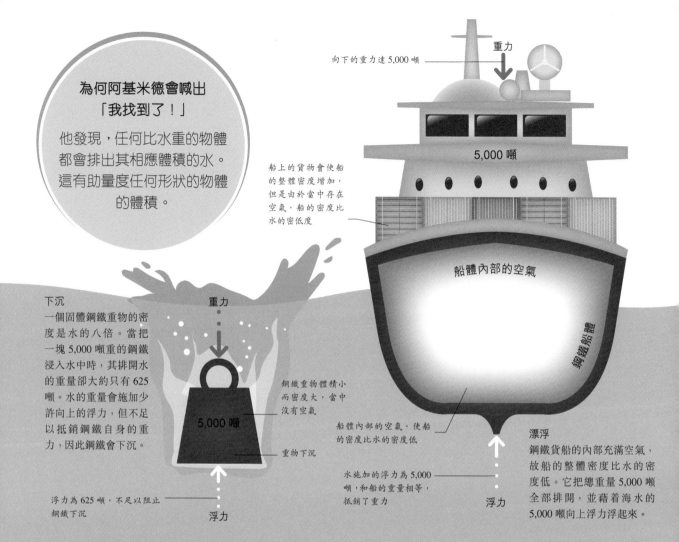

為何阿基米德會喊出「我找到了！」

他發現，任何比水重的物體都會排出其相應體積的水。這有助量度任何形狀的物體的體積。

向下的重力達 5,000 噸

重力

5,000 噸

船上的貨物會使船的整體密度增加，但是由於當中存在空氣，船的密度比水的密度低

船體內部的空氣

鋼鐵船體

下沉

一個固體鋼鐵重物的密度是水的八倍。當把一塊 5,000 噸重的鋼鐵浸入水中時，其排開水的重量卻大約只有 625 噸。水的重量會施加少許向上的浮力，但不足以抵銷鋼鐵自身的重力，因此鋼鐵會下沉。

重力

5,000 噸

鋼鐵重物體積小而密度大，當中沒有空氣

重物下沉

船體內部的空氣，使船的密度比水的密度低

浮力為 625 噸，不足以阻止鋼鐵下沉

浮力

水施加的浮力為 5,000 噸，和船的重量相等，抵銷了重力

浮力

漂浮

鋼鐵貨船的內部充滿空氣，故船的整體密度比水的密度低。它把總重量 5,000 噸全部排開，並藉着海水的 5,000 噸向上浮力浮起來。

浮力如何運作

浮力是指液體和氣體對固體施加的一種向上的力量。但是，浮力大小與密度有關。若物體的密度太高，則浮力也不足以阻止物體下沉。

浮力是甚麼？

當把一個物體放入流體（液體或氣體）中時，該物體會把其周圍的流體排開，而所排開流體的體積與該物體的體積相同。若物體密度大於流體密度，所排出流體的體積會比物體本身輕，則物體會下沉；若物體密度小於流體密度，則物體重量會被流體浮力抵銷，物體會在流體中浮起。

魚鰾

跟潛艇的原理相似，有些魚類可以藉着釋放溶於其血液中的氣體，通過氣腺進入魚鰾，以在水中升起。這會增加魚鰾的容量，使魚的密度下降，從而浮起。要下沉時，氣體再次溶於血液，魚鰾收縮。

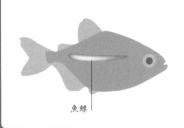

魚鰾

重量和密度

當船載貨時,船上空氣的空間會被那些比空氣重的貨物填滿,令船的總密度增加。每增加一個貨櫃,船的吃水深度就會增加,因為船的重量增加了,必須通過排開更多的水直至重新達到浮力和重力的平衡。船所允許的最大吃水深度可用吃水線來標示,一般會塗在船體上。

所有漂浮的物體會排開與其相等體積的水。

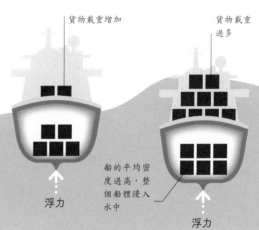

貨物載重增加

貨物載重過多

貨物載重較輕

浮力

浮力

船的平均密度過高,整個船體浸入水中

浮力

潛艇

為了實現隨意浮潛,潛艇通常使用一缸缸壓縮氣體來操控其平均密度,只要有足夠的動力,要不斷重複進行不難,因為每當潛艇浮出水面時,就可由大氣中泵入新鮮空氣,並將其壓縮存儲在氣缸中,以備下一次的上浮。

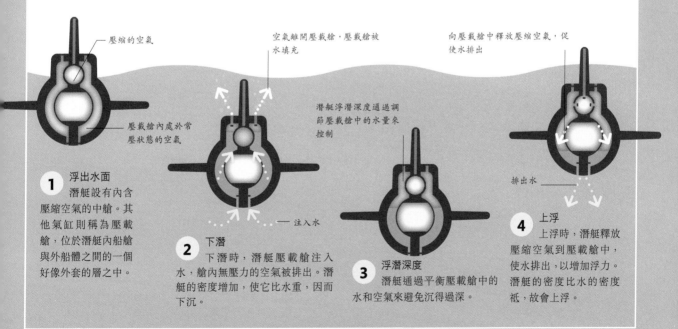

壓縮的空氣

壓載艙內處於常壓狀態的空氣

1 浮出水面
潛艇設有內含壓縮空氣的中艙。其他氣缸則稱為壓載艙,位於潛艇內船艙與外船體之間的一個好像外套的層之中。

空氣離開壓載艙,壓載艙被水填充

潛艇浮潛深度通過調節壓載艙中的水量來控制

注入水

2 下潛
下潛時,潛艇壓載艙注入水,艙內無壓力的空氣被排出。潛艇的密度增加,使它比水重,因而下沉。

3 浮潛深度
潛艇通過平衡壓載艙中的水和空氣來避免沉得過深。

向壓載艙中釋放壓縮空氣,促使水排出

排出水

4 上浮
上浮時,潛艇釋放壓縮空氣到壓載艙中,使水排出,以增加浮力。潛艇的密度比水的密度祇,故會上浮。

真空

完美的真空是一種不存在任何物質的空間狀態。實際上，這種真空狀態從未被觀察到，即使外太空也包含着一些物質，並會釋出可量度到的氣壓。因此，真空在實際上僅是部分真空。

真空是甚麼？

早在 17 世紀，利用抽氣泵把容器中的空氣抽出，已可產生真空狀態。實驗表明，在真空中，火焰會熄滅，聲音也不能傳播。這是由於聲音需要媒介（例如空氣）來傳播。光不需要媒介而可在真空中傳播。

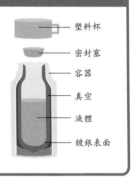
處於真空中

物質有擴散直至充滿整個空間的特性。這正是吸塵器能產生「吸」力的原因。在外部的空氣會進入吸塵機內部的真空中。在真空環境內，組成物質的分子（特別是液體）之間的鍵會斷裂，直至變成氣體填充所有空間。

蠟燭周圍的氧氣分子

在空氣中燃燒
蠟燭在充滿空氣的容器內會繼續燃燒。空氣中的氧氣與蠟產生反應，釋出熱和光。

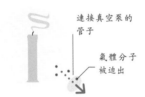

連接真空泵的管子

氣體分子被迫出

在真空中熄滅
空氣被抽走後形成真空，蠟燭因而熄滅。這是由於燃燒需要氧氣。

無阻力
在真空中沒有空氣阻力，所有物體的下降速度都會較快。在空氣中，羽毛與錘子以不同速度下降，但在真空中兩者下降速度相同。

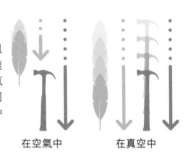

在空氣中　　　　在真空中

環境	氣壓（帕斯卡）	每立方厘米中的分子數
標準大氣壓	101,325	2.5×10^{19}
真空吸塵器	約 80,000	1×10^{19}
地球熱層	1-0.0000007	$10^7 - 10^{14}$
月球表面	1-0.000000009	400,000
行星之間的空間		11
星系之間的空間		0.000006

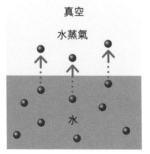

真空
水蒸氣
水

完全真空
水處於完全真空中時，水分子會變為蒸氣，並填滿整個空間。它們很少會重新變成水。

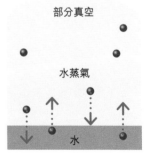

部分真空
水蒸氣
水蒸氣
水

部分真空
水蒸發令氣壓增加。當水分子在兩個方向的移動相等時，系統便達到平衡。

暴露在真空中

外太空是一個非常接近完全真空環境的空間。太空人必須穿上太空衣，以保護他們免受輻射、陽光和太空中的低溫的傷害。太空衣也能在身體周圍製造一個加壓的環境。如果太空衣或覆面破裂，那麼太空人必定會瞬間死亡，但過程並不會像科幻小說中描述的那樣具戲劇性。

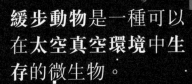

緩步動物是一種可以在太空真空環境中生存的微生物。

3 缺氧
在真空環境中，血液中的氧氣會被快速抽離體外，身體裏的組織器官進入缺氧狀態。

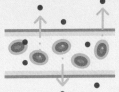

4 死去
在腦部缺氧下，太空人會在約 15 秒後陷入無意識狀態。如果大腦持續缺氧，90 秒內便會造成大腦死亡。

2 蒸發枯乾
任何水分都會在幾秒之內被蒸發到真空中。眼睛、口腔和鼻腔會變得乾燥，皮膚表層會形成一層薄霜。

5 身體膨脹
人體開始分解，釋放的液體和氣體令人體膨脹至正常的兩倍大小。

1 快速釋放
肺和腸內的氣體會從身體的孔中釋放進真空中，導致脆弱的器官損傷。

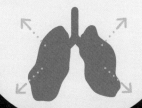

6 凍結成固體
在真空中暴露幾小時後，人體會冷卻到冰點以下，最終完全變成固體。

重力

重力可被視為一種吸引力。它使下墜物體落向地面，也使地球能繞着太陽運行。牛頓在 17 世紀時透過數學描述了引力的現象。

重力的特性

重力是一種物體之間的相互吸引作用力。正如牛頓有引力定律所述，吸引力的大小取決於兩個因素：牽涉其中的物體的質量大小和它們之間的距離。重力是四種基本相互作用力中最弱的一種（參見第 27 頁）。但是，像星體、星系這樣質量巨大的物體，仍會產生可在遠距離發揮作用的重力。

重力和質量

假設兩個物體間的距離 (D) 不變，重力 (F) 大小和質量 (M) 成正比。如果其中一個物體的質量增加兩倍 (2M)，則重力也相應地相加兩倍 (2F)。如果兩個物體的質量都同時增加兩倍，則重力會增加四倍 (4F)。

重力和距離

假設兩個物體的質量保持不變，重力大小和兩個物體間的距離 (D) 的平方成反比。如果距離增加兩倍 (2D)，則重力減小為四分之一 (1/4F)。如果距離增加四倍 (4F)，則重力減少一半 (1/2D)，則重力增加四倍，會增加四倍 (4F)。

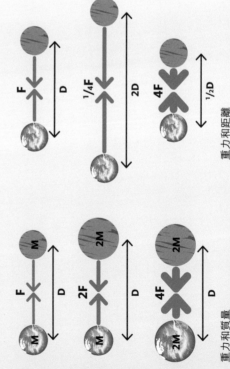

終極速度

重力會使物體下落時加速，且越接近地面速度越快。但物體同時會受到空氣阻力。當空氣向上的阻力增加到和重力一樣時，下落了一段時間的物體將達到最大速度，或稱終極速度。

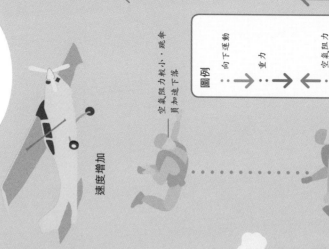

速度增加

空氣阻力較小，跳傘員加速下落

圖例
- ⋯⋯→ 向下運動
- ↓ 重力
- ↑ 空氣阻力

重力和空氣阻力
跳傘員以每秒 9.8 米的加速度下落（也是所有下落物體的加速度）。在他下落時，承托其身體的空氣阻力隨速度增加而上升。

G 力是甚麼？

G 力是一種物質運動的改變，這種運動會讓人在加速時感覺到重力增加和重力。人站在地球表面的重力為 1G。

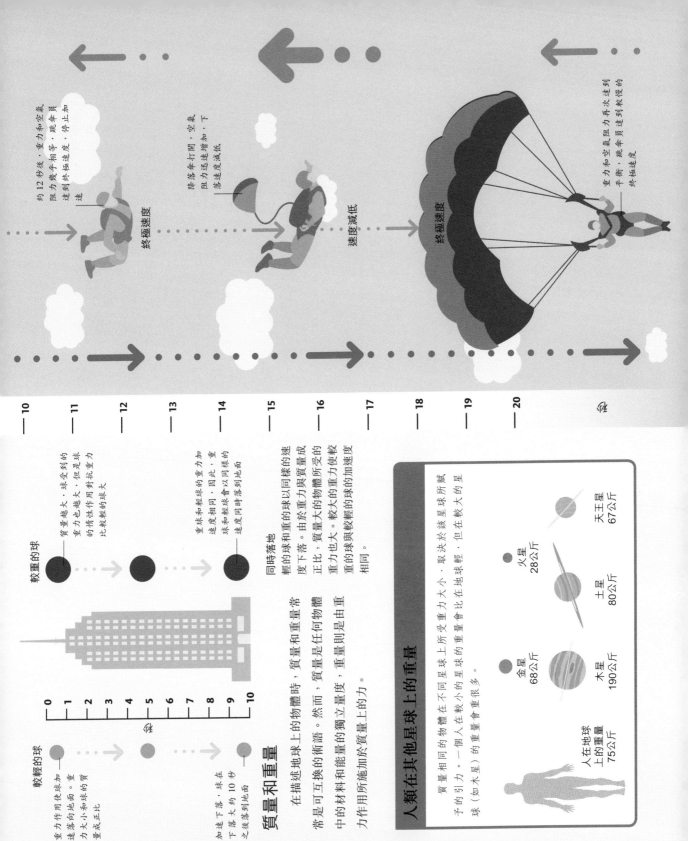

約12秒後，重力和空氣阻力幾乎相等，跳傘員停止加速，達到終極速度

終極速度

降落傘打開，空氣阻力迅速增加，下落速度減低

速度減低

重力和空氣阻力再次達到平衡，跳傘員達到的較慢的終極速度

終極速度

10 11 12 13 14 15 16 17 18 19 20

較重的球

質量越大，球受到的重力也越大，但是球的慣性作用對抗重力比較輕球的重力大

重力和輕球的重力加速度相同，因此，重球和輕球以同樣的速度同時落到地面

同時落地

輕的球和重的球以同樣的速度下落。由於重力與質量成正比，質量大的物體所受的重力也大。較大的重力使較重的球與較輕的球的加速度相同。

較輕的球

重力作用使球加速落向地面。重力大小和球的質量成正比

加速下落，球在下落大約10秒之後落到地面

0 1 2 3 4 5 6 7 8 9 10

質量和重量

在描述地球上的物體時，質量和重量常是可互換的術語。然而，質量是任何物體中的材料和能量的獨立量度，重量則是由重力作用所施加於質量上的力。

人類在其他星球上的重量

質量相同的物體在不同星球上所受重力大小，取決於該星球所賦予的引力。一個人在較小的星球的重量會比在地球輕，但在較大的星球（如木星）的重量會重很多。

人在地球上的重量 75公斤
金星 68公斤
木星 190公斤
土星 80公斤
火星 28公斤
天王星 67公斤

狹義相對論

愛因斯坦在 1905 年提出了一種理解運動、空間和時間如何互相作用的劃時代觀點，他稱之為狹義相對論。他的目的是為了解決當時物理學中的一個最大的難題——光與物體在空間中移動的不同方法之間產生的矛盾。

互相矛盾的理論

根據經典力學原理，物體運動的速度是相對其他物體而言的。然而，根據電磁場理論，光以固定速度傳播。光到達觀察者的速度總是相同的，不管光源是靜止的，或其與物體之間有否相對運動。

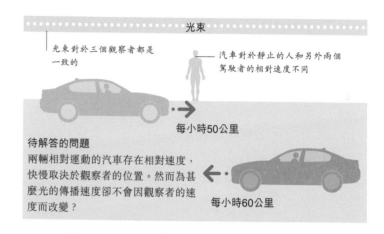

光束

光束對於三個觀察者都是一致的

汽車對於靜止的人和另外兩個駕駛者的相對速度不同

每小時50公里

每小時60公里

待解答的問題
兩輛相對運動的汽車存在相對速度，快慢取決於觀察者的位置。然而為甚麼光的傳播速度卻不會因觀察者的速度而改變？

長度收縮

除了時間會變慢，運動中的物體的周圍空間會收縮。但這種收縮不可能被量度出來，因為量度儀器也會經歷同樣的收縮。當物體以接近光速運動時，長度相對於觀察者會急劇收縮，且時間會變得非常慢，使物體看起來像是完全靜止。

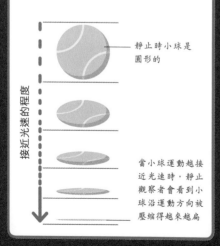

靜止時小球是圓形的

接近光速的程度

當小球運動越接近光速時，靜止觀察者會看到小球沿運動方向被壓縮得越來越扁

時間膨脹

愛因斯坦在理論上指出，物體在空間維度中運動越快，在時間維度中運動越慢，這解釋了光速與其他物體運動速度之間的矛盾。這意味着，以不同速度運動的觀察者觀察到的時間長短並不相同。一個靜止觀察者觀察到的時間流逝速度，遠比一個接近光速運動的觀察者要快得多。

光速不變原理
在一艘以接近光速移動的太空船中，以時鐘量度光速的太空人會發現，光在短時間內在相對較短的距離中傳播。而靜止觀察者會發現，光在長時間內在較長的距離中傳播。但兩個觀察者也是在量度以相同速度傳播的光。

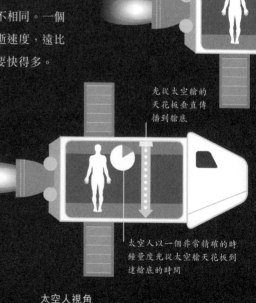

太空人處於相同的太空船中，光以相同的形式傳播

光從太空艙的天花板垂直傳播到艙底

太空人以一個非常精確的時鐘量度光從太空艙天花板到達艙底的時間

太空人視角

質量和能量

　　在愛因斯坦思考光速不變這個特性的同時，也研究了質量和能量的性質。他意識到實際上質量和能量是等值的，並提出了著名的方程式 $E=mc^2$ 來描述兩者之間的關係，其中，E 代表能量，m 代表質量，c 是光速。在靜止的物體上施加動能就能使物體運動。由於質量和能量相等，運動物體的重量相對於靜止時好像增加了。物體低速運動時，這個效應則可忽略不計。但如果物體的運動速度接近光速，則物體的質量會增加到無限大。

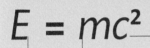

$$E = mc^2$$

以質量形式儲存在物質內的能量非常巨大，在核爆炸中，微量的質量會轉化為大量的光和熱

質量是物體的一種屬性，用於衡量物體抗拒其運動狀態被改變的程度。質量越大，其蘊藏可被釋放的能量也越大

光透過無質量粒子來傳遞，因此它總是以最快速度——光速運動

「狹義相對論」
這一術語何時開始使用？

愛因斯坦在發表這個理論的 10 年後，才把它命名為「狹義相對論」，旨在區別他關於時空和引力的「廣義相對論」。論文起初名為《論動體的電動力學》。

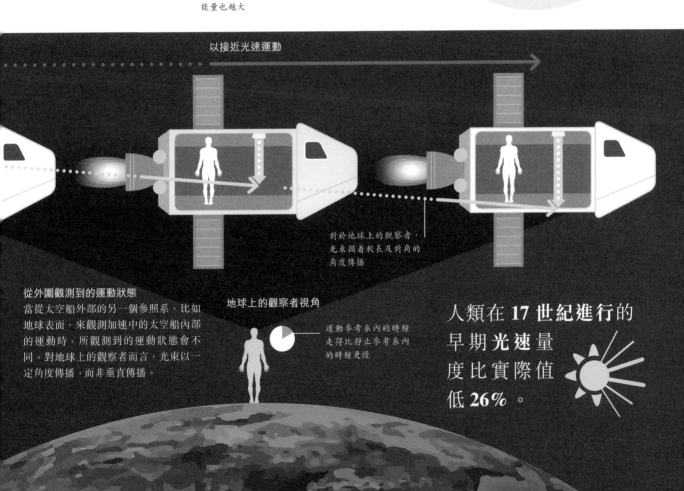

以接近光速運動

對於地球上的觀察者，光束循着較長及對角的角度傳播

從外圍觀測到的運動狀態
當從太空船外部的另一個參照系，比如地球表面，來觀測加速中的太空船內部的運動時，所觀測到的運動狀態會不同。對地球上的觀察者而言，光束以一定角度傳播，而非垂直傳播。

地球上的觀察者視角

運動參考系內的時鐘走得比靜止參考系內的時鐘更慢

人類在 **17 世紀進行**的
早期光速量
度比實際值
低 26%。

廣義相對論

　　1687 年由牛頓描述的重力，看似與愛因斯坦的狹義相對論互不相容。因此，愛因斯坦在 1916 年把重力加進去的他的時空相對理論中，形成了廣義相對論。

空間－時間

　　狹義相對論描述的是物體如何取決於其運動而對時空有不同的體驗。狹義相對論的重要應用在於時間和空間總是相互聯繫。廣義相對論描述物體在被稱為空間—時間的四維連續體中的運動，而時空會被大質量物體扭曲。質量和能量相等。而由兩者在空間—時間中引起的扭曲會產生引力作用，例如月球圍繞地球運行。

廣義相對論如何被證明？

1919 年，天文學家亞瑟·愛丁頓（Arthur Eddington）在日全食時觀測到星光偏折現象，證實了扭曲空間—時間的作用，令愛因斯坦成為世界名人。

廣義相對論解釋了行星**圍繞太陽運行**的問題。

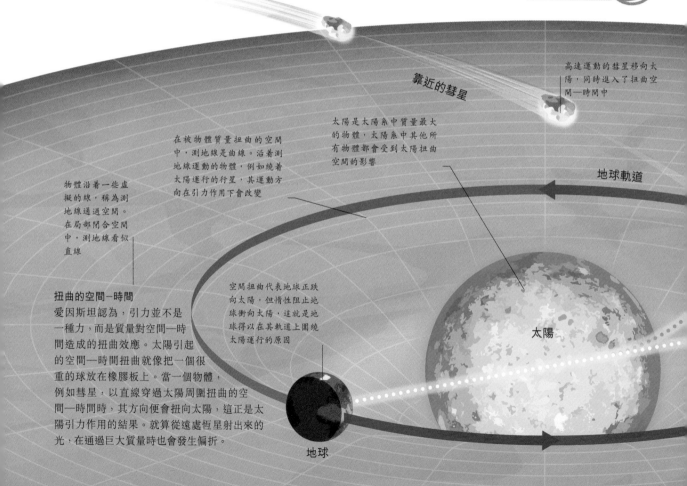

高速運動的彗星移向太陽，同時退入了扭曲空間—時間中

靠近的彗星

太陽是太陽系中質量最大的物體，太陽系中其他所有物體都會受到太陽扭曲空間的影響

地球軌道

在被物體質量扭曲的空間中，測地線是曲線。沿著測地線運動的物體，例如繞着太陽運行的行星，其運動方向在引力作用下會改變

物體沿着一些虛擬的線，稱為測地線通過空間。在局部閉合空間中，測地線看似直線

扭曲的空間－時間
愛因斯坦認為，引力並不是一種力，而是質量對空間—時間造成的扭曲效應。太陽引起的空間—時間扭曲就像把一個很重的球放在橡膠板上。當一個物體，例如彗星，以直線穿過太陽周圍扭曲的空間—時間時，其方向便會扭向太陽，這正是太陽引力作用的結果。就算從遠處恆星射出來的光，在通過巨大質量時也會發生偏折。

空間扭曲代表地球正跌向太陽，但惰性阻止地球衝向太陽，這就是地球得以在其軌道上圍繞太陽運行的原因

太陽

地球

等效原理

為了理解重力,愛因斯坦想像自己正處於電梯內,並思考到底令他雙腳貼在地面上的力昆來自重力的拉力,還是電梯上升所產生的惰性作用。在電梯中,根本分辨不到。這就是等效原理。愛因斯坦由此開始想像自己是在靜止參照系中的觀察者,觀看着圍繞他移動的太空。

愛因斯坦電梯實驗
愛因斯坦還擴充了他的電梯思想實驗:他想像一束光線對電梯裏的人而言,會出現哪三種可能情形。雖然電梯裏的人不能完全描述電梯的運動狀態,但卻可以看到光的運動情況。實驗發現,當電梯加速到非常快或拉動電梯的引力非常大時,光線會扭曲,這表明空間也會發生扭曲。

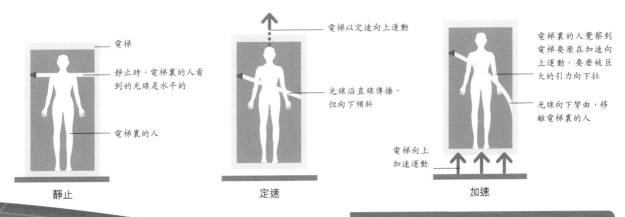

電梯

靜止時,電梯裏的人看到的光線是水平的

電梯裏的人

靜止

電梯以定速向上運動

光線沿直線傳播,但向下傾斜

定速

電梯裏的人覺察到電梯要麼在加速向上運動,要麼被巨大的引力向下拉

光線向下彎曲,移離電梯裏的人

電梯向上加速運動

加速

實際的恆星位置

光束也會隨空間扭曲而偏折,光束扭曲,使光線看似從天空另一部分傳來

地球上看到的光好像由這處循直線傳來

看到的恆星位置

如果彗星有足夠能量,最終會逃離扭曲的空間。否則,彗星會進入螺旋軌道,並衝向太陽

GPS 導航

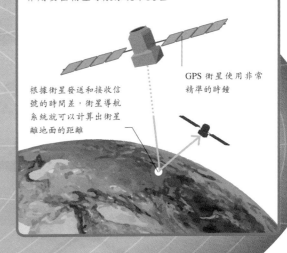

全球定位系統 (GPS) 正是運用了愛因斯坦的廣義相對論原理。GPS 人造衛星發出自身位置的信號以及準確時間,而衛星導航系統會利用這兩個資訊計算出其準確位置。但是,當它們以高速移動時,衛星上的時鐘會走得比地球慢,故這個相對的作用要由衛星導航系統來處理。

根據衛星發送和接收信號的時間差,衛星導航系統就可以計算出衛星離地面的距離

GPS 衛星使用非常精準的時鐘

引力波

廣義相對論預言，當物體通過空間－時間時，會在空間－時間產生漣漪，稱為引力波。2015 年，引力波被首次直接探測到。

引力波是甚麼？

當有質量的物體在空間加速運動時，會產生引力波。最大的引力事件產生的引力波頻率低、波長長。例如，宇宙大爆炸所產生的引力波的波長可以傳播到幾百萬光年之處。引力波提供了一種不依賴於光的宇宙探索新方法，這令我們能夠探測宇宙中一些「不可見」的現象，如在黑洞中發生的事。

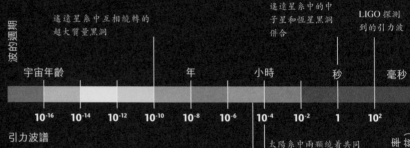

遙遠星系中互相繞轉的超大質量黑洞

遙遠星系中的中子星和恆星黑洞併合

LIGO 探測到的引力波

波的週期

宇宙年齡　　　　　　　　　　　　　年　　　小時　　　秒　　　毫秒

10^{-16}　10^{-14}　10^{-12}　10^{-10}　10^{-8}　10^{-6}　10^{-4}　10^{-2}　1　10^{2}

頻率（赫茲）

太陽系中兩顆繞着共同質心旋轉的恆星

黑洞被大質量黑洞捕獲

引力波譜
高能量事件（如超大質量黑洞碰撞）產生的引力波有頻率低、波長長的特點。當今的激光干涉引力波天文台（LIGO）只能追蹤那些大質量高速移動物體所產生的引力波，如恆星黑洞相撞所產生的週期短的引力波。

引力波如何形成

首次由 LIGO 探測到的引力波，來自距離地球 13 億光年的雙黑洞碰撞事件。這些黑洞被相互之間的引力吸引在一起。

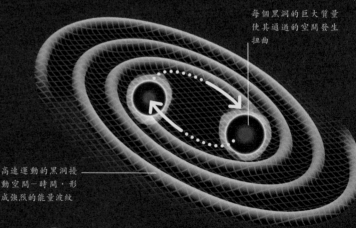

每個黑洞的巨大質量使其通過的空間發生扭曲

黑洞的質量是太陽的 20 倍，體積卻小得多

高速運動的黑洞攪動空間－時間，形成強烈的能量波紋

1 黑洞碰撞
黑洞因強大的引力而相互接近。LIGO 探測到的規律振盪表明兩個發生碰撞的黑洞軌道都是近圓形的，它們以超過每秒 15 次的速度繞着彼此運行。

2 軌道速度快速增加
當兩個黑洞彼此接近時，它們的螺旋軌道變得越來越小，並加速至接近光速。其周圍所有有質量的物體都以接近光速移動，形成了向周圍各個方向擴散的引力波。

LIGO 如何探測到引力波

　　LIGO 通過調整長度為四公里的激光傳輸臂來探測引力波。其中一條光束會比另一條光束傳播遠半個波長。這意味着當兩條光束相遇時會互相抵銷，使光消失。引力波會改變激光通過的距離，因此當光束相遇時，就會產生閃光的信號。

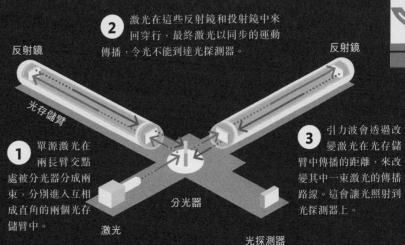

反射鏡

反射鏡

2 激光在這些反射鏡和投射鏡中來回穿行，最終激光以同步的運動傳播，令光不能到達光探測器。

光存儲臂

1 單源激光在兩長臂交點處被分光器分成兩束，分別進入互相成直角的兩個光存儲臂中。

分光器

激光

3 引力波會透過改變激光在光存儲臂中傳播的距離，來改變其中一束激光的傳播路線。這會讓光照射到光探測器上。

光探測器

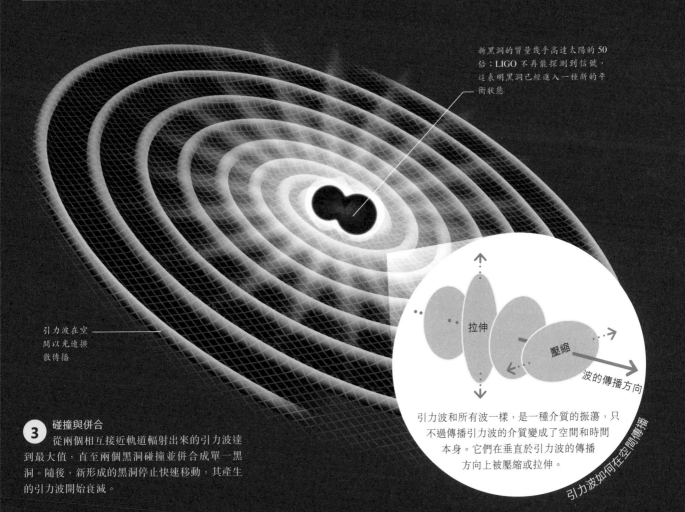

新黑洞的質量幾乎高達太陽的 50 倍；LIGO 不再能探測到信號，這表明黑洞已經進入一種新的平衡狀態

引力波在空間以光速擴散傳播

引力波和所有波一樣，是一種介質的振盪，只不過傳播引力波的介質變成了空間和時間本身。它們在垂直於引力波的傳播方向上被壓縮或拉伸。

拉伸

壓縮

波的傳播方向

引力波如何在空間傳播

3 碰撞與併合
從兩個相互接近軌道輻射出來的引力波達到最大值，直至兩個黑洞碰撞並併合成單一黑洞。隨後，新形成的黑洞停止快速移動，其產生的引力波開始衰減。

弦論

弦論是為了解決物理學中的一些重大問題的一種嘗試，如在非常小的尺度下，引力如何發揮作用。弦論模型認為組成所有物質的最基本單位是一小段「能量弦線」，而且所有物質也是宇宙架構的組成部分。

每條弦線都以不同的頻率振動

夸克

分子

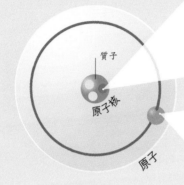

質子
原子核
原子

不同的振動分別對應電子的速度、自旋和電荷

電子

弦非粒子

要直接觀測亞原子尺度的粒子並不可能。理解這些粒子需要通過觀測與它們相關的效應。弦論主張粒子實際上是一些微小振動的弦線。每種基本粒子，如電子和夸克，都有自己獨特的振動模式，這些振動模式和它們的性質如質量、電荷、動量等有關。目前，弦論只是一種從數學上來模擬粒子量子行為的猜想，還沒有任何實驗能證實其真確性。

能量的絲狀物
根據弦論，各種基本粒子，如電子和夸克，以及由它們構成的質子，都是弦線或能量的絲狀物，各有其獨特的振動模式。

為何需要存在一種萬有理論？

宇宙從極小尺度到極大尺度各自遵循一系列不同的物理規律運行。如果存在一種具有總括性、一致性的物理理論框架，即萬有理論，便能夠解釋所有物理奧秘。

量子引力

量子引力理論主要是嘗試將描述如天體等大質量物質運動方式的廣義相對論和描述原子尺度物質運動方式的量子力學進行結合。量子引力效應只有在極小的尺度上才會變得顯著，這一尺度被稱為普朗克長度（Planck length）。

普朗克長度
任何兩個物體，當兩者的距離小於普朗克長度時，它們的具體位置將無法確定。因此，普朗克長度是有意義的最小可測長度。

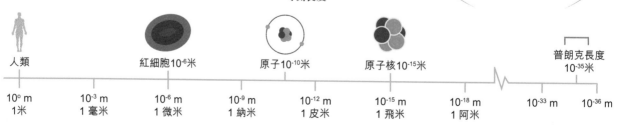

| 人類 | 紅細胞 10^{-6}米 | 原子 10^{-10}米 | 原子核 10^{-15}米 | | | 普朗克長度 10^{-35}米 |

| 10^0 m 1米 | 10^{-3} m 1毫米 | 10^{-6} m 1微米 | 10^{-9} m 1納米 | 10^{-12} m 1皮米 | 10^{-15} m 1飛米 | 10^{-18} m 1阿米 | 10^{-33} m | 10^{-36} m |

多維度

　　弦論家認為，弦線的振動除了肉眼可見的三個維度（長度、寬度和深度）外，還存在其他至少七個以上的隱藏維度。這些維度是「捲縮」的，也就是說它們非常小，直到亞原子尺度上才能被探測到。這些空間維度就在我們周圍，且很可能成為揭開如暗物質、暗能量（參見第 206 ～ 207 頁）等神秘現象的面紗的關鍵。

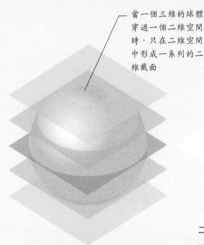

當一個三維的球體穿過一個二維空間時，只在二維空間中形成一系列的二維截面

對於二維世界的觀察者，當球體的每個部分通過二維平面時，球體的截面或「片」表現為一系列同心圓環

在二維世界中三維球體
想像一個三維物體在二維空間中的模樣有助我們理解更高的空間維度。比如，三維球體在二維空間中看起來只是一系列圓形切片。

二維世界觀察者的視角
一個二維世界的觀察者不能感知到向上或向下，因此，當球體向上或向下移動時，他們看到球體變大和縮小。這是由看不見的維度捲縮導致的奇異現象。

卡拉比-丘流形
根據一些弦論家的觀點，額外可被看見的多維空間會以奇妙結構捲藏在宇宙中，這個結構稱為「卡拉比-丘流形」。下圖展示一個六維空間流形（卡拉比-丘五次多項式流形）在二維空間的影射截面。

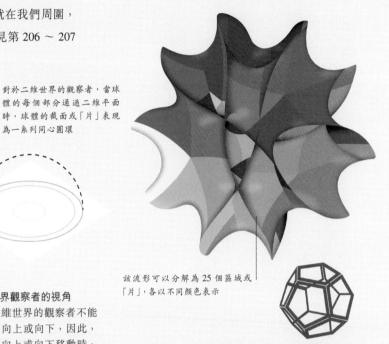

該流形可以分解為 25 個區域或「片」，各以不同顏色表示

其中一個版本的弦論認為，宇宙存在 10 個不同的維度。

超粒子

　　某些版本的超弦論認為，物質是能量的最輕柔振動模式，而空間中還存在着其他較劇烈的弦振盪模式，如同音樂的和弦。這些劇烈的振盪代表超對稱粒子，簡稱超粒子。每個超粒子會對應一個普通的基礎粒子。一些弦論家預言，這些超粒子的質量可能高達其伴生基本粒子的 1,000 倍。

組成物質的基本粒子和可能的對應超粒子		傳遞力的基本粒子和可能的對應超粒子	
基本粒子	超粒子	傳遞力的粒子	超粒子
夸克	超夸克	重力子	超重力子
中微子	超中微子	W 玻色子	超 W 子
電子	超電子	Z° 粒子	超 Z° 子
μ 子	超 μ 子	光子	超光子
τ 子	超 τ 子	膠子	超膠子
		希格斯玻色子	超希格斯粒子

生命

「活着」是甚麼？

　　生命可説是已知宇宙中最為複雜的事物。生命體中的分子集合，以及這些集合之間的協同運作方式比任何電腦都要複雜。我們必須把生命體的生物學簡化到它的基本功能，以便了解是甚麼使生命體活着。

生命的特徵

　　地球上數以百萬種生物，都具有一些共同特徵，稱為生命的特徵。只有表現所有這些特徵的事物才可稱為生物。生物需要食物，能夠呼吸並釋放能量和排泄代謝產物。它們可以移動，可以感知周圍環境，可以生長並繁殖。非生物可能具有其中一兩個功能特徵，但並不具有以上全部特徵。

複雜的結構

　　構成生命體的複雜化學物質是以碳原子作為基本框架構建起來的。其中某些化學物質是目前已知的最大分子。其中，DNA 鏈和纖維素可長達幾厘米。植物可以利用如二氧化碳和水這些簡單成分來合成有機分子。動物則需要通過攝入食物（可以是其他生物或它們的代謝產物）來獲取構建生命體的原料和能量。

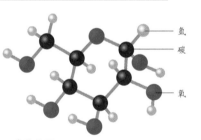

食物分子
葡萄糖分子由 24 個原子組成，這已經是組成食物分子最簡單的一種。和其他生物分子一樣，其基本框架由碳原子組成。

氫
碳
氧

繁殖
能自我複製的 DNA 確保細胞可以分裂以及身體可跟着基因的指示被複製。繁殖使生命進化並移往新的棲息地。

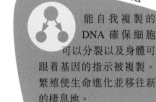

晶體
晶體分子在環境中成核之後，可以根據其成核的化學結構複製生長成大塊固體，但是它缺乏複雜的新陳代謝過程。

生長

細胞可以增大和分裂，進而構建出更多有機分子。細胞通過不斷增生，可以生長為多細胞有機生命體，如參天大樹或鯨魚。

生物對外界環境的變化較為敏感，如光、溫度的改變或化學提示。每一種外界刺激都會使生命體產生一系列特定的反應。

靈敏度

電腦
電腦可以探測和對外界刺激作出反應，並完成類似動物大腦的信息存儲。然而，和生命體的反應相比，電腦的這一特性根本微不足道。

生物文氏圖
雖然有機生命體的種類多得驚人，但所有的有機生命體，包括任何活的細菌、植物及動物等，都具有七種共同的基本功能。

 能導致肺炎的**細菌**是結構**最為簡單**的有機**生命體**之一，僅由 **687** 個基因組成。

生物需要不斷從外界獲得能量和營養物質來維持生存。大多數生物通過蛋白質和碳水化合物等獲得合成這些營養物質所需的分子。

運動

從穩定流動的體液、微觀層面上的細胞組成成分到具有強大收縮功能的動物肌肉，有機生命體的所有組成部分或多或少都可以運動。

生物必須是碳基的嗎？

科幻小說作家曾預言，矽元素很可能是另類生物的有機基礎物質。然而，迄今為止只有碳能與多種類原子結合，構成各種複雜分子及有機生命體。

有機生命體

眼蟲藻是一種生活在池塘中的單細胞微生物，它們既可以像植物那樣進行光合作用，也可以像動物一樣攝入食物。

排泄

生命體的細胞不斷地進行着各種化學反應，當中會產生如二氧化碳這樣的廢物。排泄是生物將這些代謝廢物排出體外的過程。

新陳代謝是甚麼？

新陳代謝是維持生命所必需的那些數不盡的化學變化。分子的改變通過一系列化學反應完成，每一步都會被稱為酶的特定蛋白質催化。每個有機生命體都有自己獨特的新陳代謝過程，這是由 DNA 遺傳密碼所攜帶的酶序列所決定的。

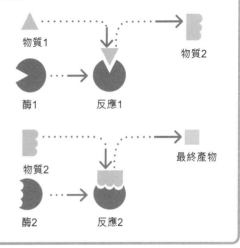

物質1　　　　　　　　　　　物質2

酶1　　　反應1

物質2　　　　　　　　　　　最終產物

酶2　　　反應2

絕大多數生物會通過化學反應消化食物以獲得能量，就像內燃機燃燒燃料產生能量一樣。呼吸作用釋放能量供生命體使用。

呼吸

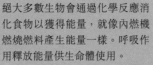

內燃機
內燃機通過吸入並燃燒燃料來實現運動和「排泄」廢氣。它具有四個生命特徵，但是它不能感知周圍環境、生長和繁殖。

最後共同祖先（LUCA）——由進化論推導出來的假設，是地球上所有生命的共同起源。

盧卡

古細菌界
與細菌有很多相似之處，但基因與細菌不同

假菌界
包括含有葉綠素 a 和葉綠素 c 的藻類、纖毛蟲、有孔蟲及其近親等，絕大多數是單細胞生物

細菌界
最簡單的單細胞生物

七界系統
人們對早期生命之樹各分枝之間的關係理解較少。但是，根據生物體細胞的相似性，至少可以分為七個不同的界系統，稱為七界系統。

真菌界

原生動物界
由單細胞構成的原生動物，包括變形蟲及其近親

動物界

植物界
植物界和相關的藻類所有含有葉綠素 a 和葉綠素 b 的植物

生物的種類

我們通過把物件按分類來理解世界。當涉及及組織生物的分類時，現代科學分類方法的另一個目標，是通過生物分類來描述生物在形態結構和生理功能等方面的相似性，以釐清不同物種之間的進化關係。

生命樹

即使像細菌和動物這樣完全不同的生物，也具有一些相似性，特別在細胞和基因方面，這表明所有的生命都來自一個共同的祖先。數十億年來，生物逐漸進化成一棵巨大的生命樹。科學家將生命分成一系列更小的羣組，以反映它們在演化過程中從生命之樹的軀幹上分化出來的方式。最老的樹幹代表整個生命王國的基石，最外層的樹枝代表數以百萬計在地球上生存的物種。

一茶匙的土壤中可能包含超過 10 萬種微生物。

學名

每種植物都被賦予一個特定的學名。

學名能夠精準地描述植物的種類，如日常所說的樹石楠和巨型帶石楠就很難表示出不同植物的種類。因為實際上這兩者屬於同一類目歐石楠（arborea）即「樹狀」的意思（如阿波雷亞）。且由兩部分構成。前一部分，如歐石楠，是屬名，定義的物種。前一部分，如歐石楠是屬名，定義的是一羣近似歐石楠或樹狀歐石楠。第二部分是種名，如枝歐石楠或樹狀歐石楠。

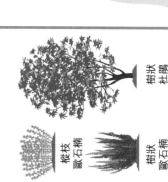

樹狀杜鵑

樹狀歐石楠

從枝歐石楠

無脊椎動物

- 海綿動物
- 刺胞動物，包括海葵和水母
- 原口動物，包括節肢動物、軟體動物和絕大部分蠕蟲
- 無脊椎後口動物，包括海星類及其近親

無脊椎動物作為非自然種羣

除了沒有脊椎，無脊椎動物之間並沒有太多共同之處。在形態上，它們有些簡單、有些複雜，更準確地說，「無脊椎動物」羣並不完整，因為它沒有包含後口動物中的有脊椎動物。

魚類

- 無頜魚（七鰓鰻和八目鰻）
- 鯊魚、鰩魚及其近親
- 輻鰭硬骨魚
- 肉鰭硬骨魚，包括肺魚

魚類作為非自然種羣

所有魚類都有共同的祖先，但是其中一類（肉鰭魚）最終進化出了四條腿，成為四足類動物，不再是魚類。因此，一個非魚類的有脊椎動物和無脊椎動物一樣，不能形成一個進化枝。然而，魚類與無脊椎動物不同，它們的獨特特徵在進化程度上是魚類似的，因此可以很方便地被組成一個非支序分類羣，稱為旁系。

自然和非自然種羣

很多生物在進化過程中巧合地發展出了一些相似的外部特徵。例如，鳥類和昆蟲就各自進化出了翅膀，所以不能簡單的把它們都稱為「有翅膀的動物」。自然種羣，或進化枝包含所有共同祖先的後裔，亦即生命樹中的分枝。哺乳類動物和鳥類都是進化枝。但那些我們稱為魚類和無脊椎動物則不是，因為這些類別沒有包括所有的後裔。例如，「魚類」並不包括其分枝——陸地脊椎動物。

種羣內的種羣

如果我們嚴格按照親緣關係分類，則分類系統中選出必須反映出物種的進化關係，如鳥類是從獸腳亞目，即一羣包括霸王龍在內的雙足直立恐龍演化而來的。這意味着恐龍是恐龍演化出的一個亞羣，且鳥類是恐龍，屬於爬行動物。

恐龍、鳥類和現代爬行動物

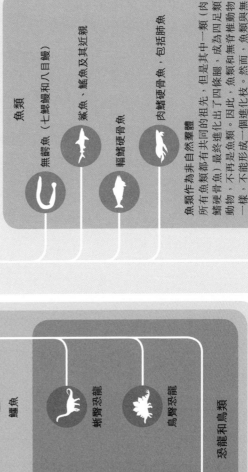

- 蜥蜴和蛇
- 海龜
- 鱷魚
- 蜥臀恐龍
- 鳥臀恐龍
- 與鳥類相關的獸腳類恐龍
- 鳥類
- 哺乳類動物

恐龍和鳥類

非鳥類的恐龍在六千六百萬年前滅絕。

四足類動物
陸地脊椎動物——所有足皆是四足動物的後裔

兩棲類動物

病毒

　　病毒提供了一個渴望自我複製的明顯樣板。病毒並非真正存活，它們是一些具有感染性的粒子，只有約小的基因包那麼大。它們通過破壞生物細胞，並在宿主細胞內自我複製。有些病毒的危害較小，有些病毒則是地球上最可怕疾病的根源。

生物病毒的種類

多角體病毒

包膜病毒

螺旋病毒

複合型病毒

　　病毒形狀各異，但是它們都有相同的基本組成部分，即一團被蛋白質包裹的基因。有些遺傳物質是 DNA，有些則是 RNA。RNA 是一種用於在真實細胞（參見第 158～159 頁）製造蛋白質的中介物質。尤其值得注意的是，某些病毒的基因和其宿主細胞的相關性比其他病毒高，這可證明它們實際上是脫離宿主染色體的一小團變異基因。

病毒的生命週期

　　所有病毒都靠寄生生活，它們可以通過接觸、空氣和受感染的食物進行傳播。它們並非真正的有機生命體（參見第 150～151 頁），因為它們必須靠細胞的內在運作才可以進行自我複製。如同它們所寄生的生命體一樣，病毒的行為方式由基因控制，這使它們以最具複製效益的方式來感染宿主。每種病毒都有其獨特的感染癥狀，從能引起普通流感的鼻病毒到能使身體系統崩潰的埃博拉病毒不等。

細胞核中有宿主細胞的 DNA

細胞核

粗面內質綱的表面附着核糖體

核糖體是合成蛋白質的顆粒

病毒衣殼破裂　**3**
病毒進入細胞後，沒用的病毒衣殼就會破裂，向宿主細胞釋放出基因物質。

這些基因由 RNA（橙色部分）組成，在另外一些病毒中，基因也可以由 DNA 組成

病毒附着在細胞膜上

蛋白質（橙色三角形和藍色球形部分），構成了包裹病毒基因的衣殼

病毒入侵細胞膜

充滿液體的小泡，稱為膜泡

病毒附着　**1**
病毒衣殼表面的分子與宿主細胞膜表面的特定分子結合，使病毒附着在宿主細胞上，這就是病毒只會感染某些特定類型的身體組織和物種的原因。

病毒入侵細胞　**2**
大量病毒在宿主細胞膜上產生的一個膜泡中入侵細胞。這些膜泡在細胞膜表面與病毒結合，病毒隨之進入宿主細胞。

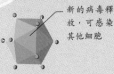

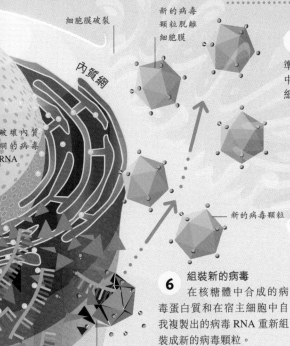

細胞膜破裂

新的病毒顆粒脫離細胞膜

內質網

破壞內質網的病毒RNA

新的病毒顆粒

合成並組裝新的病毒衣殼蛋白質

病毒基因自我複製

細胞膜

7 釋放新的病毒顆粒
新的病毒顆粒從宿主細胞中脫離，準備去感染其他的細胞或擴散到新宿主中。過程中可能會破壞細胞膜，導致宿主細胞死亡。

新的病毒釋放，可感染其他細胞

6 組裝新的病毒
在核糖體中合成的病毒蛋白質和在宿主細胞中自我複製出的病毒 RNA 重新組裝成新的病毒顆粒。

5 病毒破壞宿主的蛋白質合成機制
病毒 RNA 和宿主中附着在粗面內質網上負責合成蛋白質的核糖體結合，進而使用核糖體合成的蛋白質來繁殖新的病毒。

4 病毒基因自我複製
病毒的基因物質開始自我複製。有 RNA 的病毒攜帶自己的酶首先合成出 DNA，甚至可直接自我複製。DNA 式的病毒（沒在圖中顯示）則直接將 DNA 釋放到宿主的細胞核中，進而進入宿主細胞的 DNA 中。

與病毒戰鬥

病毒侵入人體後，人體的免疫系統首先會動員血液中的白細胞與之戰鬥。一些白細胞會釋放稱為抗體的蛋白質來與病毒結合，使之失去感染活性。而另一些稱為「殺手細胞」的白細胞則會殺死那些被感染的細胞。抗生素對病毒無效，它們只能處理由微生物如細菌造成的感染。在控制病毒的最前線，可通過疫苗製造「假」感染以激發免疫系統對抗病毒。

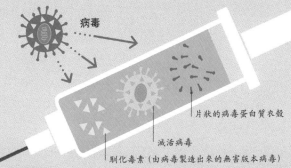

病毒

片狀的病毒蛋白質衣殼

滅活病毒

馴化毒素（由病毒製造出來的無害版本病毒）

注射疫苗
疫苗會愚弄免疫系統，使其對不活躍的感染進行攻擊。這種感染足以激發免疫反應，卻不會致病。以後當有真正的病毒入侵時，免疫系統便會立即發現，並迅速地發動強力的反應。

天花病毒是目前唯一一種通過**疫苗注射**而**消滅**的**傳染性病毒**。

良好的病毒

某些病毒在從基因層面進行修改後，可用於給特定的細胞載藥，以對癌症實施靶向治療。DNA 式病毒也可用於將「健康」的基因加載到宿主細胞中，以實現基因治療（如右圖所示）的目的。還有一些病毒具有抵抗致病性細菌的潛力，為利用抗生素對付感染提供替代方案。

新基因

新基因片段被植入病毒的 DNA 中

細胞

病毒將基因插入宿主細胞的 DNA 中

細胞

　　幾乎每個生物體的任何部分都是由一些活的微小基本單元組成的，這些基本單元稱為細胞。細胞可以消化食物、生成能量、感知周圍的環境、成長和自我修復，所有工作都在一個比英式句號小五倍的空間進行。

細胞如何運作

　　細胞內充滿了一些稱為細胞器的微小結構。就如同人體中的器官一般，每個細胞器都負責發揮某些對於維持細胞正常生存至關重要的獨特功能。所有細胞會從周圍環境獲得原料，並加工成豐富的複雜物質。

1 蛋白質合成
　　細胞需要的大部分物質都是特定的蛋白質，而蛋白質是根據遺傳信息（參見第 158～159 頁）在核糖體合成的。核糖體附着在稱為粗面內質網的細胞器的複雜表面上。

2 包裝
　　蛋白質形成後，會經小囊泡包裹被送達高爾基體。高爾基體如同細胞內的收發室，對蛋白質進行包裝和標籤，以決定它們將被送往何處。

3 運輸
　　高爾基體按不同蛋白質上的標籤，將它們放入不同的囊泡中。然後，高爾基體分泌出包裹着蛋白質的出芽小泡，小泡漂到細胞膜那裏，與細胞膜融合，並將蛋白質釋放到細胞外。

每平方毫米的葉子表面含有 80 萬個葉綠體。

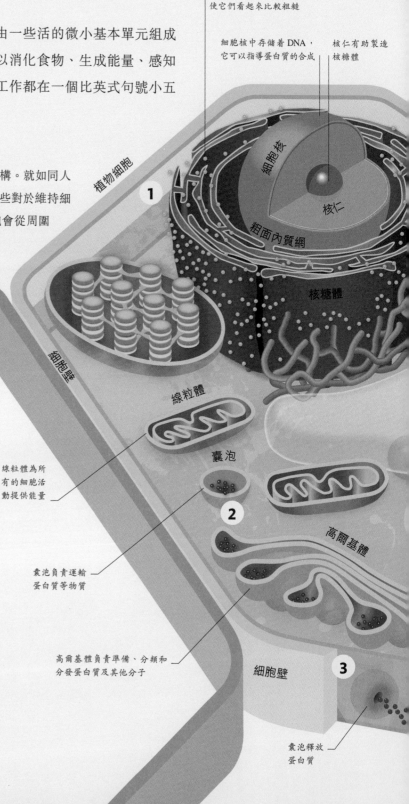

核糖體附着在粗面內質網上，使它們看起來比較粗糙

細胞核中存儲着 DNA，它可以指導蛋白質的合成

核仁有助製造核糖體

植物細胞

1

細胞核

核仁

粗面內質網

核糖體

細胞壁

線粒體

囊泡

線粒體為所有的細胞活動提供能量

2

高爾基體

囊泡負責運輸蛋白質等物質

高爾基體負責準備、分類和分發蛋白質及其他分子

細胞壁

3

囊泡釋放蛋白質

粗面內質網是合成蛋白質的場所，其
複雜的膜之間可以傳輸蛋白質

光面內質網是脂
肪、脂肪酸和膽
固醇等物質的合
成場所

細胞能活多久？

細胞的壽命和它們負責的工
作有關。動物表皮細胞平均
每幾個星期就更新一次，而
血液中的白細胞的防衛壽命
則長達一年，甚至更久。

液泡

液泡存儲水和營養，
有時也存儲守衛植物
的有害物質

葉綠體是綠色植物進
行光合作用（參見第
168～169頁）的場
所

葉綠體

細胞質是一種液體，
它是很多細胞內的化
學反應發生的場所

細胞膜監管着進
出細胞的物質

溶酶體

溶酶體含有消化酶，能消
滅入侵者或沒用的物質

細胞膜

細胞的多樣性

　　動物細胞與植物細胞不同，它沒有起約束和支撐作用的細胞壁，故不能長到植物細胞那麼大。然而，動物細胞和植物細胞的結構形態都取決於其負責的工作。動物通常比植物更有活力，其細胞大多含有更多的線粒體。但由於動物吸收而非自行製造食物，故其細胞中缺乏能夠進行光合作用的葉綠素。

各不相同的動物細胞
平滑的皮膚細胞通常是片狀的，且不需要製造很多蛋白質，因此線粒體含量較少。相反，白細胞中則含有很多線粒體，有助白細胞對病毒入侵作出快速反應。

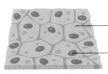

較少線粒體和
囊泡

細胞核中含有
DNA

皮膚細胞

較多線粒體
和囊泡

白細胞

細菌細胞
細菌細胞既不像動物細胞，也不像植物細胞。細菌的進化比動物、植物甚至單細胞藻類都要早。細菌細胞有細胞壁，但沒有內含 DNA 的細胞核。

DNA 鬆散地
分佈在細胞內

細胞壁形成固
定的外形，就
像植物細胞一
樣

細菌細胞

製造更多細胞

　　多細胞生物體中的細胞是通過多次自我複製來實現增殖和更新。細胞進行自我複製的過程稱為有絲分裂。這個過程並不容易，因為每個細胞都必須有一組包含生長成生物體所需的全套 DNA 指令。每一次分裂成子細胞之前，都需要完全複製母細胞的 DNA。

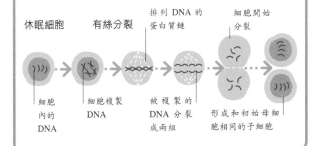

休眠細胞　　有絲分裂　　排列 DNA 的　　細胞開始
　　　　　　　　　　　　蛋白質鏈　　　　分裂

細胞
內的
DNA

細胞複製
DNA

被複製的
DNA 分裂
成兩組

形成和初始母細
胞相同的子細胞

基因如何運作

    DNA 包含了控制生物生長和延續生命的編碼信息。這些指令被翻譯成有機體所需的特定蛋白質。帶有蛋白質編碼信息的 DNA 片段被稱為基因。

合成蛋白質

    生命體細胞的活動需要數百種蛋白質參與。其中，大多數蛋白質被稱為酶，能催化和加速細胞內化學反應；還有一些可以轉運材料，或完成其他重要工作。所有蛋白質都是根據 DNA 片段組成的基因編碼信息合成的。過程中，基因內的編碼信息首先被複製轉錄到一種被稱為 RNA 的分子中。該 RNA 分子帶有來自細胞核的蛋白質表達指令。

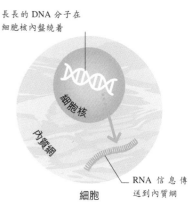

長長的 DNA 分子在細胞核內盤繞着

細胞核

內質網

RNA 信息傳送到內質網

細胞

蛋白質在何處合成？
DNA 巨大而且複雜，必須存在於細胞核內，而蛋白質是在細胞內質網上合成，因此，DNA 上的基因密碼需轉錄為信使 RNA（mRNA），以傳送出去。

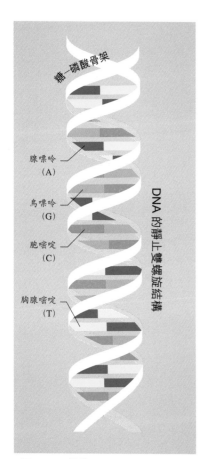

糖—磷酸骨架

腺嘌呤（A）

鳥嘌呤（G）

胞嘧啶（C）

胸腺嘧啶（T）

DNA 的靜止雙螺旋結構

1 DNA 結構
    DNA 分子包含兩條分子鏈，組成雙螺旋結構。四個基本鹼基單元以互補的方式兩相配對，形成鹼基對。規則如下：腺嘌呤（A）與胸腺嘧啶（T），鳥嘌呤（G）與胞嘧啶（C）。

解開 DNA 雙鏈

暴露的鹼基序列可以作為構建新鏈的模板

2 DNA 解開
    遺傳密碼被編碼在 DNA 鏈內的一條鹼基序列中。帶有特定蛋白質編碼的 DNA 片段被稱為基因。當 DNA 雙螺旋鏈在適當位置解開時，基因就會暴露出來。

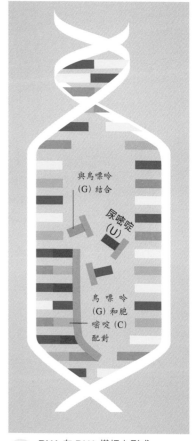

與鳥嘌呤（G）結合

尿嘧啶（U）

鳥嘌呤（G）和胞嘧啶（C）配對

3 RNA 在 DNA 模板上形成
    沿着暴露出來的基因，根據鹼基配對規則就可產生對應的 RNA 鏈。在 RNA 中，尿嘧啶（U）代替了胸腺嘧啶（T）與腺嘌呤（A）進行配對。

遺傳密碼是一種通用語言

每種生物都各有自己的一套獨特基因，但是 DNA 中鹼基序列對不同氨基酸的編碼規則在所有生物中都是相同的，無論細菌、植物還是動物都是如此。它的基本規則是：每三個鹼基對編碼一個氨基酸。例如，AAA 代表離氨酸，AAC 代表天冬酰胺等。

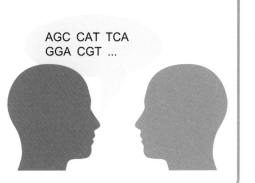

AGC CAT TCA
GGA CGT ...

當 DNA 在**人體細胞**中複製時，**每秒可增加 50 個鹼基。**

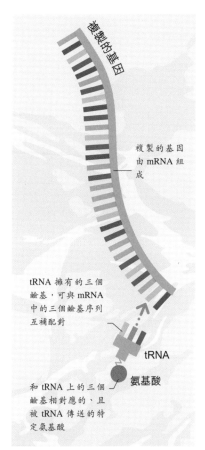

複製的基因

複製的基因由 mRNA 組成

tRNA 擁有的三個鹼基，可與 mRNA 中的三個鹼基序列互補配對

tRNA

氨基酸

和 tRNA 上的三個鹼基相對應的、且被 tRNA 傳送的特定氨基酸

4 基因離開細胞核
完成的 mRNA 鏈實際上是基因的一面鏡子。mRNA 脫離細胞核並進入細胞質，並在那裏吸引轉運 RNA (tRNA) 分子。

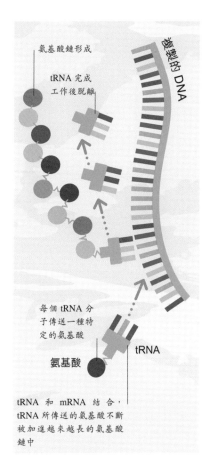

氨基酸鏈形成

tRNA 完成工作後脫離

複製的 DNA

每個 tRNA 分子傳送一種特定的氨基酸

氨基酸

tRNA

tRNA 和 mRNA 結合，tRNA 所傳送的氨基酸不斷被加進越來越長的氨基酸鏈中

5 翻譯成氨基酸
tRNA 分子識別特定序列的 mRNA 並與之結合。每個 tRAN 都傳送一種特定的氨基酸，使鏈條越來越長。過程中，鹼基序列被翻譯成氨基酸。

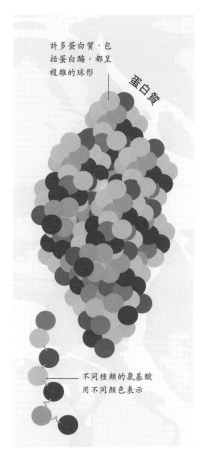

許多蛋白質，包括蛋白酶，都呈複雜的球形

蛋白質

不同種類的氨基酸用不同顏色表示

6 氨基酸摺疊形成蛋白質
從基因鹼基序列翻譯成的特定氨基酸鏈在摺疊後形成了複雜的蛋白質分子。摺疊方式決定了蛋白質的形狀和功能。

繁殖

　　繁殖是所有生物的基本現象。生物以各種不同的方式盡可能多地將它們的基因一代代地傳下去。有些生物僅依靠碎片就能繁殖，但大多數生物卻需要通過性行為來繁殖下一代，這為基因帶來了多樣性。

無性繁殖

　　所有生物在細胞分裂時都進行了 DNA 複製。在某些情況下，生物以一種自我複製的簡單方式（參見第 186 ～ 187 頁）來製造新個體。無性繁殖不需通過受精，直接由母體細胞分裂產生新個體。新個體和母體完全一致，也易患上同樣的疾病或受同樣的生態危機威脅。但是這種簡單複製也是快速繁殖的最理想方式。

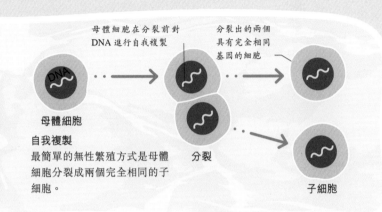

母體細胞在分裂前對 DNA 進行自我複製

分裂出的兩個具有完全相同基因的細胞

母體細胞

自我複製
最簡單的無性繁殖方式是母體細胞分裂成兩個完全相同的子細胞。

分裂

子細胞

出芽生殖

某些簡單動物，如海葵，可以通過從母體分出芽體的方式繁殖後代。

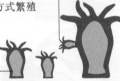

從母體壁長出的芽體

從母體分離出來的成熟芽體

單性生殖

少量動物會進行處女生殖。蚜蟲的卵子可在母體內不經過受精過程，而發育成正常的新個體。

蚜蟲可獨自生育新個體

營養繁殖

許多植物的分枝生長使它們適合從植物體中由植株或旁枝進行無性繁殖。

通過植物枝條長出的新植株

繁殖策略

　　投資於下一代有兩種截然不同的策略。有些生物透過大量繁殖以保證物種的延續，對沖絕大多數後代沒法活下來的事實。共他生物則繁衍較少量後代，但它們都是很有奉獻精神的父母，每個後代都能得到很好的照料。

許多後代
青蛙每次產卵都會排出數百個卵子，且每年如是。但大部分的卵都會成為其他動物的食物。

青蛙　　　　青蛙卵

少量後代
獵食鳥類加州禿鷲長到八歲時才開始產蛋，且每隔年才會產一枚。

禿鷲　　　　禿鷲蛋

繁殖障礙

　　不同物種之間較少進行交配，因為生殖壁壘形成障礙。鳥類只會對來自同類的「求愛歌」作出回應。老虎和獅子也由於棲息的地理位置和生活習性的不同而被分隔。當然，偶然也有一些不同物種出現雜交後代，但它們的生育能力較差，後代幾乎不能持久。但是，通過人為干預，這種天然障礙也有可能被突破，而形成新的雜交物種，如獅虎。

獅虎是雄獅和雌虎交配後產生的後代

有性繁殖

有性繁殖產生的新個體,在基因上與其他個體和其父母有所不同。這是由於在性器官中的細胞分裂產生擁有獨特基因組合的精子和卵子。受精的行為把這些組合融合起來。這意味着,每一個後代可能由於暴露於變幻莫測的多變環境,會較大機會擁有優秀的基因組合。

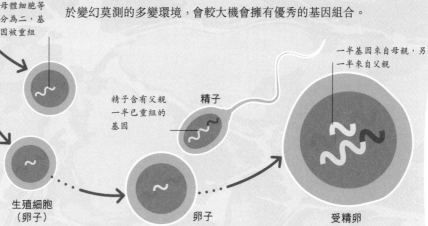

母體細胞

DNA

每個細胞都包含一對互補的基因

母體細胞等分為二,基因被重組

生殖細胞(卵子)

精子含有父親一半已重組的基因

精子

一半基因來自母親,另一半來自父親

卵子

受精卵

1 減數分裂
生殖細胞(卵子和精子)通過減數分裂的方式產生。過程中,細胞的染色體數目減半,基因也隨之重組。

2 融合(受精)
生物體通常產生很多小的、可移動的雄性生殖細胞(精子)和少量、較大的雌性生殖細胞(卵子)。它們一旦融合,就會形成具有父母混合基因的受精卵。

3 新的組合
受精回復基因的雙互補性,同時產生擁有獨特基因的新個體。這些新的基因組合被新個體的每個細胞所複製。

植物有性生殖

帶種子的植物把雄性生殖細胞透過花粉粒傳到雌性花蕊上。每粒花粉會進入微細的花粉管,將雄性生殖細胞傳送到花朵深處的胚珠內形成受精卵。

卵細胞位於子房內,稱為胚珠

雄性生殖細胞位於花粉內

雌性　　　　　雄性

動物有性生殖

精子通常利用像鞭的尾巴,推動精子朝卵子游動。許多水生動物是體外受精,精子和卵子在水中結合形成受精卵。陸生動物則多採取體內受精方式,精子必須進入雌性體內。

較大的卵子　　　　　較小的精子

雌性　　　　　雄性

翻車魨每次**產卵**數可多達 **3 億粒**,比任何**脊椎動物**產卵更多。

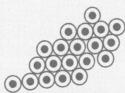

基因傳遞

下一代之所以會遺傳父母的特徵，是因為這些特徵中的基因（參見第158～159頁）影響。每當細胞分裂，基因就會被複製，而存於卵子和精子之中的基因會由上一代傳至下一代。在受精期間，父母的不同基因相遇，其不同基因變量的組合結果，就是遺傳的基礎。

基本遺傳

最簡單的遺傳方式涉及一種特質的直接對應關係。例如，虎皮顏色就是由某個基因控制的。一個正常變量的基因使虎皮呈現橙色，而較罕見的變異基因則使虎皮呈白色。生物體的每個細胞內都至少各含有各種基因的兩個複製本。但由於橙色版本基因總是優先被表達，因此，如存在白色變異版本的基因，兩個複製本基本被表達，只有當白色版本基本必須同時出現才會生作用的基因，才會導致幼虎生出白色虎皮。

白老虎並不是新物種，幾乎所有白老虎都屬孟加拉虎，它們可以與橙色老虎正常交配並繁殖後代。

雌性孟加拉虎

雄性孟加拉虎

基因表達為橙色虎皮的染色體

基因表達為白色虎皮的染色體

易體細胞

易體細胞

1 父母的遺傳

有些基因組是父母所共有的，就是虎皮顏色而言，它們各有橙色基因和白色基因。但是，還有許多其他基因是父親或母親所不同的。

父母生活上的變化能遺傳給你嗎？

所謂的表觀遺傳作用指指生物的生命中，一些 DNA 上的化學吸附等導致基因表達特徵的一些變化。有時，這些變化也可以遺傳給下一代。

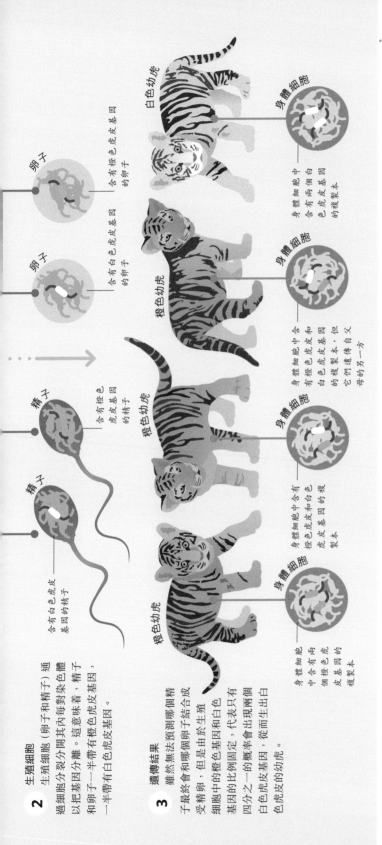

2 生殖細胞
生殖細胞（卵子和精子）通過細胞分裂分開其內每對染色體以把基因分離。這意味着，精子和卵子一半帶有橙色虎皮基因，一半帶有白色虎皮基因。

3 遺傳結果
雖然無法預測哪個精子最終會和哪個卵子結合成受精卵，但是由於生殖細胞中的橙色基因和白色基因的比例固定，代表只有四分之一的概率會出現兩個白色虎皮基因，從而生出白色虎皮的幼虎。

卵子
含有橙色虎皮基因的卵子
含有白色虎皮基因的卵子

精子
含有白色虎皮基因的精子
含有橙色虎皮基因的精子

白色幼虎
橙色幼虎
橙色幼虎
橙色幼虎

身體細胞
身體細胞中含有兩個白色虎皮基因的複製本
身體細胞中含有橙色虎皮基因和白色虎皮基因的複製本，但它們遺傳自父母的另一方
身體細胞中含有橙色虎皮基因和白色虎皮基因的複製本
身體細胞中含有兩個橙色虎皮基因的複製本

平滑變異

並非所有特徵都如虎皮顏色那樣具有固定概率的簡單遺傳。事實上，絕大部分生物特質都是多個基因相互作用的結果。例如，人的身高或跑受人體骨骼和肌肉生長的多組基因共同影響，這使身高在下一代遺傳中也發生着平滑變化。

孩子能長得多高？
人類身高不僅受多種基因相互作用的影響，還受其他因素，如飲食等的影響。總體而言，較高的父母會生出較高的子女。但子女的實際身高卻難以預測。

父親
母親
完全發育的子女

生命的起源

也許我們永遠也無法確定生命究竟如何從非生命物質中產生。但是，我們仍然可以從周圍的岩石和現存的生物體內的原物質中發現一些關於生命起源的線索。這些線索表明，約在數十億年前，地球環境就開始孕育一條分子裝配線，隨着複雜分子越來越多，就逐漸形成了第一個細胞。

生命的成分

生命在地球上形成的初期，地球環境非常惡劣，和今日的面貌截然不同。那時，活火山遍佈地表，不時噴發的火山釋放出許多有毒氣體，稀薄的大氣層也不足以遮蔽太陽強烈的紫外線。然而實驗表明，正是這種極端的高能量環境，使一些簡單的化學物質如二氧化碳、甲烷、水和氨氣等得以結合，形成了最初的有機分子。當這些生命基礎物質在早期的海洋中聚集時，生命的出現就不僅僅是偶然，而是變得不可避免。

生命火花

1952 年，史丹利·米勒和哈洛德·尤里在芝加哥大學進行了一個實驗，以測試複雜有機分子能由簡單無機材料合成的想法。他們通過引發火花模擬閃電，來為無機混合物質注入能量，以重新創造地球早期的環境。他們最終在水中發現了氨基酸——組成有機生物體蛋白質的基本單元。

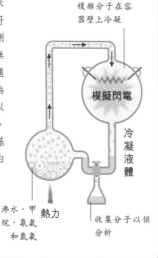

米勒－尤里實驗

原生湯
超過 40 億年前，地殼很熱且不穩定，且伴隨着小行星的轟擊和火山持續噴發。然而，水卻一直在地球上存在，形成了第一個海洋，第一個生命的家園。

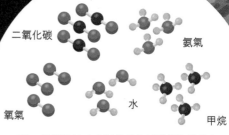

無機物質

二氧化碳　氨氣　氧氣　水　甲烷

1 早期的地球大氣是很多氣體的複雜混合物，氧氣含量很低。二氧化碳、氨氣和其他如碳、氫、氧和氮都是構成生命物質的基本元素。

能量輸入（地熱和閃電）

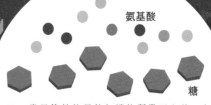

簡單有機分子

氨基酸　糖

2 當足夠的能量使無機物質帶電之後，它們就能相互反應，產生一些組成生命體的基本物質，如氨基酸和單糖。這些稍微複雜的分子被稱為有機物（參見第 50 ～ 51 頁），意味着它們含碳元素，具有發展成生物體的潛能。

迄今為止，**地球**大約有 **45.4 億歲**，而有**記錄可尋的生命**痕跡大約可回溯到 **42.8 億年**前。

始於非生命物質的生命

最簡單的有機分子不足以形成細胞。小的有機分子必須彼此鏈接才能形成更大的分子，如蛋白質和 DNA。由於還沒有那些捕食性的生物體存在，這些大分子可存在足夠長的時間，以等待偶然的機會被油性膜所包裹。直到今天，深海的火山口仍被認為富含那些能夠催化生命體化學反應的礦物質，它們就像「孵化場」一樣，能以無機物質為原料形成生命體的原始細胞。

細胞

6 第一個真正的細胞包含一整套化學成分，包括複製基因和催化劑，它們相互配合並完成持續的化學反應。換句話說，它們成了生命首次「新陳代謝」的主角。

細胞膜

囊狀

片狀

5 一些油性的有機分子，特別是磷脂，它們自身就有聚集成膜的特性。這些膜以片狀形式存在，或自動彎曲成囊狀，可以把一些構成生命體的基本成分聚集並包裹起來。

複製基因

RNA

4 生命之所以能繁殖，是因為組成它們的某些聚合物可以自我複製。今天，我們知道雙螺旋結構的 DNA 就是基本的複製者，但早期的生命很可能會運用能更簡單自我複製的單鏈 RNA。

有機聚合物

糖鏈

磷脂

多肽

3 更大的有機分子，如蛋白質、DNA 和脂類（脂肪）等稱為聚合物，它們是由一些小分子組成的分子鏈。這種聚合物的形成過程在一些富含礦物質的地方（如深海）可能被催化（增強）而加速。

為何太陽系中其他地方沒有生命存在？

太陽系中，只有地球上的環境（既有陸地又有海洋）「最適合」生命生存。這種恰到好處的狀況有時會被稱為「金髮女孩效應」。

物種如何演化？

各種各樣的生物，從橡樹、人類到海螺，基因非常相似，以至不可避免會得出一種有深遠科學意義的結論：即所有生命都是從一個共同祖先進化而來的，就如同一棵巨型的生命之樹。經過無數代的演化之後，這棵樹形成了很多分支，這也正是生命多樣性的來源。

巨型加拉帕戈斯象龜的個案

如果物種被隔離到偏遠的島嶼上，就會進化出一些獨特的差異性。DNA分析表明，巨型加拉帕戈斯象龜和其他陸龜是近親，只不過幾百萬年前，隨着各種各樣獨島的形成，不同島嶼上的生態環境，使不同亞種的象龜具有不同的形態。

1 變種

基因突變的隨機性促使不同物種的出現。單個基因發生變異的概率很小，但變異是無可避免且可以長期累積。這種變異會使龜的種羣在尺寸、外形和顏色上發生變化。這種變化是物種進化的基礎。

2 分散

目前已經滅絕的、最大的南美洲龜很有可能正是當今巨型加拉帕戈斯象龜的祖先。這些陸龜在南美洲西海岸隨太平洋洪保德海流抵達加拉帕戈斯羣島。

我們能否看到進化如何發生？

自然進化非常緩慢，但實驗室中快速繁殖的種羣，例如果蠅，已被改造成一種不能與野生同類品種繁殖後代的新品種，從中可以看到生命演化過程。

南美洲

加拉帕戈斯羣島

不同顏色代表龜的不同進化種羣

顏色隨自然產生變化

2

隨太平洋洪保德海流抵達加拉帕戈斯羣島的龜

體型較大的龜逐漸適應了乾燥的陸地生活

3 隔離

登陸後，這些龜就被隔離，並開始與陸龜分開來進化。那些適應陸地乾旱棲息環境的龜在乾燥的加拉帕戈斯羣島上倖存下來，並在羣島上繁育後代。在最乾旱之地，那些擁有「鞍形」殼的龜會在較高的植被上覓食，故長久下來成了主導的特質。

平塔島龜在 2012 年滅絕了；每個島嶼的物種都是獨特的，可能憑它們自身的能力而成

平塔島

赫諾韋薩島

馬切納島

聖地亞哥島

3

加拉帕戈斯羣島

費爾南迪納島

平松島

聖克魯斯島

聖克里斯托巴爾島

伊薩貝拉島

弗洛雷安娜島

伊斯帕尼奧島

最大的島嶼，具有多種不同棲息地，有多個品種的象龜

聖克里斯托巴島可能是第一個被龜佔領的島嶼

圖例

濕潤的棲息地	早期的大陸龜種羣
乾燥的棲息地	具有圓形殼的巨型龜
乾旱的棲息地	具有鞍形殼的巨型龜

適者生存

　　基因變異可以決定生物的生與死。對於一種食葉的綠色昆蟲而言，綠色外表能夠幫助它們更好地掩藏起來而不被捕食，但顏色的變異則會破壞它們的偽裝。因此，那些綠色的昆蟲更有可能存活下來，而其他顏色的昆蟲則逐漸被淘汰。這種「自然選擇」正是著名達爾文進化論之精髓。這理論解釋了物種的進化原則：即那些能更好地適應環境的物種會最終存活下來並繁殖出更多後代。維多利亞時代思想家赫伯特‧斯賓塞受此啟發，提出了「適者生存」這個成語。

顏色由遺傳而來

其他顏色由基因突變產生

非綠色的毛蟲更容易被吃，因此它們的數量一直很少

被吃

被吃

被吃

被吃

捕食者

綠色的毛蟲數量主導了種羣

在這種情況下，捕食者扮演一個自然選擇的代理人角色

被捕食者選擇
綠色的毛蟲可藉着偽裝而免於被捕食。因變異形成的灰色和棕色毛蟲與環境顏色較不匹配，故在種羣中被「挑選」出來。

新物種的形成

　　自然選擇本身並不會分開種羣而產生新物種。要形成新的物種，就必須使它們無法和已有的物種交配繁殖，這可以通過地理隔離（如加拉帕戈斯象龜）、行為隔離或生殖隔離等來實現。當中生殖隔離通常是由於種羣被分開而造成。任何能令物種分開並給予足夠時間讓進化產生生殖隔離效應的東西，都會令新的物種誕生。

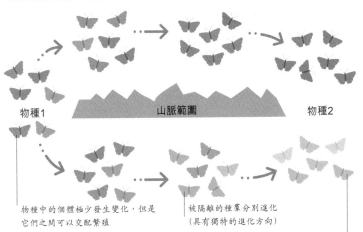

物種1　　　山脈範圍　　　物種2

物種中的個體極少發生變化，但是它們之間可以交配繁殖

被隔離的種羣分別進化（具有獨特的進化方向）

新物種出現，即使與原先的物種相遇，也無法和其交配繁殖

新物種如何形成
自然選擇使蝴蝶在山脈兩側往不同的方向獨自進化。在經歷了足夠長的時間後，它們之間的差異使它們不再能夠交配繁殖。

宏觀進化

　　生物體經歷幾代的一些微小變異，在長達數百萬年裏可以逐漸積累為更大的變異，因此，分離後的物種完全可能獨自進化成新的物種。這是一種大規模的進化，被稱為宏觀進化。已滅絕物種的化石向我們展示了不同物種，例如巨型紅杉和太陽花怎樣由同一個祖先進化出來。

苔蘚

石松

蕨類

松柏科植物

開花植物

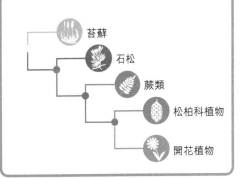

基因突變的概率非常低，每 100 萬個精子或卵子才有一個突變基因。

地球的動力來源

在地球上，幾乎所有食物鏈都靠綠色植物的光合作用所產生的糖類得以維持。植物細胞中的數十億個微小的「太陽能電池板」利用陽光從最簡單的成分，如水和二氧化碳合成食物。

為甚麼葉綠素是綠色的？

葉綠素主要吸收紅光和藍光，並利用它們的能量進行光合作用。綠光能量則用不著，且會被反射進入人眼，令葉綠素呈現為綠色。

太陽

光合作用把來自太陽的光能轉化成儲存在糖類中的化學能

植物的莖上有很多微型導管，用來傳輸糖類

化學反應過程

90% 以上的有機食物分子都是由碳、氫、氧三種元素組成的。植物在合成食物時，會從空氣中吸收二氧化碳以獲得碳和氧，又從土壤中吸收水分以獲得氫。首先，光能被綠色的葉綠素吸收，從水中取得高能量氫。然後，這些氫和二氧化碳結合成糖，整個過程會在被稱為葉綠體的膠囊內完成。

像班牙一樣堆疊起來的類囊體膜表

食物製造機器

葉綠體的運作部分包含由膜囊堆疊而成的類囊體。這些類囊體懸浮在稱為基質的液體中。葉綠素附着於類囊體上，而片狀膜囊和基質中都富含驅動化學反應發生的酶。

光進入葉綠體

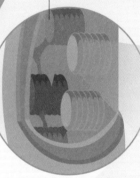

葉綠體

氣孔是植物葉子上其中一個小的開孔，會吸收二氧化碳

釋放氧氣

吸收二氧化碳

光合作用工廠

葉綠體主要集中分佈在上層葉的表面，且呈一定角度分佈，以盡量吸收陽光。每個細胞中含有幾十個葉綠體，而每片葉子中則含有數十億個葉綠體。

葉子中可以將二氧化碳轉化為食物的酶，是地球上最豐富的蛋白質來源。

3 形成生物質

部分葡萄糖通過「燃燒」釋放出能量（參見第172～173頁），當中產生新陳代謝過程，當中產生油脂、蛋白質和木質素等物質。其餘的則形成糖鏈，如植物用於存儲能量的澱粉，和用於構建生命體的原材料纖維素等。

糖鏈
維素形成以
建立植物的
結構

1 陽光分解水

每個盤狀堆疊體上部覆有一簇葉綠素和從水中萃取氫所需的酶。這意味著光能被有效地轉移到氫中。

盤狀的類囊體

吸收水分子

水

擷取光

葉綠素製造的副產品氧氣分子，通過某種方式從上的氣孔以蒸氣釋放到空氣中。

氧氣

葉綠素
氫離子
類囊體

葡萄糖在運過至莖之前，先要轉化為雙糖的蔗糖

葡萄糖

二氧化碳進入

二氧化碳

2 生產糖

活性氫擴散到基質中，在酶的催化下，氫和二氧化碳結合，產生葡萄糖。

氫和二氧化碳結合，產生葡萄糖。

生單糖—葡萄糖。

形成所有食物種類

除了碳、氫和氧，為了維持細胞的活性和正常運作，也需要其他元素。植物通過根從土壤中吸收礦物質（溶解的離子）來獲得這些元素。例如，以硝酸鹽形式存在的氮，是建構蛋白質所必需的；而氨基酸又是構建蛋白質的基礎。此外，磷有助於合成細胞中的遺傳物質 DNA。

鈣
鎂
硫
鈣離子
鎂離子
硫酸根離子
鉀離子
硝酸根離子
磷酸根離子
鉀
氮
磷

植物如何生長

某些物質精確地調控着植物的生長過程的各方面，包括從種子發芽到開花結果。

這些植物生長調節劑的數量雖然很少，但卻深深地影響着成熟植物的最終形態。

樹木年輪

植物的生長速度取決於溫度和降雨量而有所不同。樹木在夏天生長較快，在冬天則幾乎停止生長。這些突變會在樹幹中形成一些相似的同心輪狀結構，稱為年輪。熱帶地區雖然較少或沒有冬季減慢樹本生長，但樹本在雨季仍會生長得較快，故同樣會形成如溫帶樹木的清晰年輪。然而，熱帶地區的樹木會持續穩定地生長，故不會出現年輪。

淺色環區代表夏季的快速生長，中心的環最早形成

樹幹的橫截面

刺激生長

在植物生長的每個階段，不同的生長調節劑會確保植物的協調生長。它們由芽、根或葉子中的細胞產生，並由起始點擴散到周圍的組織中，然後隨植物的汁液被輸送到植物的各個部分。最終，植物的生長結果取決於兩種或更多的生長調節劑間的平衡。某些生長調節劑會彼此排斥，某些則會相輔相成。同一種生長調節劑在植物的不同部位也可能產生相反的效果。

圖例
- 水
- 赤霉素
- 生長素
- 細胞分裂素
- 成花激素

頂芽

側芽

莖部頂端內的生長素促使植物向上長出頂芽，並抑制其向側面長出側芽

3 主導的莖部
生長素持續不斷地在頂芽產生。其中伸長的影響抑制側枝生長。這有助新生植物突破相鄰植物的陰影遮擋。同時，細胞分裂素也會促進根部生長。

生長素在植物莖部的生長區域產生，這些生長區域被稱為頂端分生組織

1 種子發芽
種子吸收水後會刺激胚胎產生赤霉素生長調節劑。赤霉素會激活酶，將種子內儲存的澱粉分解成糖，為植物的生長提供能量。

2 生長素促進植物生長
植物莖部頂端會產生一種名為生長素的生長調節劑。生長素使細胞壁軟化和膨脹，以促使莖部向上生長。部分生長素則被輸送到根部。

部分生長素通過汁液導管被輸送到根部，以刺激根部生長

赤霉素在生長區域，如莖部頂端和根部末端產生

種子

胚胎

芽

根

胚胎中的赤霉素刺激種子發芽

細胞分裂素刺激細胞分裂，使根部增生

從土壤中吸收水分

快速反應

　　植物莖部的向光性是由生長素造成的。當光從一個方向照射時，生長素會向背光面移動，使那裏的細胞變大，因此植物的莖部會朝向陽光彎曲，使葉面正對太陽。植物的這種向光性反應非常快，足以追蹤太陽在天空中的運動軌跡。

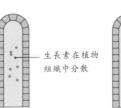

生長素在植物組織中分散

黑暗中的植物莖部

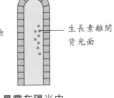

生長素離開背光面

暴露在陽光中的植物莖部

在生長素的影響下，背光面的細胞伸長，使植物朝向陽光彎曲

對陽光的反應

赤霉素和生長素協同作用，促使植物莖部生長

葉子通過光合作用合成食物，滋養植物生長

生長素繼續抑制側枝的生長，因此剪掉頂端枝條可以移除生長素來源，使植物更茂盛

植物莖部

內部側生分生組織形成新的傳輸導管，成熟之後成為木質

4 分支

　　一些細胞分裂素通過植物的汁液上移到向上生長的枝條，並在這裏克服生長素的影響，促使植物向外分支。分支使植物更加茂盛，可以生長更多的葉子來捕獲光能。

6 開花

　　當植物性成熟時，其葉子會分泌一種名為成花激素的生長調節劑。成花激素的產生受環境，如日照時長的影響。成花激素通過汁液傳輸到莖端，並刺激莖端開花，而非長出葉子。

花

從可繁殖的莖端發展而來的花

成花激素是葉子在開花的最佳時間產生，時間取決於植物品種

可繁殖的莖

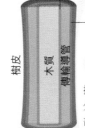

外部的側生分生組織形成韌皮層，即樹皮

樹皮

木質

傳輸導管

5 變粗

　　生長調節劑的共同作用，使植物軀幹變粗，以支撐越來越多的樹葉重量。在木本植物中，薄薄的圓柱形分裂細胞（側生分生組織）會穿過植物的莖，從而在莖部中心形成木質層。

細胞分裂素和生長素對芽和根的生長起相反的作用

某些品種的巨型竹子每天可以向上生長 90 厘米，非常驚人。

呼吸作用

　　生命體需要能量來維持正常活動。能量在細胞的深層發揮作用，其中生命的微觀機器不斷努力在加工處理食物、合成新的材料，並應對各種變化。這些化學反應統稱為呼吸作用，會透過一系列的化學過程，其中包括分解食物來產生能量。

線粒體

肌肉細胞

細胞的燃料

　　幾乎所有形式的生命，不論從微生物到橡樹，都需要通過分解葡萄糖來獲得能量。最有效的方式就是將葡萄糖完全拆散，以至含有六個碳原子的葡萄糖分子被分解為六個二氧化碳分子。但是，這一過程需要氧氣，就如同燃料燃燒過程一樣。動物通過血液循環系統將氧氣和葡萄糖運送到細胞。一旦它們進入細胞，一系列的化學反應就從細胞液中開始，並最終在線粒體中結束。線粒體就如同細胞中的「發動機」。整個過程能徹底釋放所有能量。

血管

釋放能量

1　燃料輸送
大型動物需要通過血管輸送細胞所需的燃料，其中氧氣主要通過肺或腮來獲得，而葡萄糖則主要在腸道中吸收。植物和微生物則直接從周圍環境中吸收所需物質。但綠色植物會通過光合作用在細胞內自行製造出葡萄糖。

六個氧氣分子

丙酮酸

葡萄糖沿血管傳輸

在有氧呼吸階段，每個葡萄糖分子分解需要消耗六個氧氣分子。

葡萄糖

線粒體

3　有氧呼吸徹底釋放葡萄糖能量
丙酮酸分子之後進入細胞內的線粒體，其中一系列複雜的化學反應會使用氧氣，徹底分解丙酮酸並釋放所有能量。

葡萄糖可以通過分解糖原獲得

丙酮酸

釋放能量

2　無氧呼吸的能量
呼吸作用的第一步在細胞中發生，當葡萄糖進入細胞後，會被分解為兩個丙酮酸分子。過程中不需要使用氧氣，釋放出的能量大約僅為葡萄糖完全分解的總能量的 5%。在緊急情況下，「無氧呼吸」會快速進行。

氧氣

糖原

肌肉細胞

糖原是一個短暫的存儲所，作為細胞的葡萄糖來源

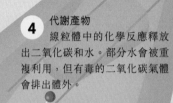
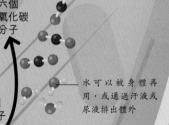

④ 代謝產物
線粒體中的化學反應釋放出二氧化碳和水。部分水會被重複利用，但有毒的二氧化碳氣體會排出體外。

六個
二氧化碳
分子

水可以被身體再用，或通過汗液或尿液排出體外

六個
水分子

釋放能量

丙酮酸

通過分解丙酮酸釋放出原葡萄糖總能量中剩餘的 95% 能量

能量去了哪裏？

所有生物都需要能量來維持細胞的正常工作，即基礎新陳代謝。不過，如運動、成長和繁殖等也需要額外能量。動物用於運動的能量比例較植物大得多，因為動物在收縮肌肉時需要消耗能量。溫血動物消耗的能量最多，因為維持較高的體溫需要花費很多能量。

圖例
- 新陳代謝
- 繁殖
- 產生身體熱能
- 生長
- 運動

植物
植物雖然能通過光合作用把光能轉化為養分，但是它們仍然需要呼吸作用釋放能量來維持關鍵的生命過程。

冷血的蛇
和其他動物一樣，蛇的大多數能量都用於運動。然而，蛇主要靠陽光來維持體溫，因此不需要消耗呼吸作用產生的能量。

溫血的成年鼠
小型的溫血動物更容易丟失熱量，因此需要消耗更高比例的能量來維持體溫。

植物會否吸入二氧化碳？

不會。在陽光下，植物吸收二氧化碳來合成糖，但這不等於呼吸。植物也像動物一樣吸收氧氣並釋放二氧化碳。這個過程類似於呼吸。

紅樹林的樹本生長在**缺乏空氣的泥灣**中，故它們的根會向上生長，以**獲得所需的氧氣**。

氣體交換

和通常的理解不同，呼吸作用並不等於呼吸。可釋放能量的呼吸作用會在所有生物的細胞中發生，但是呼吸則指動物肺部的運動。呼吸在技術上可稱為「空氣流通」，它為血液帶來新鮮氧氣並排出二氧化碳。

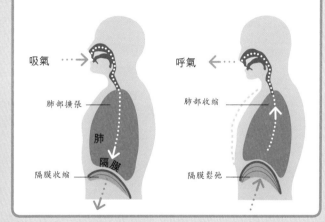

吸氣

呼氣

肺部擴張

肺部收縮

肺

隔膜

隔膜收縮

隔膜鬆弛

碳循環

碳原子會透過生物和物理過程，在空氣、海洋、陸地，以及生物圈之間不斷移動。這些能夠存儲碳的「倉庫」稱為「碳匯」。碳會以不同的速度在各個碳匯之間循環流動。

大氣層

僅含有約 0.04% 的二氧化碳

6,530億噸

自然平衡

每年綠色植物和藻類都會通過光合作用從空氣中吸收二氧化碳並將其加工為養分。呼吸作用和自然燃燒則將碳重新釋放到空氣中。這兩個過程中吸收和釋放的碳總量基本平衡。岩石中碳的轉化速度很慢，需要數百萬年。但是，人類通過燃燒化石燃料時，就加快了二氧化碳從陸地到大氣的釋放速度，導致每年有 82 億噸的碳被釋放到大氣中。

人為燃燒

每年82億噸

2,000億噸

火山活動

包括化石燃料在內的有機物在燃燒過程中會產生二氧化碳。人類通過燃燒化石燃料獲得能量的過程比其他循環快得多，以致釋放到大氣層中的二氧化碳多於自然過程能回收的量。

呼吸作用

絕大部分生物在呼吸作用中都會產生代謝產物二氧化碳。具呼吸作用的細菌和死物分解者也會產生大量的二氧化碳。此外，野火等自然燃燒過程也會產生二氧化碳。

自然過程

化石燃料

儲存在地下的碳由變成了化石的生物形成。

37,500億噸

植物

活物和死物

所有形式的生命體內都含有碳，包括死後的生物。

27,200億噸

死物

石化

死後的生物被緊縮，由於缺氧而分解不完全，其內的碳也得以保存地下。數百萬年以後，這些來自史前沼澤森林和海洋浮游生物的碳就形成了煤、石油和甲烷氣體。

岩石

某些類型岩石中含碳，會在火山噴發過程中被排放到空氣中。

超過68×10^{15}噸

風化

地質作用

形成岩石需要數百萬年，而溶解岩石需時同樣長。溶解在海水中的碳會固化為海洋動物的白堊色硬殼，形成石灰石。同時，岩石風化又使碳重新進入水中。

沉積

圖例

部分碳循環會在我們的生命週期發生。其他碳循環則需要數百萬年來完成。

━━ 緩慢的（數百萬年）

── 快速的，自然的（生命週期內）

━━ 快速的，人工的（生命週期內）

碳捕獲

　　每年，人類通過燃燒和呼吸作用釋放到大氣中的二氧化碳高達 2,082 億噸，而光合作用吸收的二氧化碳只有 2,040 億噸，即有額外的 42 億噸二氧化碳積存。二氧化碳作為其中一種溫室氣體（參見第 245 頁），其在空氣中的含量上升，會導致全球暖化。工業生產可以通過技術捕獲二氧化碳，而非直接排放到空氣中。

陸地上的植物會利用光能將二氧化碳吸收到體內並轉化成更大、更複雜的分子，例如糖。單細胞藻類在空氣和海水之間同樣進行這種交換。由此合成的有機碳會進入食物鏈。

光合作用

動物

2,040億噸

海氣交換

二氧化碳很容易溶解在海洋中。它與水分子結合後形成含有碳酸和碳酸鹽的化學混合物。這個過程可以逆轉，水和空氣可在表面進行緩慢而平等的碳交換。

單細胞藻類

海洋
碳以二氧化碳、碳酸、碳酸氫鈉，和碳酸鹽等形式存儲在海水中。

339,000億噸

1 採礦和發電
化石燃料從地下煤層和海上氣田中獲取。燃料的燃燒過程會釋放能量，同時也會釋放出廢氣二氧化碳。

2 捕獲二氧化碳
一些利用化石燃料的工廠從廢氣中捕獲二氧化碳並單獨存儲，避免讓二氧化碳直接排放到空氣中。

碳捕獲

4 注入
回收的二氧化碳會被注入地下的多孔岩石或枯竭的油田裏，並罩上不透氣的「帽子」，從而把二氧化碳存儲起來。

3 運輸
二氧化碳會通過管道或船隻運輸到離工廠很遠的地方儲存，或將其注入一些孔洞結構中。

海洋酸化

　　當空氣中的二氧化碳含量上升，就會有越來越多的二氧化碳進入海洋中並和水反應，產生更多碳酸。自 1750 年以來，海洋酸度上升了 30%，已經對海洋生物造成了重要影響，例如對貝殼類動物造成腐蝕，和使一些珊瑚岩枯萎。

健康的貝殼

被酸腐蝕的貝殼

衰老

和由許多部件組成的物件一樣，生物也會衰老。不過生物可以自我檢查和自我修復，但是生物體隨着時間過去，還是會出現一些故障。

衰老是甚麼？

隨着年齡增長，生物的生理功能會隨之下降，這一過程可追溯到細胞、染色體和基因功能的衰退。多細胞生物的細胞通過持續不斷的分裂過程來生成新細胞，但通常經過 50 輪分裂之後功能開始衰退，新細胞的產量下降，最後完全停止分裂。這與基因組成隨年齡增長變得越來越不穩定有關，最終會導致細胞以至身體發生故障。許多衰老現象都是這種衰退的結果，譬如受傷後復元減慢以至認知障礙症。

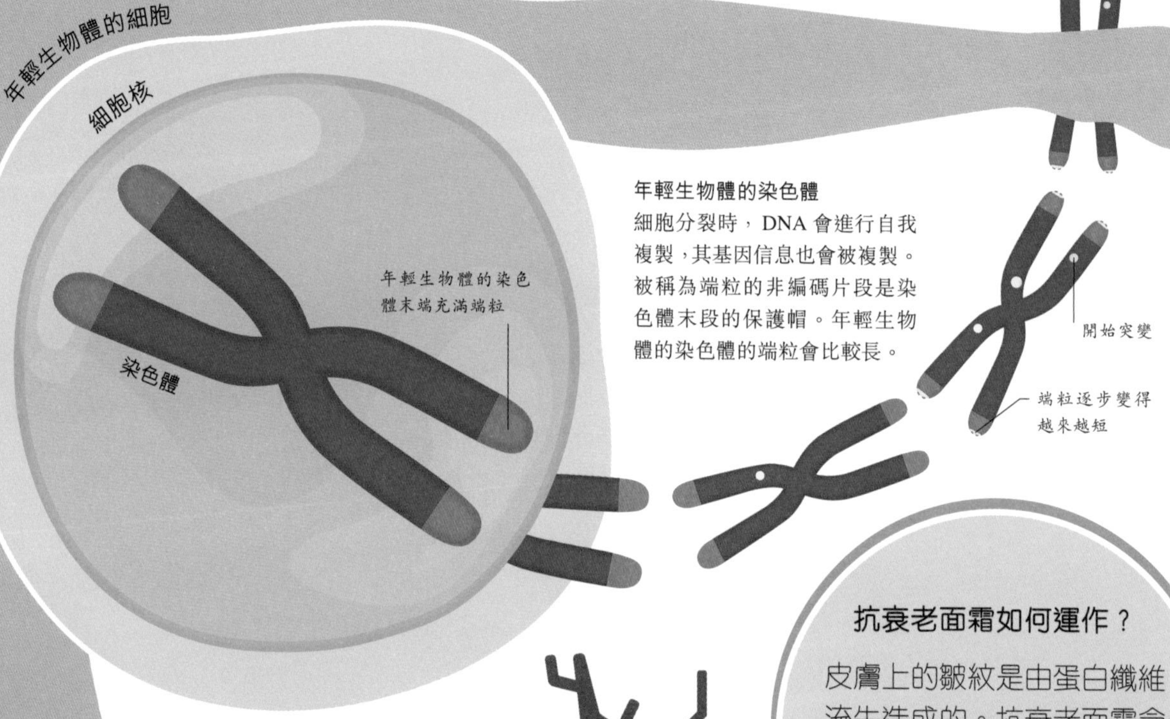

年輕生物體的細胞

細胞核

年輕生物體的染色體末端充滿端粒

染色體

年輕生物體的染色體
細胞分裂時，DNA 會進行自我複製，其基因信息也會被複製。被稱為端粒的非編碼片段是染色體末段的保護帽。年輕生物體的染色體的端粒會比較長。

開始突變

端粒逐步變得越來越短

刺果松是目前地球上壽命最長的生物之一，估計有 5,000 歲以上。

抗衰老面霜如何運作？

皮膚上的皺紋是由蛋白纖維流失造成的。抗衰老面霜含有抗氧化劑和形成蛋白質的物質，可以增加蛋白纖維的產量，從而使皮膚更加緊緻。

衰退的染色體

染色體突變（複製錯誤）隨時間積累，而 DNA 在每次複製中，端粒會逐漸變短。一旦這種侵蝕到達在保護帽下的 DNA 編碼部分，基因功能就會故障。

老年生物體的細胞

細胞核

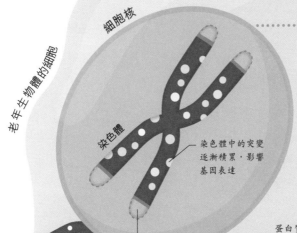

染色體

染色體中的突變逐漸積累，影響基因表達

細胞分解

基因編碼蛋白質負責從驅動化學反應到截獲信號等一系列工作，因此，錯誤的基因必然導致錯誤的功能。隨着時間過去，細胞的工作效率越來越低。

一旦端粒耗盡，細胞便不能再繼續分裂

蛋白質鏈以不同形式摺疊會導致其功能出現故障

線粒體

釋放較少的能量

錯誤摺疊的蛋白質

化學信息素，如荷爾蒙，可以觸發低效率的反應

荷爾蒙

對葡萄糖等營養物質的感知和吸收效率降低

營養物質

成年階段

退化

有生物可永遠活着嗎？

在細胞層面上，DNA 的自我複製實際上是不朽的，因為它的遺傳信息可以通過精子和卵子持續不斷地一代代傳遞下去。但是，是否有一種生物能真的抵抗衰老依然存在爭議。但是，海葵和水母等刺胞類動物確實沒有顯示出隨年齡增長而逐漸衰老的跡象。一種被稱為「燈塔水母」的微型海洋生物，被認為是永生的水母品種，它甚至有「返老還童」的神奇本領。

沉在海底

新的少年形態

延緩衰老

目前，已發現一些可以抵銷或修復 DNA 損傷的實驗性藥物，將來還有機會通過基因治療（參見第 182 ~ 183 頁）來「重新啟動」衰老的細胞。然而，延緩甚至逆轉衰老的嘗試，現時還未經證實且存在爭議。改變生活習慣，如經常運動和良好飲食仍然是減少衰老症狀風險的最好方法，能起到延年益壽的作用。

 藥物　　 基因療法

 飲食　　 運動

基因組

生物的遺傳信息包含在 DNA 的分子中，一套完整的 DNA 被稱為基因組。在實驗室中對基因組進行分析，可以讓我們精準定位某些基因、了解它們如何運作，甚至產生每個人獨有的「DNA 指紋」。

DNA 如何排列？

DNA 中含有稱為基因的片段，為製造蛋白質提供了信息（參見第 158～159 頁）。細菌內的 DNA 分子游離於細胞基質內，但是很多擁有複雜細胞的生物，如動物和植物，具有許多長的 DNA 鏈。它們被包裹在細胞核內。細胞分裂期間，DNA 鏈會高度螺旋化，形成染色體，以防止彼此纏結。

基因 1
蛋白質編碼片段
內含子（非蛋白質編碼片段）

基因之間的一些非編碼 DNA 片段包含控制基因「開」和「關」的指令

蛋白質編碼片段

基因 2

內含子

基因中的蛋白質編碼片段指導細胞中的蛋白質合成

基因間 DNA 是指穿插在功能基因之間的非編碼 DNA

基因間的 DNA

染色體由高度螺旋化的 DNA 鏈組成

每對染色體中包含同類型的基因

染色體

細胞

細胞核

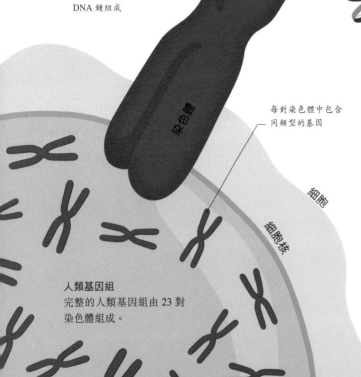

人類基因組
完整的人類基因組由 23 對染色體組成。

垃圾 DNA

基因通常會被一些不含蛋白質編碼的 DNA 片段分隔。某些非編碼 DNA 控制着基因的開關，幫助細胞完成特定的任務。動物和植物的 DNA 中通常也有一些非蛋白質編碼的片段，稱為內含子。在翻譯蛋白質之前，這些內含子會被刪除。內含子有助編輯基因的不同編碼部分，從而使一個基因合成不同的蛋白質。然而，某些位於基因之間和基因內的 DNA 都沒有可辨別的功能，通常被稱為「垃圾 DNA」，它們可能在進化過程中失去了功能。

DNA 紋印

除了同卵雙胞胎，個體 DNA（參見第 158～159 頁）中的化學鹼基序列都是獨一無二的。這意味着當血液、唾液、精液或其他生物樣本需要與個體匹配時，DNA 成了一種強大的工具。DNA 紋印（或 DNA 指紋分析）通過比較 DNA 中的重複片段，即個體之間長度差異較大的短串聯重複序列（STRs）來識別個體。

嫌疑犯1　**嫌疑犯2**　**嫌疑犯3**

1 收集樣本
DNA 樣本同時從兇器上和用口拭子從嫌疑犯身上採集。DNA 被一次又一次複製，以最大限度地增加樣本量。

2 DNA 化成碎片
為了從 DNA 中挑出那些特定的 STRs 片段，首先要將 DNA 切碎，而碎片的尺寸大小則取決於 STRs 的長度。

負電荷

較長的 STRs 會在凝膠上方出現

3 分離碎片
在一塊凝膠兩端施加電壓，分離帶負電的 DNA 片段。碎片越小，向正極移動的速度越快，移動的距離越遠。然後對每個碎片組進行染色，就會形成因人而異的條帶圖案。

DNA 指紋與嫌疑犯 3 的 DNA 指紋相匹配

4 DNA 匹配
如果從兇器上採集到的 DNA 指紋與從犯罪嫌疑人身上採集到的 DNA 指紋相匹配，就可識別出兇手。

兇器　　從兇器上採集的DNA指紋

較短的 STRs 會在凝膠下方出現　正電荷

DNA 鏈在凝膠提供的媒介中移動

基因 3

與其他基因一樣，基因 3 中只有一小部分用於編碼蛋白質

基因中的內含子可能控制着基因被激活的時間，或者會包含一些無用的「垃圾」DNA

如果人類細胞中的 DNA 被解開，伸展後的長度會超過 2 米。

人類基因組計劃

2003 年，人類基因組計劃完成，這是 1990 年開展的一項國際研究人員的合作，旨在測定 30 億個人類 DNA 的鹼基序列。儘管個體之間的特定序列不同，但該項目發表了幾個匿名捐贈者的平均序列，這項工作為增加對人類基因的理解鋪平了道路。

基因工程

基因信息和生物的身份信息密切相關，以至操縱這些基因信息似乎是一件很神奇的事情。然而，科學家已經能夠通過改變基因信息來改變生物特徵，以造福醫學和其他領域。

重寫基因數據

基因工程通過添加、移除或更改基因來改變生物的基因組成。由於基因是編碼蛋白質的 DNA 片段（參見第 158 頁），以精確方式改變基因，也就改變了它們合成蛋白質的能力，從而使生物體的特徵發生變化。靶基因可以從染色體（參見第 178 頁）上剪下或從被稱為 RNA（參見第 158 ～ 159 頁）的遺傳物質中複製而來。當中每個步驟都由被稱為酶的特殊化學催化劑來驅動。

在美國，能在**黑暗中發光的**基因改造**魚**被**當作寵物出售。**

製造胰島素

生產胰島素的基因編碼可以從人體細胞中提取，然後插入細菌中。這可以被用作建立為糖尿病患者提供胰島素的活工廠。這段基因編碼從細胞的 RNA 中複製，它比 DNA 更容易提取，而且經過編輯後可以去除其中的非編碼部分（參見第 179 頁）。

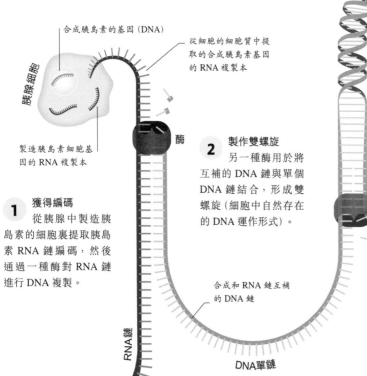

合成胰島素的基因（DNA）

胰腺細胞

從細胞的細胞質中提取的合成胰島素基因的 RNA 複製本

製造胰島素細胞基因的 RNA 複製本

DNA雙螺旋

胰島素基因變為雙螺旋結構

DNA 雙螺旋鏈被解開，基因開始複製

3 複製基因
含有胰島素基因的雙螺旋鏈被解開並被進行多次複製，以形成許多基因複製本，這模仿了 DNA 自我複製的自然過程。

酶

2 製作雙螺旋
另一種酶用於將互補的 DNA 鏈與單個 DNA 鏈結合，形成雙螺旋（細胞中自然存在的 DNA 運作形式）。

酶

DNA 複製酶

1 獲得編碼
從胰腺中製造胰島素的細胞裏提取胰島素 RNA 鏈編碼，然後通過一種酶對 RNA 鏈進行 DNA 複製。

合成和 RNA 鏈互補的 DNA 鏈

添加組成 DNA 的單元，形成雙螺旋結構

含有胰島素基因的DNA

RNA鏈

DNA單鏈

為何我們想要改變基因？

基因工程非常有用，不僅可以改造微生物以大量製造醫學上所需的蛋白質，還可以讓動物和植物在農業生產上獲得理想的特性。此外，基因療法還有機會治療遺傳疾病。

基因工程的例子

醫藥產品
與源自動物的蛋白質不同，那些通過基因改造的微生物產生的蛋白質可以批量生產。

基因改造的動植物
改良植物和動物可提高它們的營養價值或增強其對乾旱、疾病或害蟲的抵抗力。

基因療法（參見第 182～183 頁）
對於那些攜帶遺傳疾病的細胞，可以通過插入一個功能性基因，使其暫時恢復正常運作。

插入的基因能否被傳播？

人們對種植帶有外源基因的植物一直都心存憂慮，擔心它們會傳播失控，以致在野外長成「超級雜草」。基因改造的農作物甚至可能會意外地為自然生長的野生植物授粉，從而長成對農作物具有破壞性的植物。目前，基因改造植物和非基因改造植物之間的「基因流」一直在被追蹤記錄著，但基因改造植物對環境的潛在影響尚未達成科學上的共識。

---

4 準備結合
被稱為質粒（自然存在於細菌內部）的 DNA 環被一種特殊的酶切開，這種酶在具有特定鹼基序列的切割端留下懸掛的單鏈。

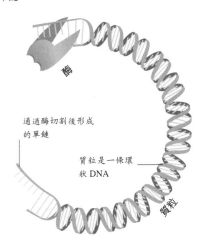

通過酶切割後形成的單鏈

質粒是一條環狀 DNA

含胰島素基因的質粒被細菌吞入體內

細菌合成的胰島素

細菌

5 插入基因
包含基因信息的 DNA 需要添加單鏈末端，而這些質粒含有互補的鹼基對，因此這些鏈很容易結合。該結合過程由另一種結合酶進行催化完成，之後就形成了含胰島素基因的質粒。

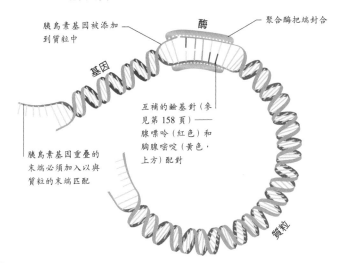

胰島素基因被添加到質粒中

酶

聚合酶把端封合

基因

互補的鹼基對（參見第 158 頁）——腺嘌呤（紅色）和胸腺嘧啶（黃色，上方）配對

胰島素基因重疊的末端必須加入以與質粒的末端匹配

質粒

6 生產胰島素
細菌吞入經基因改造且含有胰島素基因的質粒。這些質粒隨細菌的繁殖而複製。細菌生產的胰島素可以從培養物中分離和純化出來。

基因治療

　　某些疾病需要特別複雜的治療方法，如使用基因作為藥物。基因療法利用分子生物學的方法將基因信息導入細胞內，改變細胞的行為，從而使疾病得到醫治。

基因療法如何運作

　　基因是 DNA 的一個片段，指導細胞製造特定種類的蛋白質。通過在細胞中插入一個基因，基因療法可以替換那些不能產生有效蛋白質的缺陷 DNA，或者引發一項對抗疾病的新任務。該技術可用於治療由單個基因引起的疾病（如囊性纖維化），但對由多個基因共同引起的疾病無放。治療基因會被載體顆粒攜帶進入細胞。這些顆粒可以是失活的病毒，也可以是稱為脂質體的油滴。

囊性纖維化患者

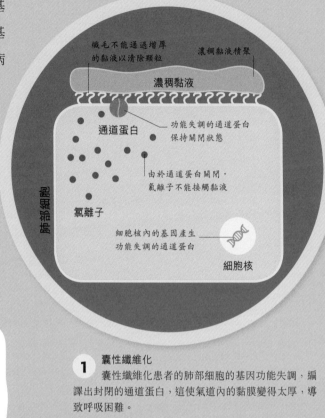

纖毛不能通過增厚的黏液以清除顆粒

濃稠黏液積聚

濃稠黏液

通道蛋白

功能失調的通道蛋白保持關閉狀態

肺部細胞

由於通道蛋白關閉，氯離子不能接觸黏液

氯離子

細胞核內的基因產生功能失調的通道蛋白

細胞核

1　囊性纖維化
囊性纖維化患者的肺部細胞的基因功能失調，編譯出封閉的通道蛋白，這使氣道內的黏膜變得太厚，導致呼吸困難。

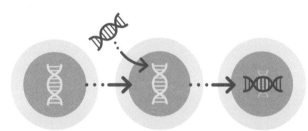

有缺陷基因的細胞　　　植入新的　　　　新基因抑制
　　　　　　　　　　　　基因　　　　　　缺陷基因

細胞恢復正常運作

基因抑制
植入的基因能產生抑制致病基因活性的蛋白質。其針對目標包括某些會引發無法控制的細胞分裂而導致癌症的基因。

目前，**基因治療研究**主要**針對特定類型**的癌症。

基因療法是永久性的治療方法嗎？

經治療的細胞仍能分裂但最終也會死亡，並被其他患病細胞取替。因此，目前基因療法的效果只是暫時性的，並需要進行多次治療。

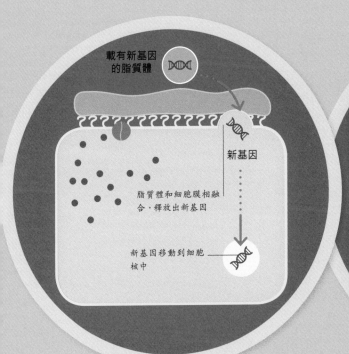

載有新基因的脂質體

新基因

脂質體和細胞膜相融合，釋放出新基因

新基因移動到細胞核中

氯離子由通道蛋白通過

黏液吸收水分後，就變得更稀

較稀的黏液

新的通道蛋白

新的通道蛋白可以打開，准許氯離子通過

新基因結合正常運作的通道蛋白，編譯出氨基酸

2 基因加載
載有功能性通道蛋白基因的脂質體藉由吸入器通過氣道進入身體時，被內襯細胞吸收，然後，它們再和細胞核內的其他DNA結合。

3 基因恢復功能
新基因指導細胞重新製造功能性通道蛋白，准許氯離子進入黏液。更鹹的黏液從細胞中吸收水分，黏液變得更稀，使呼吸暢順。

殺死特定細胞
專門針對患病細胞的自殺基因可使這些細胞自毀，或將其標記為免疫系統的攻擊目標。

患病細胞　　植入自殺基因　　自殺基因激活自毀程序　　患病細胞死亡

新基因能遺傳嗎？

　　傳統基因療法又稱為體細胞基因療法，指將基因插入不參與生產卵子或精子的體細胞中。當這些細胞繁殖時，複製的基因留在患病的組織中，不會傳遞給下一代。另一種在精子或卵子中植入基因的方法稱為生殖細胞基因療法，基因可以遺傳，故被廣泛認為是有違倫理道德的療法。

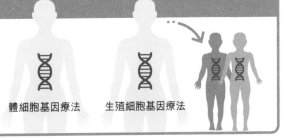

體細胞基因療法　　生殖細胞基因療法

幹細胞

　　動物身體由很多執行特殊任務的細胞組成，這些任務包括攜帶氧氣或傳導神經脈衝信號。從胚胎進入成年期之後，體內只有一小部分未分化的原始細胞，稱為幹細胞，會保留產生其他類型細胞的能力，這種潛能可以用來治療疾病。

幹細胞的種類

　　毫無疑問，胚胎細胞的最大潛能是能夠形成不同的組織。一小團胚胎細胞就能發育成身體的所有部分。隨着身體各部分變得獨特，這些細胞會失去多功能性，並主要致力於完成各自的特殊任務。只有身體的某些部位，如骨髓，仍然保留幹細胞，但這些細胞的分化能力有限。

收集幹細胞的倫理之爭

　　胚胎幹細胞具有最大的治療潛力，但是許多人認為使用人類胚胎幹細胞不符合倫理道德，甚至從胚胎中採集人體幹細胞在某些國家被視為非法。從成年人骨髓或臍帶中獲得幹細胞，就可繞過這些倫理問題，可惜它們的潛力有限，對研究治療糖尿病和柏金遜症等疾病並無多大用處。

肌肉細胞　神經細胞　胎盤細胞　皮膚細胞　白細胞　紅細胞　脂肪細胞　上皮細胞

桑椹胚（胚胎）

最早的胚胎幹細胞
當它還是一個被稱為桑椹胚的實心球時，這個最早期的胚胎細胞具有最大的發展潛能。每個所謂的「全能」幹細胞都有形成胚胎任何部分的潛力；在大多數哺乳類動物中，都含有一層最終會形成胎盤的膜。

幹細胞療法

　　利用幹細胞的發展潛力有助生出健康組織來治療疾病。例如，骨髓移植依靠成人幹細胞的血細胞形成能力來治療白血病等血液毛病。幹細胞療法也可用於恢復糖尿病患者的胰島素分泌細胞。在通常以動物進行的實驗中，會採用那些經化學方法處理的胚胎或成體幹細胞，以增加它們的潛力。

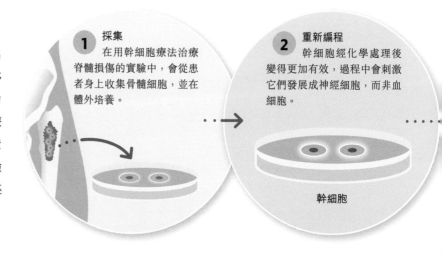

1 採集
在用幹細胞療法治療脊髓損傷的實驗中，會從患者身上收集骨髓細胞，並在體外培養。

2 重新編程
幹細胞經化學處理後變得更加有效，過程中會刺激它們發展成神經細胞，而非血細胞。

幹細胞

在實驗中，有 **50%** 利用幹**細胞**療法治療**脊柱損傷**的病人恢復了部分**運動功能**。

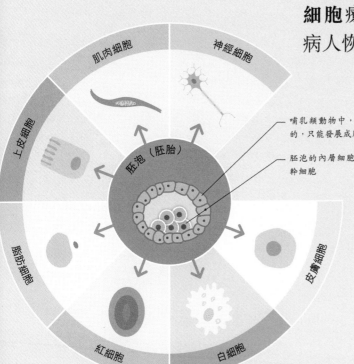

哺乳類動物中，胚泡的外層細胞並非多能性的，只能發展成胎盤

胚泡的內層細胞是多能性幹細胞

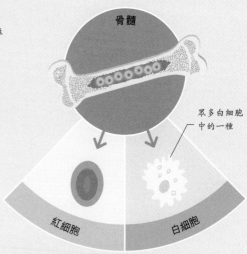

眾多白細胞中的一種

早期的胚胎幹細胞
一旦胚胎發展到下一階段，即形成具有中空結構的胚泡，細胞就完成了分化的第一步。在大多數哺乳類動物中，最外層的細胞會形成胎盤，只有包含「多能性」的幹細胞的內部細胞團，才能形成胚胎主體的各個部分。

成體幹細胞
幹細胞存在於成人身體的某些部位，但是它們僅能發育成有限的細胞類型，並被認為是「多潛能」。例如，身體大部分骨骼的骨髓中都含有多潛能幹細胞，這些幹細胞可分化成各種血細胞。

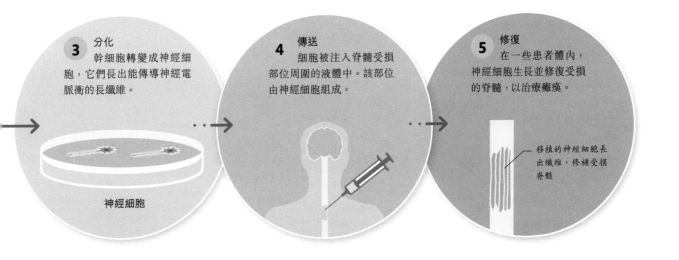

3 分化
幹細胞轉變成神經細胞，它們長出能傳導神經電脈衝的長纖維。

神經細胞

4 傳送
細胞被注入脊髓受損部位周圍的液體中。該部位由神經細胞組成。

5 修復
在一些患者體內，神經細胞生長並修復受損的脊髓，以治療癱瘓。

移植的神經細胞長出纖維，修補受損脊髓

克隆

克隆體是那些基因與本體相同的生物。在技術上，克隆可以通過人工操縱來實現，這對醫學等領域的發展有着深遠的影響。

克隆如何運作

克隆的核心是 DNA 的自我複製。它可以驅動細胞分裂，使任何能夠無性繁殖的生物繁衍。實驗室中的克隆技術遠不止於此，通過操縱特定種類的非特化細胞和組織，可以產生非自然的克隆體。

同卵雙胞胎是克隆體嗎？

是的，同卵雙胞胎是克隆體。一個受精卵在子宮內分裂成兩個獨立的細胞，進而發育成基因相同的胚胎。

自然克隆	人工克隆

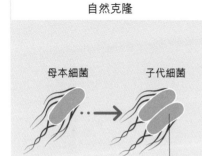

微生物的無性繁殖
細菌等微生物通過自我克隆進行無性繁殖。在細胞分裂前，DNA 首先進行自我複製，相同的 DNA 會進入每一個子代細胞中。

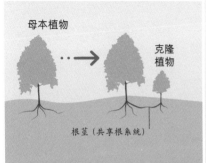

植物的無性繁殖
植物的地下根系統又稱根莖，其中包含一些可以萌發出新植株的組織。這些新植株和母本植株的遺傳信息完全相同。白楊樹正是通過自我克隆造就了地球上最大的克隆區塊。

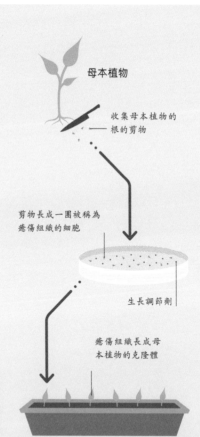

組織培養
用一種叫做生長調節劑的化學物質處理植物的部分組織，可以促使它們長成新的植株。細小的植物在富含養分的無菌凝膠中發芽，之後被移植到土壤中。

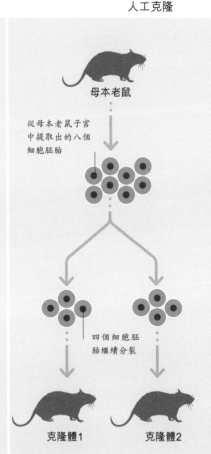

胚胎分裂
第一個成功的動物克隆技術涉及胚胎分裂。如果在足夠早的階段進行，胚胎的非特化細胞會保留形成身體所有部分的潛能。

比利牛斯野山羊是第一個**復活**的**已滅絕物種**，但是僅存活了 **7 分鐘**便死亡。

滅絕物種真能起死回生嗎？

保存完好的標本為復活滅絕物種提供了誘人的前景。然而，DNA 會隨着時間而降解，這意味着那些過於古老的 DNA 會缺乏使胚胎發育的指令。雖然科學家從冷凍的猛獁象組織中獲得了非常完整的 DNA 序列，但因其已被破壞和不完整，使克隆工作無法進行。科學家正計劃將猛獁象和亞洲象（猛獁象的在生近親）的基因拼接（結合）起來，創造出可以在人工子宮中培育的雜交胚胎。然而，這引發了倫理問題。

長毛猛獁象

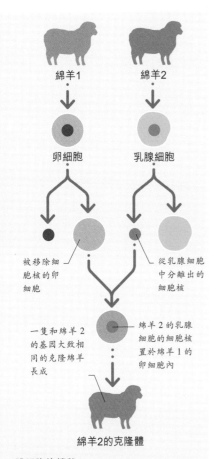

綿羊1　綿羊2

卵細胞　乳腺細胞

被移除細胞核的卵細胞

從乳腺細胞中分離出的細胞核

一隻和綿羊2的基因大致相同的克隆綿羊長成

綿羊2的乳腺細胞的細胞核置於綿羊1的卵細胞內

綿羊2的克隆體

體細胞核轉移

克隆體可以由身體（體細胞）組織產生。一個被去除細胞核的卵細胞與供養的體細胞核結合，就有可能產生一個克隆體。克隆羊多莉便是通過這種技術克隆出來的。

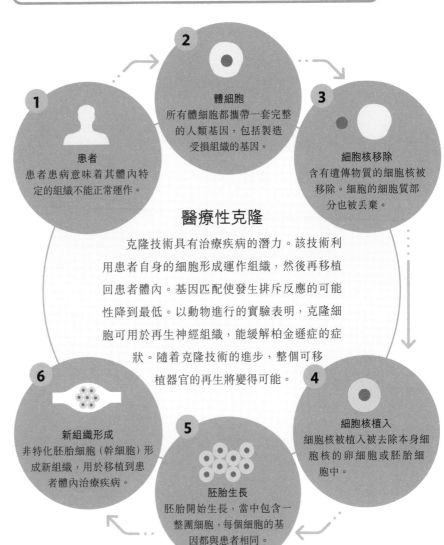

1 患者
患者患病意味着其體內特定的組織不能正常運作。

2 體細胞
所有體細胞都攜帶一套完整的人類基因，包括製造受損組織的基因。

3 細胞核移除
含有遺傳物質的細胞核被移除。細胞的細胞質部分也被丟棄。

醫療性克隆

克隆技術具有治療疾病的潛力。該技術利用患者自身的細胞形成運作組織，然後再移植回患者體內。基因匹配使發生排斥反應的可能性降到最低。以動物進行的實驗表明，克隆細胞可用於再生神經組織，能緩解柏金遜症的症狀。隨着克隆技術的進步，整個可移植器官的再生將變得可能。

4 細胞核植入
細胞核被植入被去除本身細胞核的卵細胞或胚胎細胞中。

5 胚胎生長
胚胎開始生長，當中包含一整團細胞，每個細胞的基因都與患者相同。

6 新組織形成
非特化胚胎細胞（幹細胞）形成新組織，用於移植到患者體內治療疾病。

太空

恆星

恆星是一個巨大的氣態發光球體，當中心的核反應被點燃時，一顆恆星就誕生了。質量越大的恆星越明亮，但衰變也越快。此外，恆星的質量決定了其死亡的性質。

恆星的誕生

恆星誕生於被稱為星雲的低溫星際塵埃和氣體中。氣團破裂成碎片後，如果它們變得足夠緻密，就會在自身重力的作用下坍塌，並釋放熱量。如果產生的熱量足夠誘發熱核聚變（參見第 193 頁），一顆恆星就誕生了。這個過程需要數百萬年才能完成。

參見第 193 頁

恆星壽命一般有多長？

恆星的壽命取決於它的大小。最大的恆星可能只會存在幾十萬年，而最小的恆星可能會燃燒數萬億年。

塵埃和氣體（主要為氫）

在自身重力作用下，內核坍塌

物質墜落

向外發射的恆星風暴

1 分子雲
接近絕對零度時，氣體會以分子的形式結合在一起。密度大的分子雲容易碎裂。

2 坍塌的碎片
緻密的氣體碎片會坍塌，使中心溫度升高。有角的動量使碎片形成一個旋轉的圓盤。

3 原恆星形成
緻密的中心區域形成原恆星，而圓盤則有可能形成一個行星系統。隨着周圍物質逐漸墜入原恆星，其最終尺寸會增大 100 倍。

4 核聚變開始
當內核壓力增加導致熱核聚變開始時，物質停止墜入。原恆星燃燒氫，產生強烈的恆星風暴。

恆星的形成和消亡

大多數原恆星將繼續演變成普通恆星或「主序」恆星。這些恆星會因為力量平衡而維持穩定狀態：不斷膨脹的熱氣體的向外壓力與向內的重力平衡。恆星的生命週期長短取決於其質量，而且其大小、溫度和顏色都會隨着時間發生變化。有些恆星會逐漸消失，有些會終結於超新星爆炸，為新的恆星和行星提供物質。由於宇宙中的大多數元素來自恆星的核反應，因此可以說，我們的世界是由恆星塵埃構成的。

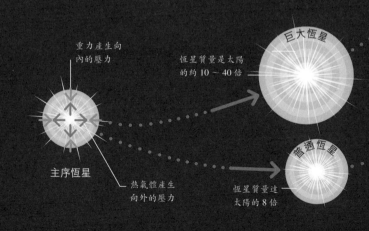

重力產生向內的壓力

恆星質量是太陽的約 10 ～ 40 倍

巨大恆星

主序恆星

熱氣體產生向外的壓力

普通恆星

恆星質量達太陽的 8 倍

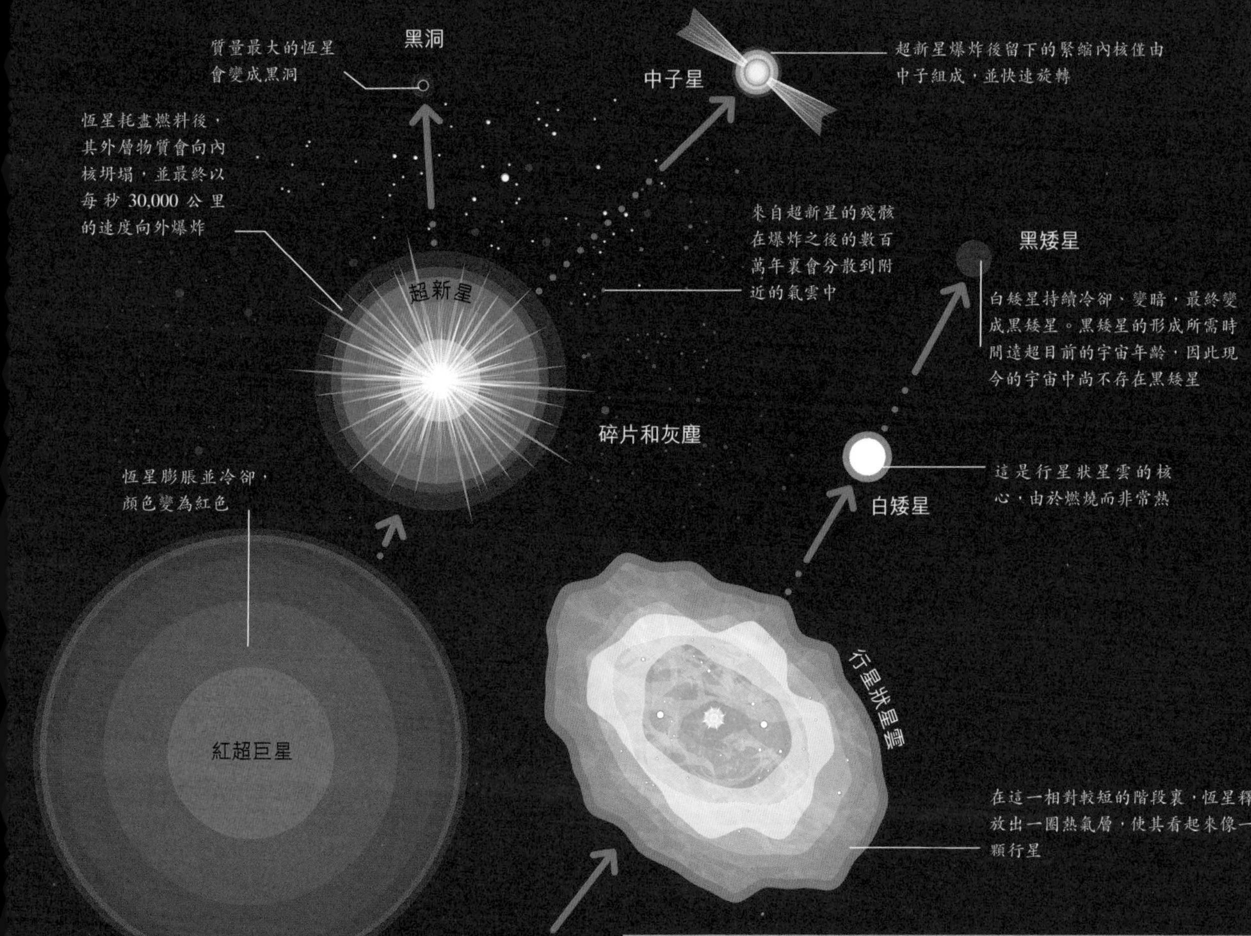

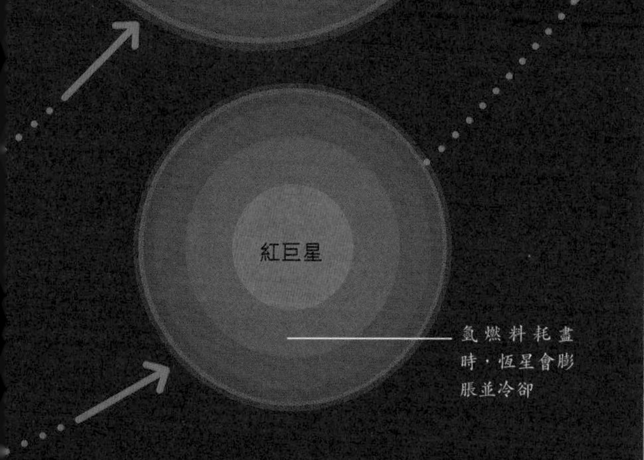

黑洞

質量最大的恆星
會變成黑洞

中子星

超新星爆炸後留下的緊縮內核僅由
中子組成，並快速旋轉

恆星耗盡燃料後，
其外層物質會向內
核坍塌，並最終以
每秒 30,000 公里
的速度向外爆炸

來自超新星的殘骸
在爆炸之後的數百
萬年裏會分散到附
近的氣雲中

黑矮星

白矮星持續冷卻，變暗，最終變
成黑矮星。黑矮星的形成所需時
間逾超目前的宇宙年齡，因此現
今的宇宙中尚不存在黑矮星

超新星

碎片和灰塵

恆星膨脹並冷卻，
顏色變為紅色

這是行星狀星雲的核
心，由於燃燒而非常熱

白矮星

紅超巨星

行星狀星雲

在這一相對較短的階段裏，恆星釋
放出一圈熱氣層，使其看起來像一
顆行星

星際循環

大爆炸只形成了氫、氦和少量鋰。幾乎全部其他元素都來
自恆星燃燒或超新星爆炸。後者釋放出上述物質，逐漸會演變為
新的恆星和行星。

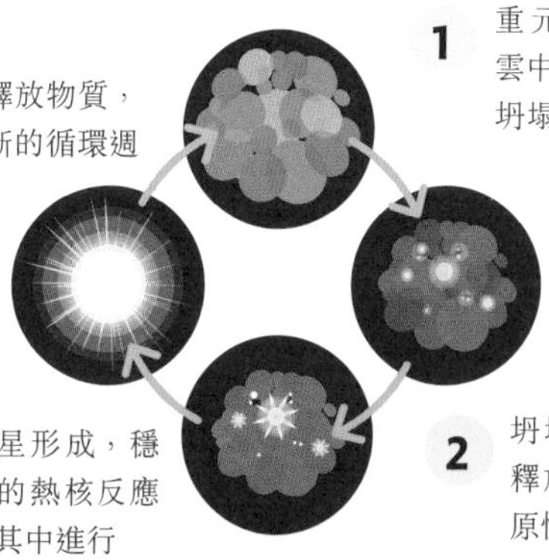

紅巨星

氫燃料耗盡
時，恆星會膨
脹並冷卻

4 恆星釋放物質，
開始新的循環週
期

1 重元素進入分子
雲中，分子雲其後
坍塌

3 恆星形成，穩
定的熱核反應
在其中進行

2 坍塌的氣體碎片
釋放熱量，形成
原恆星

一茶匙中子星物質的重量超過
50 億噸。

太陽

太陽是離我們最近的恆星。它是一顆中等尺寸的黃矮星，通過熱核聚變反應產生能量。據估計，太陽目前處於中年期，很可能在未來 50 億年裏繼續保持穩定。

太陽的內部和外部

太陽主要由等離子態的氫和氦組成，這些氣體很熱，以至於它們的原子失去電子而被電離（參見第 20 ～ 21 頁）。太陽由內到外可分為六個區域：最裏面是發生核聚變的核心，它被輻射層和對流層包圍，再外一層是可見的表面光球層，被色球層和最外圍的日冕層包圍。

日冕層
色球層
光球層
對流層
輻射層
核心

在核心發生的核聚變反應，溫度高達 1,500 萬 ℃，產生太陽所有的光和熱

在輻射層中，光子在粒子之間跳躍，最後向外逃逸

在對流層中，熱等離子體氣泡向上移動，溫度降到 150 萬 ℃

氫
70.6%

氦
27.4%

重元素 2%
包括氧、氮、碳、氖、鐵及其他元素

太陽的質量
太陽質量中約四分之三都是氫。太陽的總質量約為地球的 33 萬倍。

日冕層是太陽的最外層，延伸到太空中

太陽黑子是光球層中溫度較低、亮度較暗的區域，是由太陽磁場活動引起的，它會抑制熱量向外傳播

太陽是太陽系中**最接近完美球形**的星體。

太陽活動與地球

在地球上可以感受到太陽表面的活動。當日冕物質拋射出的高能帶電粒子接近地球時，會穿透太空船的船壁（對太空人造成傷害），還會干擾衛星通信和令地面電力傳輸的電流上升等。太陽黑子的活動也會對地球氣候造成影響。當太陽黑子活動處於峰值時，太陽輻射略有增強。太陽黑子活動曾經消失，也與地球上一段極寒天氣的歷史有關。

太陽的能量來源

太陽的巨大質量造成核心區域的高溫和高壓環境。核聚變反應也在當中形成。在這裏，只含有一個質子的氫原子核和另一個氫原子核結合，形成氦原子核。過程中會釋放出其他亞原子粒子，並以輻射的形式釋放出巨大的能量。

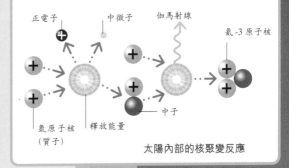

太陽內部的核聚變反應

太陽耀斑是一種劇烈的電磁輻射爆發，由與太陽黑子有關的磁性能量釋放所導致

日珥是一圈延伸到太空中的熾熱等離子體氣流，與光球層相連

日冕物質拋射是一種來自日冕層的不尋常大規模等離子體釋放現象

冕洞是離子密度較低、溫度和亮度較低的區域

色球層是太陽一個薄薄的氣層，在日全食期間，它會顯示為一個包圍太陽的紅色邊緣

我們看到的太陽光來自溫度達 5500°C 的光球層所發散的輻射

太陽發出的光要多久才能到達地球？

光子從太陽核心到達太陽表面需要幾十萬年。然而，太陽表面的光子到達地球只需要八分鐘。

太陽系

太陽系以太陽這顆區域的恆星為中心，另有八顆軌道行星圍繞着太陽運行。此外，太陽系還包括 170 多顆衛星、幾顆矮行星、小行星、彗星和其他宇宙天體。

太陽系如何形成

太陽系的形成始於一團被稱為星雲的寒冷氣體和塵埃，它們凝結並開始旋轉（參見第 190 頁）。太陽在旋轉的圓盤非常熾熱的中心形成，而離中心較遠的物質則形成了行星和衛星。只有岩石類物質才能抵禦太陽周圍的高熱環境，繼而形成內行星，而寒冷的氣態物質則在圓盤外部區域沉積，形成外行星。

土星的密度非常低，甚至能浮在水中。

— 太陽系所處位置

我們在銀河系中的位置
太陽系處於銀河系的內臂部分。太陽只是銀河系裏 1,000 億～4,000 億顆恆星中的其中一顆。

太陽系年齡有多大？
太陽系大約有 46 億年的歷史，這是通過量度墜落到地球上的隕石的放射性衰變而估算出來的。

木星
太陽系中最大的行星，它有一個巨大的紅色斑點，是一個刮了 300 年的「風暴」。

距太陽7.79億公里

木星的衛星
木星共有 79 顆衛星，其中最大的一顆是木衛三，它甚至比水星還要大。人們認為在冰冷的木衛二表面下存在液態水。

距太陽的平均距離為2.28億公里

直徑為6,792公里

火星
這顆紅色冷凍星球的重力是地球的三分之一。

距太陽1.5億公里

地球
太陽系中密度最高的行星，70% 的表面都被水覆蓋。

直徑為12,756公里

直徑為12,104公里

距太陽1.08億公里

金星
太陽系中溫度最高的行星，自轉速度非常慢，以致金星的一日比一年還要長。

距太陽的平均距離為5,800萬公里

水星
太陽系中最小的行星，運行的軌道速度為每秒 47 公里。

直徑為4,879公里

小行星帶
小行星帶位於火星和木星軌道之間，是矮行星——穀神星的家園。

太陽

距太陽14.33億公里

距太陽的平均距離為28.72億公里

距太陽44.95億公里

海王星
在海王星刮起的烈風風速高達每小時 2,000 公里，令它成為最大風的行星。

直徑為49,528公里

土星
土星擁有太陽系中最寬的行星環。

天王星
儘管天王星不是離太陽最遠的行星，卻是太陽系裏溫度最低的行星。

直徑為51,118公里

直徑為120,536公里

土星環
土星環主要由高反射率的冰構成，其中還含有岩石類物質的痕跡。有人認為它們是一個或多個與小行星或彗星相撞後的衛星遺骸。

直徑為142,984公里

矮行星

矮行星（如冥王星）擁有足夠的重力和質量形成一個球體，並且直接接着太陽運行。但與其他行星不同，它們沒有自己清晰的軌道，仍會與其他小行星和彗星共享軌道。

冥王星

行星軌道

離太陽越近的行星越容易受太陽引力的影響，其軌道運行速度也越快。水星離太陽最近，軌道運行速度最快；海王星離太陽最遠，軌道運行速度則最慢。每個行星的運行路徑都呈橢圓形，並受到其他行星的吸引而稍為改變。

木星（軌道）上的 1 年相當於 12 個地球年

土星繞着太陽運行一週的時間為 29.5 個地球年

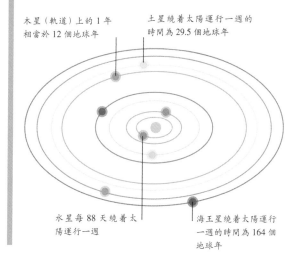

水星每 88 天繞着太陽運行一週

海王星繞着太陽運行一週的時間為 164 個地球年

宇宙漂浮物

隨着太陽系形成，宇宙中產生了不同尺寸的岩石和冰塊，其中那些較大的形成了行星，其他的則變成流星體、小行星和彗星，它們有時會墜落到地球上。

流星體

流星體是從小行星或彗星中脫離出來的碎片顆粒。這些小的岩石類或金屬物體的尺寸，通常小至沙粒或卵石，有些的直徑甚至超過 1 米。那些在穿過行星的大氣層下落時會發光發熱的流星體，稱為流星，而其中那些最終到達地面的碎塊則稱為隕石。約 90% ～ 95% 的流星都會在穿越地球大氣層的過程中燃燒殆盡。它們在天空中的亮度與其進入地球的速度有關，但與其大小的關係則不明顯。

國際太空站有時會改變航向以躲避太空碎片。如果碰撞造成影響的概率大於等於 0.001%，該潛在的碰撞會被認為有危險

國際太空站

我們能否阻止致命一擊？

用粉筆灰或木炭塗抹彗星或小行星，可以改變它們被太陽加熱的方式，從而使其偏離運行軌道。在一個物體附近引爆炸藥則可加速改變其運行軌道。

流星體大多在小行星帶上出現，並圍繞着太陽運行

流星體

地球

流星在降落時會變得非常熱，以至於外局會蒸發或消融

流星

隕石

90% 的隕石都是鐵或岩石，它們由氧、矽、鎂和其他元素組成

衛星碎片

先锋 1 號是最古老的太空碎片，預期它仍會在軌道上運行超過 200 年

小行星

　　小行星是環繞太陽運行的岩石或金屬物體，主要分佈於火星和木星軌道之間，即小行星帶。它們大多直徑達 1 公里，但也有一些比較大的，如矮行星——穀神星，其直徑超過 100 公里，而且具有巨大引力。來自木星的引力阻止其中的小行星結成行星。

小行星

一個在國際太空站太空漫步期間掉落的工具箱，至今仍能被追蹤到

美國太空人愛德華·懷特第一次太空漫步時掉落的手套

2007 年，中國用導彈摧毀了一顆舊氣象衛星，在軌道上產生了約 3,000 塊太空碎片

太空垃圾

　　太陽系裏漂浮着數以百萬計的人造物體，從小油漆片到卡車般大小的金屬塊都有，絕大多數圍繞地球軌道運行。這些能夠高速移動而且數量不斷增加的太空垃圾，對如國際太空站這類載人太空船構成越來越大的威脅。此外，在金星、火星和月球表面也有廢棄的太空船。

柯伊伯帶和奧爾特雲

　　柯伊伯帶是海王星軌道以外的盤狀物體帶，其中的冰體會被行星拉向內部，變成彗星。奧爾特雲是太陽系外一個巨大的球狀冰屑雲，在其中的彗星會受到經過的恆星的引力影響。

彗星軌道
彗星可根據其繞着太陽運行的時間進行分類。短週期彗星不到 200 年，起源於柯伊伯帶。長週期彗星需要多於 200 年，來自奧爾特雲。

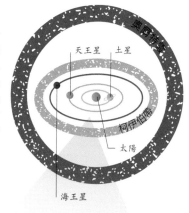

奧爾特雲

天王星　土星

太陽

柯伊伯帶

海王星

彗尾
　　彗星有兩條尾巴：一條塵埃尾巴和一條等離子體尾巴，它們總是指向遠離太陽的方向，長度可達 1.6 億公里。

彗星

等離子體尾巴

彗髮，由氣體和灰塵組成的雲

彗星運動方向

塵埃尾巴

由灰塵和冰組成的內核

向着太陽的方向

一個 10 厘米長的物體以**每小時 36,000 公里**的速度運動，其碰撞威力相當於 **25 支炸藥**所造成的損害。

黑洞

　　黑洞是太空中一個區域。該區域內的所有物質都被壓縮到一個密度無限大而無限小的點上。它如此緻密，以至於引力大到任何進入的物質都無法逃脫。甚至光也被扯進去，以致黑洞不可見，唯一可以用來探測黑洞的方法是觀察其對周圍環境的影響。

距離我們最近的疑似黑洞大約在 3,000 光年之外。

完全坍塌

　　絕大多數黑洞都是由一些質量比太陽還要大十倍或以上的恆星死亡後所形成。當物質被黑洞引力拉向其中時，經常會形成一個旋轉的圓盤，當中會發射 X 射線和其他種類的輻射，可被天文學家觀測到。

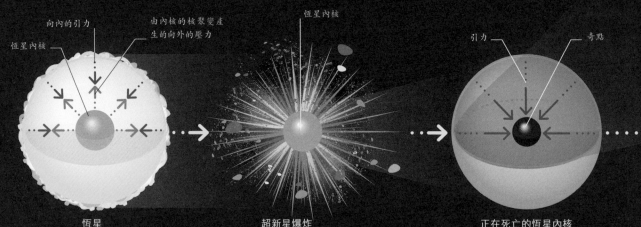

恆星

(1) 一顆穩定的恆星
　　恆星內核的核反應會產生能量和向外的壓力。當以上兩者和向內的引力平衡時，恆星保持穩定。但當燃料耗盡時，引力會使恆星坍塌。

超新星爆炸

(2) 爆炸死亡
　　隨着核反應的停止，恆星便會死亡。恆星無法抵抗其自身引力造成的壓力而坍塌。恆星也會發生超新星爆炸，將恆星外部炸入太空。

正在死亡的恆星內核

(3) 內核坍塌
　　如果超新星爆炸後的內核仍然巨大（超過太陽質量的三倍），它就會在自身重力作用下不斷萎縮和坍塌，形成一個稱為奇點的密度無限大的點。

黑洞的種類

　　黑洞主要有兩種類型：恆星黑洞和超大質量黑洞。當一顆巨大的恆星在其生命的終結變成超新星時，就會形成一個恆星黑洞。（見上文）超大質量黑洞比恆星黑洞更大，它們位於星系中心，通常被一環環熾熱的發光物質包圍。此外，還有第三種黑洞稱為原始黑洞，可能在宇宙大爆炸中形成。如果它們真的存在過，相信大多非常微小，而且已快速蒸發。如需存活到現在，原始黑洞在起初必須擁有至少一座大山的質量。

我們的太陽系

超大質量黑洞
事件視界直徑：達太陽系大小
質量：數十億個太陽

恆星黑洞
事件視界直徑：30 ～ 300 公里
質量：5 ～ 50 個太陽

原始黑洞
事件視界直徑：約一個原子核的寬度或更大
質量：超過一座大山

物質進入吸積盤

吸積盤

黑洞

氣體、塵埃和恆星碎片在黑洞的吸積盤上螺旋式轉動

事件視界是黑洞的不歸點，通過此點的任何物質和光都無法逃離

物質螺旋式轉向內部

黑洞形成一個強引力區，像漩渦一樣將物質向內拉

事件視界

重力井

引力增強

4 黑洞誕生
奇點的密度如此之大，扭曲了周圍的時空，就連光都無法逃脫。黑洞可以在二維中被描繪成一個稱為重力井的無底深洞。

藏在黑洞中心的是一個無限小且密度非常大的奇點，在該點物質被極度壓縮

「意大利麵條化」

當物體接近事件視界時，引力會劇烈增加，落向黑洞的物體會被拉伸成長長的意大利麵條狀。假設一個太空人接近事件視界，他會被這個「意大利麵條化」過程撕裂，並由雙腿開始。

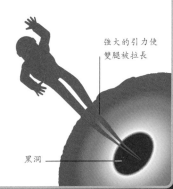

強大的引力使雙腿被拉長

黑洞

黑洞會毀滅地球嗎？

黑洞不會在太空中移動而吞噬行星。即使太陽變成一個黑洞，地球也不會墜落其中，因為地球距離太陽足夠遠，並且這個黑洞會有和太陽同樣大小的引力。

星系

星系是指由數百萬到數十億顆恆星、大量氣體和塵埃組成的星雲，及包含未知數量暗物質（參見第206～207頁）的巨大系統，這些物質彼此引力結集在一起。人類所在的星系稱為銀河系。

銀河系

人類的太陽系位於一個巨大棒旋星系的獵戶臂中，這個恆星之中有約1,000億～4,000億顆恆星、圓繞著一個超大質量黑洞旋轉。從側面看，銀河系是扁平狀的，中心是一個明亮的凸出部分，外圍是包含星團的暈地區。

星系的種類

在可觀測的宇宙中，大約有二萬億個星系，還可能有更多的星系未被發現（參見第204～205頁）。星系大致可分為漩渦星系、橢圓星系和不規則星系，有些星系則是這三種類型的組合，如透鏡狀星系。一部分是橢圓狀、一部分是渦旋狀，整體呈扁平而沒有清晰的螺旋臂。

漩渦星系
漩渦星系是具有旋臂結構的扁平星系，由隆起的核心和旋臂從中心區域而狀星系、棒旋星系的旋臂可以向外延伸。非核心向外延伸。

橢圓星系
橢圓星系的形狀從近球形到橢球形不等，並可根據圓形或扁平程度再細分。橢圓星系很少有旋臂。

不規則星系
不規則星系沒有對稱結構，且幾乎呈平或形狀不規則星系包含新的、熾熱的恆星，部分則含有大量塵埃，使單個恆星很難被發現。

銀河系有多大？

銀河系的直徑約為10萬光年，圓盤厚度約為1,000光年。太陽系圍繞銀河系中心黑洞公轉一週大約需要2.3億年。

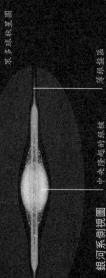

銀河系側視圖

中央隆起的銀核

薄狀星盤

眾多球狀星團 包含

銀暈區

外旋臂

英仙臂

旋臂繞著銀河系中心逆轉的方向

獵戶臂

太陽系的位置

人馬座A*，銀河系中心的黑洞

盾牌—南十字旋臂

船底—人馬臂

矩尺臂

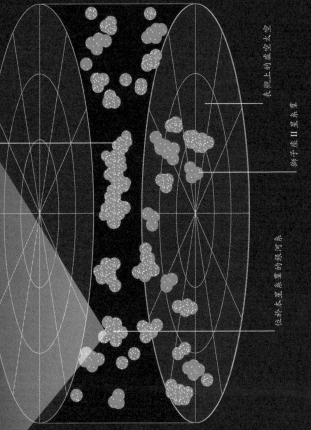

室女座星系團

室女座超星系團

表觀上的虛空太空

獅子座 II 星系群

位於本星系群的銀河系

室女座超星系團

銀河系是一個叫做本星系群的一部分，而本星系群又是室女座超星系團的一部分。這個超星系團由室女座星系團主導，其中包含 2,000 多個星系。

星系團和超星系團

宇宙中約四分之三的星系都不是隨機分佈的，而是聚集在一起。它們被一個由普通物質和暗物質組成的絲狀宇宙網連接起來，這些絲狀網絡的交叉點就形成星系團。星系團相互碰撞形成超星系團。宇宙中約有 1,000 萬個超星系團，其中最大的是史隆長城，直徑達 14 億光年。頂料暗能量最終會把這些超星系團撕開。

星系碰撞

星系之間的碰撞很常見。銀河系目前就正在和一個人馬座矮星系發生碰撞。不過，因為恆星之間的距離非常遠，這種碰撞通常不會在恆星之間發生。差點相互作用下，星系會扭曲各自的形狀，並在相互作用下壓縮各自星系中的氣體雲，形成新恆星。

銀河系碰撞

兩個旋渦星系碰撞，吸引着彼此的主旋臂。數百萬年後，它們最終可能會聚在一起，形成一個橢圓星系。

因與其他星系相互作用周，旋臂正在延由變形。

活動星系

與普通星系不同，由於每個活動星系中心的超大質量黑洞對物質的吸積作用，它們產生的能量比其恆星多得多。一些能量要多得多。一些活動星系還能噴射出高能粒子。

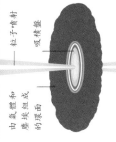

星系核和環面

由氣體和塵埃組成的環面

粒子噴射

吸積盤

宇宙大爆炸

　　大多數天文學家都認為，宇宙有一個明確的開端，即宇宙始於 138 億年前的一次大爆炸。宇宙大爆炸始於一個無限小的、緻密而熾熱的奇點，並形成了所有的物質、能量、空間和時間。自宇宙大爆炸後，宇宙變得越來越大，越來越冷。

宇宙大爆炸之前發生了甚麼？

如果時間從宇宙大爆炸開始，那麼之前甚麼都沒有。又或者我們的宇宙來自更古老宇宙的物質。

現在

一些星系開始形成漩渦形狀

第一顆恆星形成

直到第一顆恆星形成並開始發光之前，宇宙是黑暗的

大爆炸後20~30億年

大爆炸後5~6億年

大爆炸後38萬~2億年

氫原子

氦-3原子

氦原子

氫-3原子

太空膨脹

　　科學家觀察到宇宙正在膨脹，這表明它曾經很小。在宇宙起始的瞬間，部分宇宙的增長速度甚至比光速還快，這一過程稱為膨脹。膨脹的速度很快就減慢了，但是宇宙一直在變大。在更大的尺度上，所有物體都在彼此遠離，且距離越遠，彼此之間的分離速度就越快，這一現象可以通過紅移效應來觀測。

紅移

當物體高速遠離觀察者時，光波看似被拉伸，在物體的光譜線上（參見第 211 頁）表現為向紅光方向移動。物體到地球的距離可以通過紅移的大小來計算。

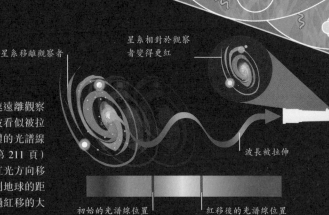

星系移離觀察者

星系相對於觀察者變得更紅

波長被拉伸

初始的光譜線位置　　　　紅移後的光譜線位置

宇宙形成之初

最初宇宙只是純粹的能量。當它逐漸冷卻後，能量和物質處於一種被稱為質量—能量態的可互換狀態。膨脹結束後，第一個亞原子粒子開始出現。宇宙演化至今，很多原始物質已經不存在了，但殘餘物質構成了當今宇宙中的所有物質。在大爆炸後約 40 萬年，第一批原子形成。

大爆炸的證據

提出宇宙大爆炸理論的科學家預言，大爆炸會在宇宙中留下來自天空各個方向的微弱熱輻射，這種輻射稱為宇宙微波背景輻射。1964 年，兩位美國天文學家在美國新澤西州通過一個巨大的喇叭形無線電天線發現了這種輻射。

物理定律

支配粒子之間相互作用的四種基本力 (參見第 26 ～ 27 頁) 最初並不存在，但在宇宙誕生之後很快就被建立起來。在大爆炸之後不久，也就是眾所周知的普朗克時代，物質和能量還沒有完全分離，只有一種統一的力或超力存在。在大爆炸發生後的萬億分之一秒，這種力就分化出了電磁力、強核力、弱核力和重力。

強核力
弱核力
電弱力
大統一力
超力
電磁力
重力

電子和原子核結合形成最初的原子

質子和中子相互碰撞形成最初的原子核

最初的質子、中子、反質子和反中子形成

基本力開始區分開來，其遵循的物理定律和現今一樣

當膨脹結束，形成了海量的粒子和反粒子

原子核 大爆炸後38萬年

大爆炸後1～3分鐘

氫原子核

大爆炸後百萬分之一秒

中子

大爆炸後萬億分之一秒

質子

電子

大爆炸後10⁻³²秒

原子

反質子

光子

夸克

反夸克

正電子

大爆炸後 10⁻³⁵秒

大爆炸後 10⁻⁴³秒

膨脹開始，宇宙以驚人的速度膨脹

引力是最先出現的基本力

大爆炸

大爆炸

在大爆炸後的 1 秒內，基本力和亞原子粒子就形成了。原子的出現需要幾十萬年，恒星和星系的發展則需要數百萬年。

在大爆炸後的 1 秒內，宇宙直徑從零膨脹到數十億公里。

宇宙有多大？

　　空間是無限的嗎？宇宙是甚麼形狀的？儘管天文學家還不能準確地回答這些問題，但是他們可以估計出所能見到的部分宇宙的大小。他們通過研究質量和能量的密度，還能描繪出空間的幾何形狀。

可觀測宇宙之外的物體所發出的光目前還沒有抵達地球，但未來終有一天會被觀測到

當前從地球到宇宙中最遠可觀測物體的距離

可觀測宇宙的外緣被稱為宇宙光學視界

地球

138億光年

460億光年

從最遙遠可觀測物體發出的光所走過的距離

隨着太空向各個方向以相同程度膨脹，我們似乎處於宇宙的中心，宇宙中的一切物體都在遠離我們。從宇宙中任何一點進行觀測，現象都是一樣的

可觀測宇宙的邊緣

可觀測宇宙

　　我們可以看到和研究的部分太空稱為可觀測宇宙，它是一個以地球為中心的球形區域，也是大爆炸以來我們能夠觀測到的來自最遙遠的光所通過的太空體積。當一個物體遠離我們時，它發出的光穿越太空抵達我們，光譜會向紅光方向移動（參見第202頁）。目前可檢測到紅移量最多的光來自138億光年之外。它使我們得知宇宙在靜止狀態下的大小。它也說明宇宙的年齡大約有138億歲。眾多周知，從宇宙誕生的那一刻起，它都在不斷膨脹。

最遙遠的星系看上去比肉眼可見的**最暗的物體還要暗100億倍。**

膨脹宇宙中的距離量度

宇宙一直在膨脹，宇宙中物體之間的真實距離（也稱為共動距離）大於物體發出的光通過的距離（即回溯距離）。考慮到宇宙膨脹，可觀測宇宙的邊緣大約距離我們 465 億光年。

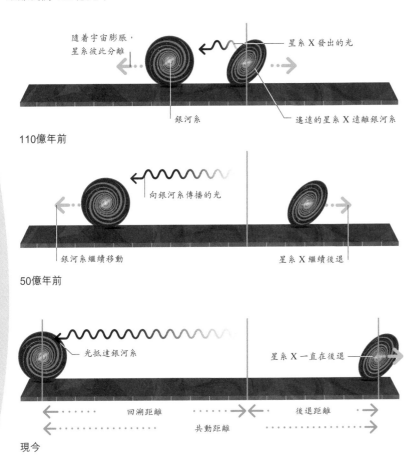

隨着宇宙膨脹，星系彼此分離

星系 X 發出的光

銀河系

遙遠的星系 X 遠離銀河系

110億年前

向銀河系傳播的光

銀河系繼續移動

星系 X 繼續後退

50億年前

光抵達銀河系

星系 X 一直在後退

回溯距離　　　　後退距離

共動距離

現今

宇宙膨脹的速度有多快？

在相對較小的尺度上，例如在星系內部，太空中的物體通過引力彼此保持固定的距離。但是在更大的尺度上，宇宙膨脹意味着物體在不斷彼此遠離。兩個物體相距越遠，它們分開的速度就越快。最新的量度結果表明，兩個相距百萬秒差距（約 300 萬光年）的物體，會以每秒 74 公里的速度彼此遠離。

宇宙的形狀

宇宙有三種可能的幾何結構，每種都有不同的時空曲率。這不是我們慣常見到的曲率，但它可以用二維形狀表示。我們的宇宙被認為是平的或接近平的。一些關於宇宙命運的理論都是基於這些幾何結構的（參見第 208 ～ 209 頁）。

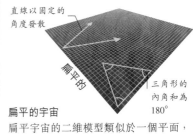

直線以固定的角度發散

扁平的

三角形的內角和為 180°

扁平的宇宙
扁平宇宙的二維模型類似於一個平面，我們所熟知的幾何規則在這裏都適用，例如平行線永不相交。

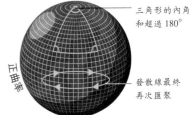

三角形的內角和超過 180°

正曲率

發散線最終再次匯聚

正曲率宇宙
時空正曲率的宇宙是「封閉的」，其質量和範圍也是有限的。在這個二維模型中，平行線匯聚在一個球面上。

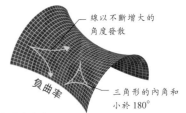

線以不斷增大的角度發散

負曲率

三角形的內角和小於 180°

負曲率宇宙
在這種情形下，宇宙是「開放」且無限的。其二維模型近似一個馬鞍形太空，其中發散的角度會越來越大。

暗物質和暗能量

絕大部分宇宙都是由天文學家所稱的暗物質和暗能量組成的。這些形式的物質和能量不能被直接探測到，但是因為它們可以和普通物質及光發生相互作用，所以我們知道它們的存在。

缺失的物質和能量

物質和能量是一種稱為「質能」(參見第 141 頁) 的單一現象的兩種形式。當天文學家試圖追蹤宇宙中所有質能時，他們發現大部分都不可見。但宇宙中的質量理應遠比被探測到的多，否則星系團就會飛散。同樣，能量也理應遠比被探測到的多，因為正是某些反引力能量導致了宇宙的加速膨脹。

世界上最靈敏的暗物質探測器位於地底下 1.5 公里處。

缺失了多少？
由原子組成的普通可見物質，只佔宇宙質能的一小部分，其餘大部分都是暗能量。

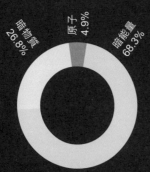

暗物質
26.8%

原子
4.9%

暗能量
68.3%

暗物質

暗物質會在普通 (或「重子」) 物質周圍形成暈輪，但很大程度上與其他物質基本沒有相互作用，既不反射也不吸收光線，也不能被電磁輻射探測到。然而，它對星系和恒星的引力效應，以及它對光線的彎曲效應都可以被觀察到。暗物質的性質是未知的，但天文學家認為它主要有兩種可能的存在形式：暈族大質量緻密天體 (MACHOs) 和大質量弱相互作用粒子 (WIMPs)。

引力透鏡
質量巨大的物體就像一個透鏡，可以扭曲引力場，從而改變光波的傳播路徑並更改星系的外觀。弱透鏡效應會使星系看起來很細長，而強透鏡效應則會改變它們的表觀位置，甚至複製它們。

星系團的引力透鏡作用使來向銀河系傳播的光線發生彎曲

銀河系內的觀察者看到的遙遠星系的扭曲圖像

銀河系

MACHOs	WIMPs
一些暗物質可能由黑洞和褐矮星等緻密物體組成，它們被統稱為 MACHOs (Massive Compact Halo Objects)。它們發出的光太少，只能通過引力透鏡探測到。(見上文) 但 MACHOs 不能解釋秉有暗物質的質量。	另一種假設的暗物質是 WIMPs (Weakly Interacting Massive Particles)，是宇宙早期創造的奇異粒子，通過弱力 (參見第 27 頁) 和引力相互作用。

熱暗物質	冷暗物質
這種理論上的暗物質是由接近光速移動的粒子組成。	絕大部分暗物質 (如 WIMPs) 都被認為是冷的，是移動非常緩慢的物質。

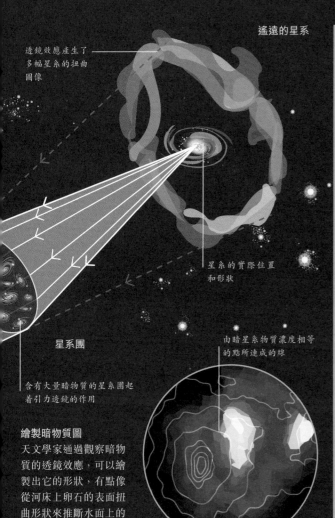

遙遠的星系

透鏡效應產生了多幅星系的扭曲圖像

星系的實際位置和形狀

星系團

含有大量暗物質的星系團起着引力透鏡的作用

繪製暗物質圖

天文學家通過觀察暗物質的透鏡效應，可以繪製出它的形狀，有點像從河床上卵石的表面扭曲形狀來推斷水面上的波紋形狀。

由暗星系物質濃度相等的點所連成的線

地球上有否暗物質？

可能有。據某些估計，每秒鐘有數以十億計的暗物質粒子通過我們的身體。

暗能量

對遙遠超新星距離的量度表明，宇宙正在加速膨脹。這一發現導致暗能量理論的誕生。暗能量是一種反引力作用的能量，可用於解釋為何宇宙是扁平的且正在加速膨脹。早期的宇宙由暗物質佔主導，如今暗能量已經超過了暗物質，且它的影響正隨着宇宙的膨脹而增加。

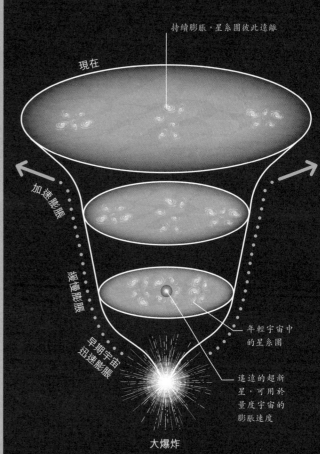

持續膨脹，星系團彼此遠離

現在

加速膨脹

緩慢膨脹

早期宇宙迅速膨脹

年輕宇宙中的星系團

遙遠的超新星，可用於量度宇宙的膨脹速度

大爆炸

加速膨脹

大爆炸後，宇宙經過了初期的快速膨脹後膨脹開始減速。但是從 75 億年前開始，由於暗能量的作用，物體以更快的速度分離。這可從急速加闊的曲線上看得到。

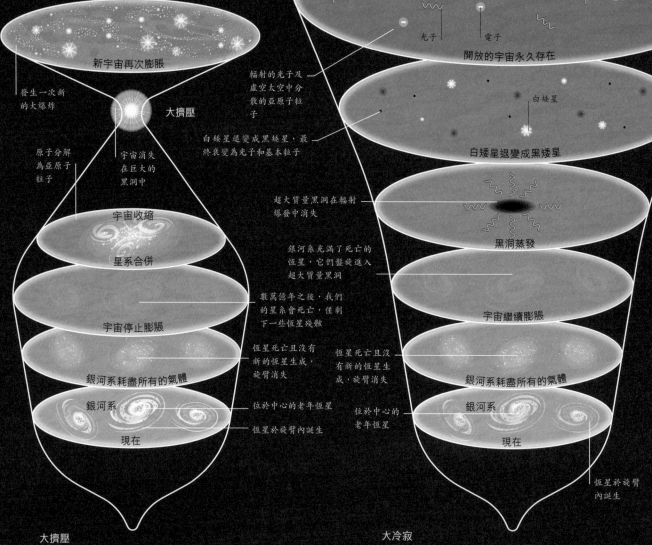

新宇宙再次膨脹

發生一次新
的大爆炸

大擠壓

原子分解
為亞原子
粒子

宇宙消失
在巨大的
黑洞中

宇宙收縮

星系合併

宇宙停止膨脹

銀河系耗盡所有的氣體

銀河系

現在

光子

電子

開放的宇宙永久存在

輻射的光子及
虛空太空中分
散的亞原子粒
子

白矮星退變成黑矮星，最
終衰變為光子和基本粒子

白矮星

白矮星退變成黑矮星

超大質量黑洞在輻射
爆發中消失

銀河系充滿了死亡的
恆星，它們盤旋進入
超大質量黑洞

數萬億年之後，我們
的星系會死亡，僅剩
下一些恆星殘骸

恆星死亡且沒有
新的恆星生成，
旋臂消失

位於中心的老年恆星

恆星於旋臂內誕生

黑洞蒸發

宇宙繼續膨脹

恆星死亡且沒
有新的恆星生
成，旋臂消失

銀河系耗盡所有的氣體

位於中心的
老年恆星

銀河系

現在

恆星於旋臂
內誕生

大擠壓

一些宇宙學家認為，暗能量會隨着時間過去而減弱，最終引力將會
得勝，致使宇宙停止膨脹而收縮。數萬億年之後，星系會發生碰
撞，宇宙的溫度也會上升，甚至恆星會自焚毀滅。原子會碎裂，巨
大的黑洞會吞噬一切，包括它自己。部分理論學家認為，當粒子相
互碰撞時，將引發第二次大爆炸，即大反彈。

大冷寂

大冷寂理論認為，宇宙將繼續膨脹，直至能量和物質均勻
分佈在整個宇宙中。結果是宇宙中將沒有足夠集中的能量
來創造新的恆星。溫度會下降到絕對零度，恆星會死亡，宇
宙也會變暗。

宇宙的最終命運

　　宇宙的最終命運仍不確定。它是否會隨着另一次大爆
炸而崩潰和終結，或迎來一個寒冷和寂靜的結局，或遭遇
一個暴力而永久的結束，又或者無止境地膨脹下去，宇宙
的命運仍然是科學猜想的主題。

宇宙甚麼時候終結？

在所有可能的情況下，宇宙
在今後數十億年裏也不會終
結。然而，大轉變在理論上
隨時會發生。

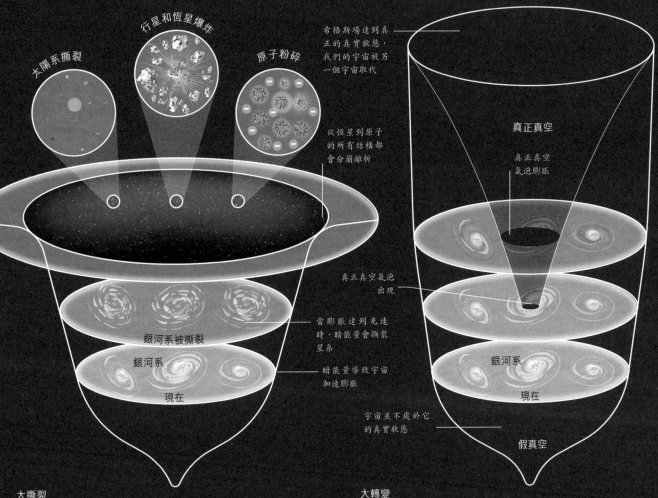

太陽系撕裂

行星和恆星爆炸

原子粉碎

希格斯場達到真正的真實狀態，我們的宇宙被另一個宇宙取代

從恆星到原子的所有結構都會分崩離析

真正真空

真正真空氣泡膨脹

真正真空氣泡出現

當膨脹達到光速時，暗能量會撕裂星系

暗能量導致宇宙加速膨脹

銀河系被撕裂

銀河系

銀河系

現在

現在

宇宙並不處於它的真實狀態

假真空

大撕裂

在大撕裂環境中，宇宙最終會自我撕裂。如果星系之間的太空充滿了能抵銷引力影響的暗能量，宇宙的膨脹速度將越來越快，最終達到光速。由於無法再被引力控制，宇宙中的所有物質，包括星系和黑洞，甚至時空本身，都會被撕裂。

大轉變

大轉變理論涉及希格斯玻色子和希格斯場，後者有點像無所不在的電磁場。人們普遍認為宇宙還沒有達到最低能量或「真空」狀態。如果希格斯場達到真正的真空狀態，它將從根本上改變物質、能量和時空，以創造出另一個宇宙，並以光速像氣泡一樣向外擴散，而現在宇宙中的一切都將結束。

我們現今的宇宙

宇宙自 140 億年前形成以來，就一直在持續膨脹。星系持續地彼此遠離，而對遙遠超新星的觀測結果也表明宇宙正在加速膨脹。這意味着存在一種可以對抗引力的負壓力，即暗能量（參見第 206～207 頁）。如果這種能量在宇宙中起着主導作用，無限膨脹將是我們的宇宙最可能的命運。

希格斯玻色子的質量約為質子的 **130** 倍，這使它們高度不穩定。

觀測宇宙

天文學家從最早期時就已開始研究太空，最初靠肉眼觀測，近代以後便開始運用複雜的高精密儀器探測來自遙遠太空的光波。

漩渦星系

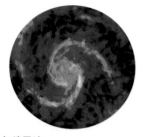

無線電波

無線電波是波長最長的光波，許多天體，如太陽、行星，以及許多星系和星雲都可以發射無線電波。大多數無線電波也能穿透地球的大氣層到達地表。

紅外線光

紅外線光含有熱能，正如太陽的溫暖。宇宙中的一切物體都可以以紅外線的形式輻射出一些能量。絕大部分紅外線會被大氣層吸收。

可見光

天文學家可以在地球上用望遠鏡看到射出可見光的物體，在沒有光污染和大氣干擾的情況下影像會更清晰。

紫外光

太陽和恆星輻射到地球的紫外線（UV）絕大部分會被臭氧層阻擋。通過對紫外線的研究，我們可以得知星系的結構和演化信息。

覆蓋整個光譜

一個複雜的物體，如漩渦星系，會射出譜線橫跨整個光譜的輻射。為了盡可能增加了解，天文學家會用一系列儀器來研究它。

威爾金森微波各向異性探測器（WMAP）用於探測宇宙微波背景輻射，揭示了早期宇宙的組成

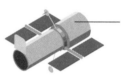

哈勃望遠鏡通過捕捉紅外線、可見光和紫外光，已經拍攝了很多關於遙遠恆星、星雲和星系的著名圖像

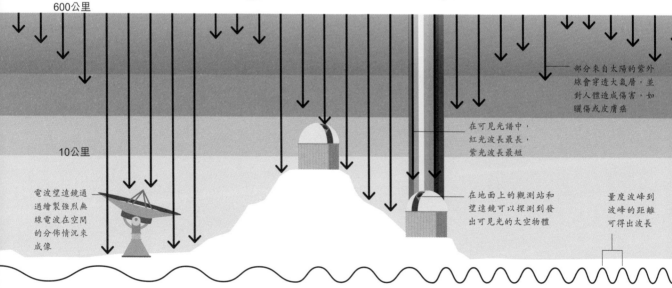

600公里

部分來自太陽的紫外線會穿透大氣層，並對人體造成傷害，如曬傷或皮膚癌

在可見光譜中，紅光波長最長，紫光波長最短

10公里

電波望遠鏡通過繪製強烈無線電波在空間的分佈情況來成像

在地面上的觀測站和望遠鏡可以探測到發出可見光的太空物體

量度波峰到波峰的距離可得出波長

無線電波　　　　微波　　　　　紅外線　　可見光　　　　　紫外線

觀測光

　　電磁波譜系是不同輻射種類的連續分佈,包括各種波長的輻射,並可被描述為不同類型的光。它包括可見光,其顏色取決於波長。還有很多人眼不能感知的種類,如無線電波和 X 射線。所有電磁波都以光速在太空中傳播。

光譜學

　　元素的原子在受熱時會發出特定波長的光。利用一種稱為光譜學的技術,將物體發出的光經棱鏡分光,然後再研究這些光的波長模式 (稱為光譜),就可以知道物體所包含的原子種類。科學家正是借助這個方法來辨識遙遠物體的組成成分。

X 射線
X 射線會由黑洞、中子星、雙星系統、超新星殘骸、太陽和其他恆星,以及某些彗星發出。絕大部分 X 射線都會被地球大氣層阻擋。

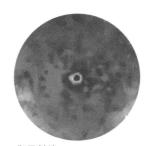

伽馬射線
波長最短、能量最高的伽馬射線來自中子星、脈衝星、超新星爆發和黑洞周圍的區域。

氖原子的發射光譜　　　　不同的線對應不同波長的氖原子發射

500　　　　600　　　　700
波長 (單位:納米)

錢德拉 X 射線天文台通過八面鏡子將入射的 X 射線聚焦到接收設備上,從而捕捉高清的圖像

費米太空望遠鏡上裝有金屬和矽片塔以探測伽馬射線

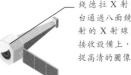

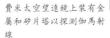

假色成像

　　肉眼只能探測到光譜中很窄範圍內的光線。為了利用這個範圍以外接收到的輻射製作圖像,天文學家使用我們能看到的顏色來表示不同的輻射強度。這種方法即稱為假色成像。

低能量紫外線　　　　高能量紫外線

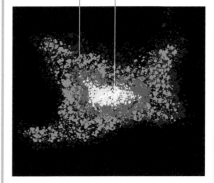

星雲的紫外線影像

哈勃望遠鏡可以觀測到 134 億光年之外的物體。

超純水罐可探測到由伽馬射線爆發引起的電磁級聯

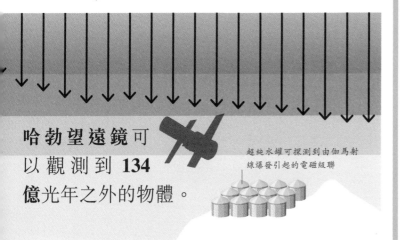

X射線　　　　　　　　　　　　伽馬射線

我們孤獨嗎？

我們已經發現了數以千計的太陽系外行星，或簡稱系外行星，而我們預測銀河系內適合生命生存的行星可能多達數百億顆。我們能在其他星球上找到生命嗎？

尋找另一個地球

天文學家探測系外行星的方法之一是研究它們對自己恆星的微小影響。如果能發現一顆到自己恆星的距離及自身尺寸都和地球類似的行星時，天文學家將進一步分析其大氣層成分，判斷它們是否含有生命所必需的元素。然而，很多被發現的系外行星都與地球完全不同。

「金髮姑娘」地帶

「金髮姑娘」地帶指一個星球的宜居地帶，這個名詞源自一個童話。在該童話裏，金髮姑娘選擇了一碗不冷不熱的粥，一切「恰到好處」。「金髮姑娘」星球會有適宜的溫度來維持液態地表水，而對於生命的誕生和演化而言，還需滿足更多的條件。（見下文）然而，現在人們認為在這些區域之外也可能存在大量的液態地表水。

宜居地帶

恆星附近的宜居地帶是指一個距離恆星不遠不近，適合潛在生命生存的理想地帶。天文學家通過定位確定適當的恆星和合適的範圍，就可以開始尋找類地行星了。

太冷

太熱

正合適

太陽

熱氣體巨行星

某些系外行星，如木星，是熱氣體巨行星，其軌道非常靠近它們的恆星，以致其大氣層中的氣候非常惡劣。

熔岩行星

某些系外行星的表面可能有熔岩，它們是很熱的新行星，非常靠近它們的恆星或經歷過嚴重的碰撞。

冰凍行星

這些行星是太陽系冰凍衛星的更大版本，這些奇怪的星球表面被水、氨和甲烷構成的冰層所覆蓋。

怎樣的星球才是宜居的？

可從以下幾方面判斷一個星球是否適合生命生存。其中，溫度和水是關鍵。

適宜的溫度
適宜的表面溫度是必要的。離恆星太近，星球會沸騰；離恆星太遠，星球會凍結。

表面水
星球必須有液態地表水（也可以是其他類似功能的液體）或足夠的濕度。

可靠的太陽
最近的恆星必須維持穩定，且能為岩石星球上的生命進化提供充足的光照時長。

元素
需要有組成生命的必需元素，如碳、氮、氧、氫和磷等。

旋轉和傾斜
圍繞一個傾斜的軸旋轉，星球就有了晝夜和季節交替，可以防止區域性極端氣溫的形成。

大氣層
緻密的大氣層可以防止輻射，阻止氣體逃逸並保持溫暖。

熔融核
一顆具有熔融核的行星可以產生一個磁場來抵禦太空輻射，以保護潛在的生命。

足夠大的質量
星球的質量要足夠大，才可以形成所需的引力來維持大氣層穩定。

尋找智慧生命

　　尋找智慧生命的其中一個方法是探測聲音。SETI 就是一個通過搜索無線電或光學信號來證實可能的高度進化外星生命的組織。電波望遠鏡會尋找可能由外星生命產生的窄帶寬無線電信號。科學家也會試圖尋找那些只能持續幾納秒的閃光信號。然而，到目前為止還沒有探測到任何可信的外星生命信號。

SETI
SETI 位於美國加利福尼亞州的艾倫望遠鏡陣列基於開普勒太空望遠鏡收集到的數據，對太空特定區域進行掃描，以探測系外行星。

無線電天線

圖例
- 1961 年德雷克的估算
- 近期的估算

德雷克公式
1961 年，天文學家弗蘭克・德雷克 (Frank Drake) 提出了德雷克公式，用於估算銀河系中與我們交流的外星文明數量。

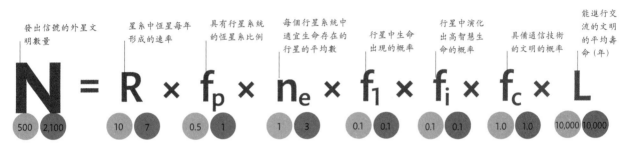

- 發出信號的外星文明數量
- 星系中恒星每年形成的速率
- 具有行星系統的恒星系比例
- 每個行星系統中適宜生命存在的行星的平均數
- 行星中生命出現的概率
- 行星中演化出高智慧生命的概率
- 具備通信技術的文明的概率
- 能進行交流的文明的平均壽命（年）

$$N = R \times f_p \times n_e \times f_1 \times f_i \times f_c \times L$$

500 / 2,100	10 / 7	0.5 / 1	1 / 3	0.1 / 0.1	0.1 / 0.1	1.0 / 1.0	10,000 / 10,000

外星人都在哪裏呢？

　　銀河系中估計有數十億顆行星都可能適合生命生存，且自銀河系形成以來有足夠長的時間讓一個先進的文明佔領這些星球。那麼，為甚麼我們到現在還沒能與他們取得聯繫呢？事實上，生命如此罕見，我們很可能是宇宙真正的「孤獨者」。

費米悖論
物理學家恩里科・費米 (Enrico Fermi) 提出，外星文明存在的高可能性與我們缺乏找到他們的技術似乎存在着矛盾。

- 外星生命與我們有着顯著的差異，我們即使找到他們也無法辨識。
- 外星人可能故意選擇不接近我們，因為他們覺得接近我們對彼此都沒好處。
- 我們探測不到其他智慧文明進行了自我隱瞞，或缺乏與我們通信的先進技術手段。
- 高智慧生命可能在達到了某一點後就自我毀滅，或者摧毀其他智慧生命。
- 我們沒有在自我傾聽高智慧生命的方式不正確或方式想像的方式進行溝通。
- 彼此之間相距太遠宇宙一直在膨脹，可能在此時間和空間上我們與外星生命彼此相距太遠。
- 可能我們傾聽的方式不對外星人可能以我們無法想像的方式進行溝通。

已證實的系外行星有超過 3,500 顆。

太空飛行

所有的太空船都由燃料燃燒後噴發出的能量作為動力，被彈射到發射軌道上。之後，它們處於自由落體狀態，並受大型天體引力的支配。但它們的航向可以通過小型轉向火箭輕微調整。

在太空中自由下落

太空船從地球發射出去後，並不是真正地在飛行，而是在墜落。太空中的太空人仍然會受到地球或太陽的引力影響，但他們在這些天體周圍墜落時，會經歷失重狀態。繞着地球運行的太空船在下落到地球周圍時，並不會與地球發生碰撞，因為太空船的向前速度與重力結合後，其運行路徑或軌跡會隨地球曲率發生彎曲。

前往火星

與直覺相反，當火星離地球最遠或火星和地球位於與太陽「相對」的位置時，前往火星更有效率。這是因為前往火星的最簡單方式是沿着一個從一端順着地球軌道而另一端順着火星軌道的橢圓形曲線，從地球到達火星。

太空船發射時地球的位置

太空船發射時火星的位置

太陽

太空船抵達火星時地球的位置

地球軌道

火星軌道

太空船抵達時火星的位置

太空船前往火星的運動軌跡

航海家 2 號利用海王星的重力來減速以捕捉其衛星海衛一的影像。

逃逸速度

以足夠大的速度發射的物體可以逃逸地球引力，並沿着開放的曲線進入太空，圍繞另一個天體周圍墜落，但這一切取決於太空船的初始發射軌道和速度。例如，如果以過大的速度向月球發射太空船，它可能在到達月球時無法及時減速，因為月球微弱的引力不足以阻止太空船飛越它。

離開地球軌道

失敗軌跡

1 離開地球失敗
如果太空船發射時的速度不足，它便無法進入運行軌道，那麼它會在地球引力的作用下最終落回地球。

3 離開地球軌道
只要施加適當的推力，太空船就能逃脫地球引力的束縛，沿着一條彎曲的軌跡以受控的方式飛向月球軌道。

地球

地球軌道

月球

2 抵達地球軌道
太空船的發射速度剛好使它能夠進入地球軌道，此時軌道速度將和引力達成平衡，從而維持其運行位置。

引力彈弓

太空船穿越太空時，利用行星軌道來改變轉向、加速和減速等，可以節省時間和燃料。行星的引力場會對太空船產生拉力，越接近行星表面，其獲得的速度就越大。這種操控稱為引力彈弓或重力助推。

航海家2號

海王星

天王星

土星

多次助推
行星際探測器航海家2號就是利用木星、土星、天王星和海王星的引力彈弓，使其最終到達外太陽系。

發射

木星

太空停泊位

拉格朗日點（如下圖的 L1 ～ L5 所示）是指處於這些點的物體會受到兩大天體引力的共同作用而保持相對穩定的位置。例如，處於 L1 位置的物體因受到太陽和地球的引力相等而可以相互抵銷，這些位置可能是在太空中「停」衛星的最理想地方。

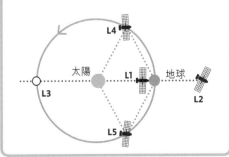

L4

太陽 L1 地球

L3

L2

L5

在太空生活

太空是一個既不友善又奇怪的環境。太空中沒有大氣阻擋輻射，太空人不僅需要在真空中旅行，還需要適應失重帶來的不利影響。即使一些假設平常不變的物理量，如時間，也不能想成理所當然。

失重的世界

無論處於地球軌道上的周圍墜落，還是處於更大的太陽軌道上的周圍墜落，太空人和太空船中的一切物體都會處於恆常的失重狀態。處於失重狀態時，人體會承受各種壓力（參見第 218～219 頁）。有些物質的特性也會與地球上有所不同，例如水不再流動，熱空氣也不會上升。因此，要確保太空人在太空船中的安全和健康，必須作出精心安排，並在一定程度上配合他們的日常環境和行為。

太空生活
在太空船中，簡單的日常活動將變得非常複雜，但太空人旨在維持與地球上同樣的生活模式，以保持身心健康。

微重力
太空人通過輕推太空船內的表面而移動。國際太空站還裝配了立足點和跳躍點，讓太空人保持平穩。

微重力

配有固定頭和頸部位置綁帶的睡袋

扶手或立足點

睡覺

火
太空中的熱空氣不會上升，故燃燒的火焰呈球狀。一旦起火，太空人必須迅速調整通風系統，並使用滅火器滅火。

太空廁所
太空廁所使用吸盤回收尿液，並循環製成飲用水。糞便則被存儲起來而非倒掉，以免成為太空中的拋射物。

睡覺
沒有重力就沒有躺下的感覺。太空人在睡袋中睡覺時需要把手臂固定，頭部也可以用帶子綁住，以減輕頸部壓力。

雙生子佯謬

在這個難題中，雙胞胎中的一人離開地球，在接近光速運動或靠近強引力場後回到地球，他會發現自己的衰老速度比雙胞胎的另一人要慢。狹義相對論（參見第 140～141 頁）對太空旅行者經歷的時間比地球的雙胞胎另一人慢這一點作出了解釋。

太空旅行前　　　太空旅行後

熱空氣

球形
火焰

圓形水滴

水注入食物中

水袋

存儲水

脫水食物

飲用水

食物

靜止的空氣
沒有通風，空氣就不會循環，呼出的二氧化碳會聚集在頭部周圍，身體周圍的熱空氣也不能擴散出去，汗液更不會蒸發。

水
由於表面張力，水不會流動而是聚成圓形。太空人需要乾洗或用毛巾擦臉。他們喝飲品時也必須使用吸管或特製的杯子。

我們能在太空生活多久？
目前我們仍在測試於太空生存的極限。俄羅斯太空人瓦萊里·波利亞科夫是太空生存紀錄的保持者，他於1994～1995年間在和平號太空站停留了437天。

食物
太空人會在脫水食品中加入液體，以便於食用。托盤和餐具要加以固定在大腿上，但食物可以依靠表面張力黏在盤子上，不會四處飄浮。

太空人在太空中生活時，會大約長高達 **3%**。

太空輻射

輻射含有帶電粒子和來自太空的電磁波。在地球上，由於有大氣層的保護，絕大部分輻射都被大氣層阻擋，但太空人在近地軌道以外的太空航行時，輻射會對他們造成嚴重傷害。輻射可以是電離的或非電離的，其中電離輻射會使原子失去電子，從而導致生命體的細胞死亡，或者喪失繁殖能力，還可能誘發基因突變。

困於地球的輻射
這種電離輻射由於地球磁場俘獲了大量帶電粒子所致。處於近地軌道以上的高能粒子輻射區被稱為范艾倫輻射帶。

太陽粒子輻射
太陽表面釋出的高能粒子也可能導致電離輻射。這種類型的輻射可以通過為太空人防護服或設備加裝屏蔽材料來規避。

紫外線輻射
紫外線輻射是非電離的。它雖然能將能量傳遞給原子，卻不會剝離電子。紫外線輻射可以很容易地通過在太空船外部加裝反射板或不透明防護罩來規避。

銀河宇宙射線輻射
這種電離輻射是一些來自超新星的高能帶電粒子和高能電磁輻射，如來自中子星等物體的X射線輻射。防止這類輻射需要很厚的屏蔽罩。

太空旅行

太空旅行對人的身體和精神都會產生重大影響，太空人們經歷着各種身體上的不適，並承擔着潛在的健康風險。那些試圖前往其他星球旅行的人，在出發前需要做好充分的準備並採取積極的防護措施，將風險降至最低。

由於缺乏保持骨骼健康所需的機械應力，骨的密度會下降

沒有一般重力維持必要的運動，骨骼肌會萎縮

肌肉

骨骼

免疫系統減弱，增加感染疾病或自體免疫疾病的風險

由於沒有正常的白天和黑夜，睡眠會受到影響。在國際太空站中，每24小時會有16次日出和日落

太空旅行會否縮短壽命？

太空旅行最大的危險來自太空輻射。這些輻射會損害人體的免疫系統，增加患癌風險，從而縮短人類的壽命。

太空病由失重和定向性障礙引起

胃

心臟

脊椎

工作量減少，心肌變弱

脊椎壓力減小會導致背痛

血液

通往腦部的血流改變，會降低智力

由於缺乏重力，體液會在上半身積聚

眼壓變化會影響視力

大腦

生病的太空人
太空對人體的負面影響會擴散到身體的各方面。身心健康對潛在的太空旅行者而言至關重要。

在太空中的人體

人體結構是為了適應地球引力而自然形成的，無重狀態會對人體系統產生嚴重影響。由於身體缺乏壓力和運動，骨骼和肌肉質量會快速流失，心血管功能也會隨之下降。如果沒有重力，體液會被重新分配到上半身，導致眼睛毛病並影響血壓。

儘量減低負面影響

運動對維持骨骼密度和肌肉質量至關重要，所以太空人每天都需要在太空中鍛煉達兩個小時。他們會使用拉力器進行阻力訓練，也會將自己固定在自行車和跑步機上鍛煉心血管功能。太空人主要鍛煉下半身，因為在微重力作用下，下半身機能衰退得更快。

運動可以刺激心臟並鍛煉下半身的肌肉

開採水資源
火星上有豐富的水資源，但大多凍結成冰且埋在土壤中。加熱土壤可以提取火星中的水，還可以尋找地下的鹽水或經地熱加熱的液態水。

前期準備
先派無人駕駛宇宙飛船前往火星安裝一個核反應堆，使火星空氣中的二氧化碳和來自地球的氫氣進行反應，產生甲烷燃料，副產品水可以存儲起來，或進一步分解成氫氣和氧氣。

種植食物
火星的土壤很肥沃。在圓頂屋中種植的植物可以得到水和二氧化碳。植物本身產生氧氣，而不可食用的植物可用作肥料。

人類怎樣才能移民火星？

火星近在咫尺。我們可以利用登月技術，乘坐相對較小的太空船登陸火星。雖然人類在火星上自給自足地生活在短期內未能實現，但早期的登陸者可以先在火星土地上定居，之後甚至可以在其上生產物品，並與地球進行貿易。

抵達火星
通往火星的最短路線需要飛行 180 天。在返回地球的發射窗口打開前，人類可以在火星上停留一年半。抵達火星需儘量在有水的地方降落。

製作磚塊
火星上的第一幢房子很可能包括互連金屬和塑料囊，這些房子的材料會由太空船傳送到火星上。之後的建築物則可以用磚塊來製造，因為火星的土壤是製造磚塊和灰漿的理想材料。

改造火星
火星氣候寒冷乾燥，但有維持生命所需的各種元素。通過提高火星大氣中二氧化碳的含量，可以產生溫室效應，從而提高火星的氣溫。

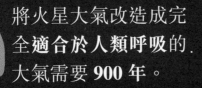
將火星大氣改造成完全適合於人類呼吸的大氣需要 **900** 年。

地球

地球的內部結構

地球是四顆靠近太陽的小型岩石行星之一。地球由重力形成，後來逐漸發展成一個動態的多層次世界：灼熱的內部、涼爽的岩石外殼、廣闊的液態水海洋和通風良好的大氣層。

熾熱的岩石如何固化？

地球內部的岩石比火山熔岩熱得多。但由於承受着巨大的壓力，它們大部分保持固體形態。如果壓力減小，它們就會熔化。

地球如何形成

46億年前太陽形成時，它被一個由岩石和冰塊組成的圓盤所環繞。這些碎片由於引力作用而逐漸聚集在一起，形成質量更大的物體，這一過程稱為吸積。這些大質量物體最終形成了地球和太陽系的其他行星。過程中產生的大量熱量，形成了地球的層狀結構。

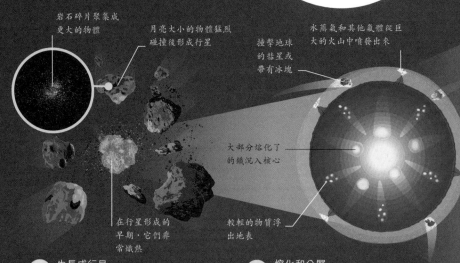

岩石碎片聚集成更大的物體

月亮大小的物體猛烈碰撞後形成行星

撞擊地球的彗星或帶有冰塊

水蒸氣和其他氣體從巨大的火山中噴發出來

大部分熔化了的鐵沉入核心

在行星形成的早期，它們非常熾熱

較輕的物質浮出地表

1 生長成行星
每個物體都會對另一個物體產生引力作用。形成地球的大質量物體就是在這種引力作用下結合。聚集時相互衝擊的能量轉化為熱量，使它們部分熔化並接合在一起。

2 熔化和分層
地球因吸積而增長，碰撞產生的熱量足以熔化整個星球。最重的物質下沉到中心，形成一個金屬核心，外面被較輕的岩石層包裹。

海洋和陸地

海洋下的地殼（海洋地殼）主要由玄武岩和輝長岩組成，它們相當緻密，且富含鐵，類似下地幔中密度更大的岩石。但隨着時間過去，在火山和其他地質作用下逐漸形成了富含矽質的厚岩石層，如花崗岩，它們進一步形成了陸地。陸地地殼的密度遠低於地幔岩石，它們就像極地海洋上的冰山一樣漂浮在地幔之上，這就是陸地從海底升起的原因。

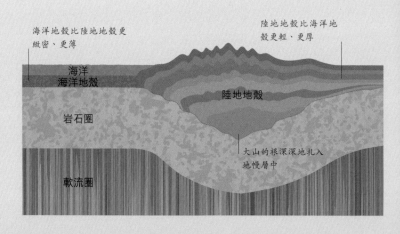

海洋地殼比陸地地殼更緻密、更薄

陸地地殼比海洋地殼更輕、更厚

海洋
海洋地殼

陸地地殼

岩石圈

大山的根深深地扎入地幔層中

軟流圈

3 現今的地球
在經歷早期的熔融狀態後，這顆分層行星表面逐漸冷卻，並能承載大量液態水。絕大部分岩石固化，但外核部分仍然保持熔融狀態。

由緻密的、富含鐵的岩石構成的薄海洋地殼，位於海底之下

厚的陸地地殼由相對較輕、富含矽的岩石組成

冷地殼和最上面的地慢層共同構成了岩石圈

大氣層

軟流圈

岩石圈之下是熾熱的、部分熔融的軟流圈

氧氣等氣體構成了大氣層

下地幔

被稱為地慢熱柱的熱流從地核和地慢邊界升起

外核

深處的下地慢由熾熱的、流移動的、但仍維持固態的岩石組成

較重的金屬內核主要由固態鐵和鎳構成

內核

液態的外核由熔融的鐵、鎳和硫組成

從海底噴出的岩石形成了陸地

整個地球表面或曾經都被水覆蓋

地球內核的溫度高達 5,500°C，和太陽表面溫度相若。

移動的磁極

地球中的流體，即金屬外核在熱流和地球自轉的作用下運動。運動過程中會產生電，進而在地球周圍產生磁場。磁場大致與地球的軸線重合，磁北極接近正北，但它的位置會不斷移動，每年大約移動 50 公里。

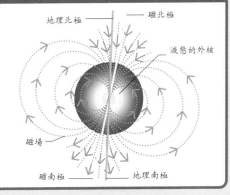

地理北極 — 磁北極

液態的外核

磁場

磁南極 — 地理南極

板塊構造

地球的岩石圈（包括易碎的地殼和上地幔頂部）被分割為幾個部分，稱為板塊。從地核上升的熱量驅動這些板塊不斷移動，或使它們彼此分離，或將它們推到一起，從而移動大陸或形成新的山脈，並為壯麗的火山提供燃料。

海溝、裂谷和山脈

在地球深處，放射性元素會產生熱量（參見第 36 ～ 37 頁），並與從地核逃出的熱量匯聚在一起，使地幔以非常慢的對流進行循環。這一循環在某些地方會將板塊拉開，形成裂谷；而在其他地方，則會把板塊推到一起，形成俯衝帶，當中某個板塊的邊緣下沉到地幔中。大部分的裂谷和俯衝帶都在海底形成。板塊構造使某些海洋擴張或縮小，並使陸地板塊碰撞。

大西洋中脊的長度為 16,000 公里。

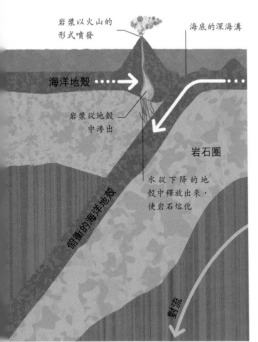

大洋俯衝帶
當承載着海洋地殼的板塊被推到一起時，較重的板塊會移動到另一塊的下方，並在地幔中熔化。這個過程在海底形成一條很深的海溝，如太平洋的馬里亞納海溝。

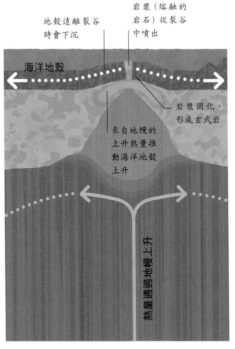

海中的山脊帶
海洋中長長的裂谷在板塊被拉開的地方形成。這減輕了下方岩石的壓力，使其熔化、噴發，並形成新的海洋地殼，如大西洋中脊。

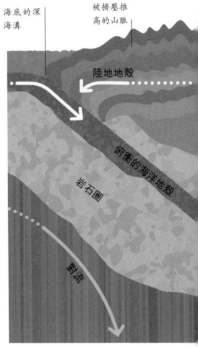

洋陸俯衝
在海洋地殼和陸地地殼共同移動的地方，較重的海洋地殼被向下拉，陸地地殼被壓縮，形成山脈，如安第斯山脈。

漂移的板塊

　　大陸植根於移動的板塊上，板塊不斷的運動會同時帶着大陸四處移動。這意味着大陸會被不斷以不同方式被分裂或推在一起。曾幾何時，地球可能存在着一個連成一體的超級大陸，稱為泛大陸。它可能大約在 3 億年前形成，並大約在 1.3 億年後解體。大陸至今仍在繼續移動並重新組合着。

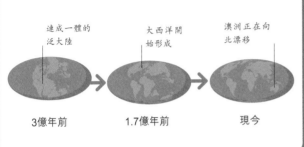

連成一體的泛大陸

大西洋開始形成

澳洲正在向北漂移

3億年前　　　　1.7億年前　　　　現今

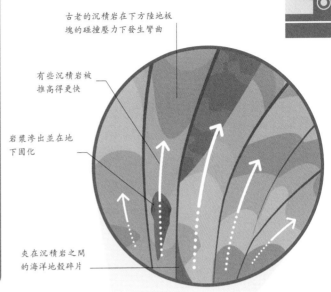

古老的沉積岩在下方陸地板塊的碰撞壓力下發生彎曲

有些沉積岩被推高得更快

岩漿滲出並在地下固化

夾在沉積岩之間的海洋地殼碎片

火山爆發

岩漿通過地殼上升

地殼下沉，形成裂谷

大塊體向下滑動，形成一系列懸崖

下沉的地殼

岩漿固化，形成玄武岩

岩石圈

來自地慢的熱量向上推進到大陸地殼中

熱量通過地慢上升

俯衝的板塊熔化

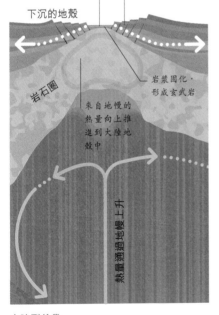

大陸裂谷帶

大陸裂谷形成的地質過程和海洋山脊相同。地殼隨着板塊下沉，形成了長的裂谷和陡峭的懸崖，如東非大裂谷。

古老的海底沉積岩形成山脈

發生碰撞的大陸地殼

深埋的沉積物熔化成岩漿

發生碰撞的大陸地殼

古老的火山殘留物

俯衝的海洋地殼

古老的海洋地殼被拉入地慢中

岩石圈

對流

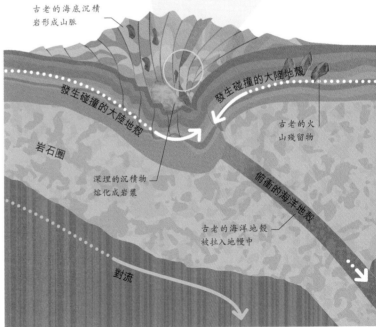

碰撞帶

在那些洋陸俯衝帶中，兩個大陸地殼會碰撞在一起，古老的海洋和火山可能被擠掉，海底沉積物在這個過程中被擠壓推高，形成褶皺山脈。喜馬拉雅山脈就坐落在這類碰撞帶的邊界上。

地震是甚麼？

當板塊相互擠壓或錯位時，板塊邊界的斷層處會產生壓力，使每個板塊邊緣變形，直至岩石退回來並反彈。如果這種情況經常發生，反彈幅度相對較小，只會引起輕微的地震。但如果斷層鎖定了一個世紀或更長時間，岩石可能在幾秒鐘內移動幾米，引發災難性的地震。

1 在斷層線上
這個轉換斷層標誌着兩個板塊的邊界正在相互滑動。每個板塊的移動速度僅為每年 2.5 厘米。

斷層在地貌上形成了一道長長的疤痕
板塊的移動
沿斷層生長的植被

2 受壓的岩石
幾十年後，這些板塊仍然在相互移動，但斷層一直處於鎖定狀態。這些板塊因而發生了扭曲，張力增加。

板塊仍在緩慢移動
植被的形態反映了板塊的扭曲
板塊變形

地震

構造板塊不斷移動。但板塊粗糙的邊緣有時會鎖在一起，直至有足夠的壓力將它們撕裂，從而產生引發地震的衝擊波。

有記錄以來的最強地震有多少級？

1960 年 5 月 22 日在智利發生的大地震是迄今為止最強的地震。它的強度為黎克特制 9.5 級，誘發的海嘯波及夏威夷、日本和菲律賓。

誘發海嘯

當一個板塊滑動到另一個在海底的板塊下時，覆蓋在上面的板塊會扭曲，邊緣被向下拖曳。當岩石退回時，扭曲的板塊會突然伸直，掀起一股洶湧的巨浪，迅速橫掃海洋。海浪在廣闊的海面上又低又長，但當它進入淺水區時，就會形成具有毀滅性的海嘯。

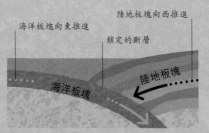

海洋板塊向東推進
陸地板塊向西推進
鎖定的斷層
陸地板塊
海洋板塊

1 鎖定的斷層
陸地附近的深海溝標誌着這是一個俯衝帶，海洋板塊在這裏滑到陸地板塊下，但是兩個板塊之間的斷層已經被鎖定。

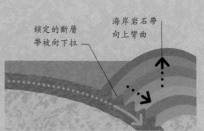

鎖定的斷層帶被向下拉
海岸岩石帶向上彎曲

2 扭曲的板塊
由於兩個板塊在斷層中被鎖定，陸地板塊的邊緣被向下拖曳，使板塊變形，沿海區域向上凸起。

3 斷裂和反彈
一個世紀之後，斷層在壓力作用下退回。兩個板塊會在幾分鐘內錯開 2.5 米，同時產生從地下（震源）和地表（震央）輻射出的衝擊波。

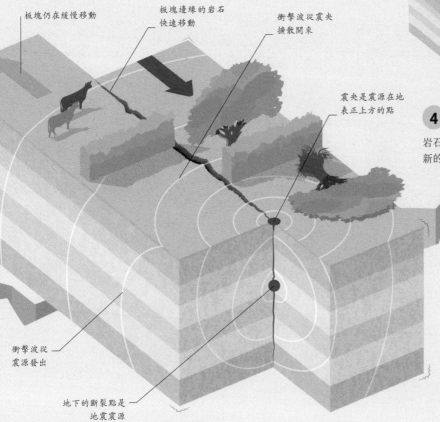

板塊仍在緩慢移動

板塊邊緣的岩石快速移動

衝擊波從震央擴散開來

震央是震源在地表正上方的點

衝擊波從震源發出

地下的斷裂點是地震震源

植被在斷層線上發生偏移

每個板塊都和之前一樣繼續移動

4 地震之後
當主震和餘震結束，塵埃落定之後，岩石就不再受壓，但是板塊仍然在移動，故新的週期又再開始。

每年估計會發生 50 萬次地震，但會造成損害的地震不到 100 次。

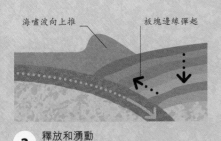

海嘯波向上推

板塊邊緣彈起

3 釋放和湧動
斷層斷裂時，陸地板塊的邊緣會彈起，引發海嘯。由於板塊伸直，海岸線降低，這股衝擊波會越過海岸線湧上岸。

量度地震

破壞性地震通常會用矩震級來量度。矩震級已經取代了先前的黎克特制分級表，因為前者計算的結果可以使科學家更準確地了解地震所釋放的能量。通過地震儀收集數據後，就可以得出能夠顯示板塊移動程度的地震圖。

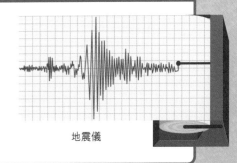

地震儀

火山

　　熔岩和氣體從地球表面的裂縫（即火山道）噴出，這些裂縫通常都會封閉於碗狀的火山口。它們絕大多數位於板塊邊界地帶，由那些撕裂或推動板塊的力量所創造。

由微小玻璃狀岩石顆粒組成的巨大雲團向空中噴湧

火山灰從雲端落下，最重的顆粒墜落在火山口附近

熔岩經常從火山側面的噴發口噴出

為何火山會形成？

　　火山主要有三種類型：第一種於分散的陸地板塊或海洋板塊之間的裂谷帶爆發；第二種於一個板塊俯衝到另一個板塊之下的俯衝帶中爆發，當中產生多種不同種類的熔岩；第三種是由地幔中的熱點引起的，這些熱點使地殼正下方的岩石局部熔化，並且通常遠離板塊邊界。

哪種火山最危險？

最危險的火山是那些很少爆發的，而非那些最活躍的，因為很少爆發的火山內部累積的巨大壓力會導致災難性的爆炸。

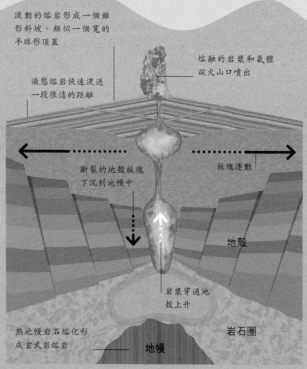

流動的熔岩形成一個錐形斜坡，類似一個寬的半球形頂蓋

熔融的岩漿和氣體從火山口噴出

液態熔岩快速流過一段很遠的距離

斷裂的地殼板塊下沉到地幔中

板塊運動

地殼

岩漿穿過地殼上升

熱地幔岩石熔化形成玄武岩熔岩

地幔

岩石圈

裂隙式火山
板塊分開會減輕下方地幔的壓力，使一些岩石熔化，並以玄武岩熔岩的形式噴發出來。玄武岩熔岩向外擴散，形成寬盾狀的火山。

從這類火山噴發出來的巨大火山灰雲

這種黏性熔岩形成了具有陡峭斜坡的火山

海洋地殼

充滿海水的俯衝板塊

岩漿從地殼裂縫中冒出

陸地地殼

岩石圈

地幔

水進入岩石中沸騰，使岩石熔化

俯衝帶火山
海洋地殼向下俯衝到俯衝帶，其攜帶的水改變了岩石的性質，使它們熔化。從這類火山中噴發出的熔融岩漿是黏稠的。

火山內部有些甚麼?

俯衝帶火山會有一個陡峭的錐形,由熔岩和火山灰堆疊而成,稱為層狀火山。其成因是爆發出的黏性熔岩經常阻塞火山口,導致爆炸性噴發,而噴發到上空的岩石和火山灰會落在火山的斜坡上。

由火山口噴上空中的塊狀熔岩稱為熔岩炸彈

最大的火山道在火山頂部形成火山口

從這類火山中噴出的黏性岩漿不會流得太遠

層狀火山由火山灰和硬化的熔岩構成

熔融岩(岩漿)在火山深處的岩漿腔內累積

火山噴發的種類

由於熔岩的性質不同,火山的噴發方式也各異。裂隙式火山和熱點火山的流體熔岩噴發相對平靜,被稱為夏威夷型火山噴發。黏性較大的岩漿則更具爆炸性,通常會導致斯通波利型、佛卡諾型、碧麗式或普林尼式的火山爆發。岩漿黏性越大,火山噴發的爆炸性就越大。

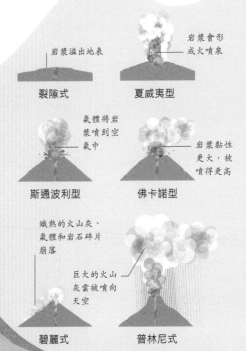

岩漿溢出地表

裂隙式

岩漿會形成火噴泉

夏威夷型

氣體將岩漿噴到空氣中

斯通波利型

岩漿黏性更大,被噴得更高

佛卡諾型

熾熱的火山灰、氣體和岩石碎片崩落

巨大的火山灰雲被噴向天空

碧麗式

普林尼式

隨着地殼變冷,死火山沉入水底

年代久遠的火山遠離熱點,變成死火山

岩漿從火山噴出

海洋地殼

板塊在熱點上方移動

岩石圈

地幔柱

地幔

從地幔上升的熱量在海底形成熱點

熱點火山

熱點火山由地殼下稱為地幔柱的孤立熱流推動形成。板塊在熱點上方移動會形成火山鏈,如夏威夷羣島火山和加拉帕戈斯羣島火山。

90% 的**火山活動**都發生在**水底**。

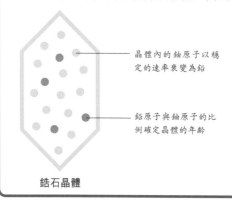
岩石循環

岩石由混合的礦物質，如石英或方解石等組成。有些岩石很硬，有些則較軟，但隨着時間過去，它們都被侵蝕並重新加工成不同類型的岩石，這一過程被稱為岩石循環。

不斷轉變

熔岩冷卻時，它所含的礦物質會結晶（固化），形成各種堅硬的火成岩。隨着時間過去，風化作用將這些岩石分解成軟沉積物，從而形成層狀沉積岩。它們可能會在熱力和壓力的作用下轉變為較堅硬的變質岩。如果它們深藏地下，則可能會熔化，最終冷卻成更多火成岩。

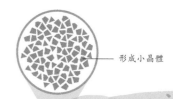

形成小晶體

噴出火成岩

由火山噴出的岩漿稱為熔岩。熔岩迅速冷卻後，會形成固態的小礦物晶體。由俯衝帶火山噴出的熔岩通常會形成流紋岩，主要由石英和長石晶體組成。流紋岩和其他具有小晶體的噴出火成岩（如安山岩和玄武岩）一樣，皆非常堅硬。

快速冷卻

流紋岩

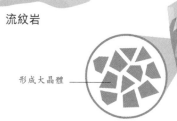

形成大晶體

緩慢冷卻

地底深處的熱岩石通常維持固態，但化學變化或壓力減小會使其熔化，形成熱的液體岩石，即岩漿。由於岩漿的密度低於固體岩石，因此會向地表滲出。當岩漿冷卻時，晶體開始形成。

結晶化

礦物結構彎曲變形

地球上最古老的岩石是甚麼？

於澳洲西部傑克山區發現的鋯石晶體，已被確定存在了 44 億年，接近地球的年齡（45 億年）！

熔化

形成山脈的板塊構造力量可以使岩石斷裂並向上摺疊，這會令岩石暴露在空氣中，更容易被風化（分解成更小的顆粒）和侵蝕（被河流、冰川或風移走）。

上衝斷層

壓力

侵入火成岩

沒被噴出地表的岩漿會在地下緩慢冷卻，形成巨大的礦物晶體，這個過程可能需要數百萬年。大質量的侵入火成岩，如花崗岩，會通過這種方式形成。花崗岩的礦物成分和流紋岩相同，但前者形成的晶體更大。

花崗岩

凍融

雨水

風

冰川

河流

如果岩石裂縫中的水結冰，它的體積會膨脹，使岩石開裂。雨水會溶解空氣中的二氧化碳，形成弱碳酸，而碳酸會腐蝕很多礦物質。軟岩石會被風沖刷。較小的岩石碎片可能會被河流或冰川帶走。

風化和侵蝕

壓力

沉積

壓緊

由河流、冰川或風攜帶的沉積物（風化產生的岩石顆粒）積聚和被掩埋。岩石顆粒被上面更多的沉積物壓實，形成層狀結構。溶解在水中的礦物質會結晶，使它們再次黏結在一起，這個過程稱為岩化作用。

岩化作用

黏結

壓力

層狀岩石顆粒

沉積岩

岩石碎片黏結在一起形成沉積岩，如砂岩，它由層狀沙粒黏結而成。還有一些沉積岩由較小的泥漿或泥沙顆粒，甚至海洋浮游生物的微型殘骸構成。岩石年代越久遠，被壓縮程度越大，質地越堅硬。

變質岩

砂岩可以轉化為非常堅硬的石英岩，這是一種變質岩。層狀沉積岩也可以被壓縮成板岩、片岩或片麻岩，礦物結構會因而彎曲變形。這些岩石中還會含有由溶液和再結晶形成的新礦物質。

壓力

熱力

當岩石被深埋地下並受到壓力和熱力的共同作用時，它的特性就會改變。這一過程稱為變質作用，通常在板塊構造將陸地板塊邊緣擠壓而形成山脈的過程中發生。

變質作用

石英岩

砂岩

海洋

　　地球是一個普遍的藍色星球，其表面大部分都被海洋覆蓋着。地球上有五大洋，包括太平洋、大西洋、印度洋、南冰洋和北冰洋。海水在五大洋之間緩慢地循環着。

太平洋馬里亞納海溝足以**容下珠穆朗瑪峰**，甚至還**多出 2,000 米**。

為甚麼海水是鹹的？

數百萬年來，雨水由地面流過，將含鹽礦物帶入海洋，賦予海水以鹹味。

大洋

海洋是甚麼？

　　海洋並非僅是巨大水坑，而是由板塊構造（參見第 224 ～ 225 頁）的力量所創造。海洋於地殼板塊分離的地方會形成新地殼。海洋地殼比較厚及較輕的陸地地殼（參見第 222 頁）低得多，形成了海底。當兩個板塊在水底相遇時，一個板塊俯衝到另一個板塊之下，形成了深的海溝。陸地板塊邊緣同樣處於水底，持續受到海水的侵蝕。陸緣海位於大陸棚上，比真正的海洋要淺得多。

真正的海底，即深海平原，位於海面下 3,000 ～ 6,000 米

大陸上的岩石碎片和顆粒在大陸地殼和深海平原上沉積

深海平原

海水的運動

　　風驅動着強大的洋流在海洋之間旋轉，把冷水帶到熱帶，並把溫水帶到兩極。海水循環還與深海洋流有關，它由向海底下沉的冰冷鹹水驅動。這些洋流通過一個稱為大洋輸送帶的網絡，把海水帶到世界各地。

被置換的深層冷水被迫浮出水面，加入溫暖的表面洋流中

水變得更冷、更鹹，下沉並推動深海洋流

洋流

為何有潮汐？

　　月球引力將海水拖成橢圓形，在地球兩側分別形成兩個突起。地球自轉時，海岸進出這些突起，就形成了每日的潮漲和潮退。滿月和新月時，月球與太陽處於同一直線，此時它們對地球的引力合在一起，會引起更大的潮汐。而半月時，月球對地球的引力與太陽對地球的引力形成直角，潮汐會減弱。

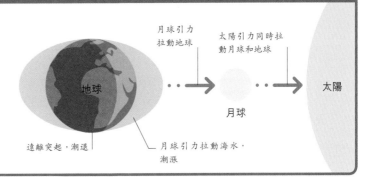

月球引力拉動地球

太陽引力同時拉動月球和地球

地球

太陽

月球

遠離突起，潮退

月球引力拉動海水，潮漲

陸緣海　　　　　　海岸線

海牀向海底下沉，延伸至陸棚坡折處開始變得陡峭

陸緣海牀（大陸棚）通常低於海平面150米

大陸棚

大陸邊緣形成大陸斜坡，下墜深度至少為2,500米

大陸斜坡

大陸隆堆

沉積物

海洋地殼

陸地地殼

形成波浪

　　風吹過海洋時，會在海面上掀起波浪。風越強，以及吹的時間越長，波浪就越大。波浪也會隨着傳播距離增加而變大。波浪中的水分子會以圓周形式運動，這就是我們被捲進波浪時會被波浪向前及向上推起，然後又隨着波浪經過而的下落和後退的原因。

水分子以圓周形式運動

水分子由海牀彈回

淺灘

波的傳播方向

深水區

循環迴路不會超出這個深度

水分子的路徑變成橢圓形，波浪倒塌

1 開闊水域
在海中，波浪會使水翻滾前進，然後又回落後退。水分子以圓周形式運動。

2 波浪變高
水分子被海牀反彈回來，使波浪在接近海岸時變得更短、更陡。

3 波浪破碎
隨着海牀變淺，水分子的路徑變得越來越橢圓，導致波峰長高，以至於波浪最終傾倒並破碎。

地球大氣層

地球周圍圍繞著氣體，這些氣體可以保護地表免受太陽輻射的破壞，還可以在日夜間保溫，使生命可以存活。低層大氣層中的空氣循環引起了我們所說的天氣現象。

大氣層是甚麼？

大氣層由氣體組成，其主要成分是氮氣、氧氣、氫氣和二氧化碳。隨溫度不同，它被分為不同層次。一些層隨海拔升高變冷，一些層由於某些氣體可以吸收太陽的射線而變暖。大部分空氣都集中在對流層的最下層，其密度隨海拔升高而減小，當海拔升高到10公里時，就沒有足夠空氣來維持人類生存。

為何大氣不會飄向太空？

由於重力作用，氣體粒子被維持在地球表面。質量更小的月球，其引力也小，故無法形成大氣層。

大氣層圍繞地球周圍形成一層薄薄的氣體

地球大氣層

太空溫度低

散逸層

大氣層的最外層逐漸消失於太空中，沒有清晰的外層邊界。這裏的空氣粒子稀疏，空氣粒子之間幾乎沒有相互作用。很少人造的星在散逸層裏沿地球運行。

熱層

熱層位於中間層之上，其溫度範圍較大。溫度隨海拔升高而上升，最高可達2,000°C，這是因為該層中的氣體可以吸收來自太陽的X射線和紫外線。

熱層的溫度可高達 **2,000°C**。

分子吸收X射線和紫外光，然後輻射發出極光

由太陽輻射激發的氣原子和氣原子發出極光

散逸層的溫差非常大，晚間較冷，日間則較暖

溫度

600~10,000公里

80~600公里

自轉和偏轉

在對流層中，暖空氣上升並向一側流動，冷卻後又會下沉，這些環流圈使熱量在全球範圍內重新分配（參見第240～241頁）。地球自轉使大氣循環離其原本路徑：赤道以北，氣流向右偏轉；赤道以南，氣流向左偏轉。這一現象稱為科里奧利效應。它會使每個環流圈中的大氣以螺旋環的方式纏繞著全球運動。

在熱帶地區，北半球信風從東北方向吹來。

南半球信風從東南方向吹來。

地球自轉形成極地東風帶

風吹過赤道帶的大西洋

南亞溫暖海水從西南方向吹來

南亞溫暖海洋上空的風從西南方向吹來，盛行風大

線繞軸自轉

南

北

赤道

全球性螺旋
盛行風由螺旋式的環流圈所驅動，吹向地球海面，多持續地吹過海面。

中間層

中間層的溫度初期穩定，然後隨海拔增加而降低，最低溫度可能會低於-100℃。中間層的溫度可能足夠濃密，足以讓流星迅速並燃燒。

穿過中間層的太空岩石碎片，燃燒後變流星

50～80公里

平流層

平流層的空氣稀薄而乾燥，溫度穩定區域高達約20公里，然後隨海拔升高而變暖，因為它會吸收太陽能，臭氧層位於平流層之中。

臭氧層

吸收從臭氧層中輻射出的熱能量，形成一個溫暖的口袋

臭氧層能吸收來自太陽的紫外線輻射

氣象氣球會在約處殺救低的平流層中，高空飛機和鳥類飛行在這的區域

16～50公里

對流層

最底層中包含供我們呼吸的空氣，並且所有天氣現象都在這一層發生。對流層的溫度和密度都隨海拔升高而降低。

飛機通常在對流層內飛行，但有時也會進入平流層，以躲避湍流入平流層，以躲避高速流

雲在對流層內形成

溫度隨海拔升高而降低

0～16公里

天氣如何運作

天氣指特定時間和地點的大氣狀態。隨着太陽將水蒸發到空氣中形成雲，天氣會不斷變化。這一過程會驅使低壓系統或氣旋形成，並帶來風雨。與此相對應的反氣旋則會帶來好天氣。

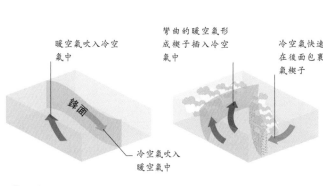

暖空氣吹入冷空氣中

彎曲的暖空氣形成楔子插入冷空氣中

冷空氣快速移動，在後面包裹着暖空氣楔子

鋒面

冷空氣吹入暖空氣中

1 冷熱相遇
氣旋通常於溫帶海洋上形成，在那裏，溫暖、潮濕的熱帶氣團進入寒冷的極地氣團，而鋒面是兩個氣團相遇的地區。

2 開始旋轉
當冷和熱氣團移動時，它們都因地球自轉而使路徑彎曲，該現象稱為科里奧利效應。彎曲的路徑變成一種旋轉模式，氣團開始螺旋運動。

氣旋的誕生

溫暖和潮濕的空氣上升時，會產生一個低壓區，將周圍的空氣捲入一個螺旋流，稱為氣旋（或低壓區）。溫暖和潮濕的空氣被迫向上運動，置於更冷、密度更大的空氣之上，隨後水凝結成雲和雨。當攜帶巨大能量的暖空氣快速升起時，空氣流動（我們感受為風）最為強烈。在熱帶地區，這些氣流會形成強烈風暴，稱為熱帶氣旋、颶風或颱風。

雪

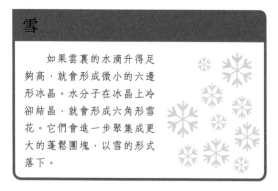

如果雲裏的水滴升得足夠高，就會形成微小的六邊形冰晶。水分子在冰晶上冷卻結晶，就會形成六角形雪花。它們會進一步聚集成更大的蓬鬆團塊，以雪的形式落下。

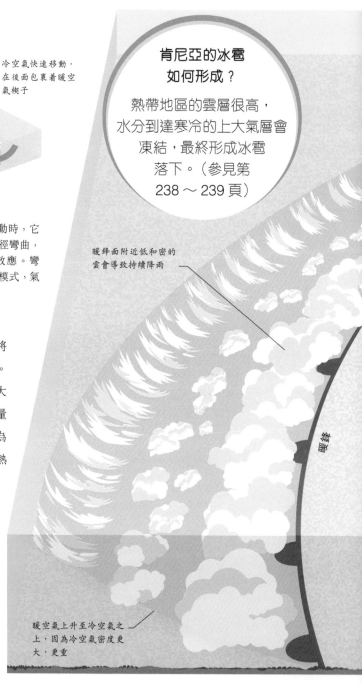

肯尼亞的冰雹如何形成？

熱帶地區的雲層很高，水分到達寒冷的上大氣層會凍結，最終形成冰雹落下。（參見第 238 ～ 239 頁）

暖鋒面附近低和密的雲會導致持續降雨

暖鋒

暖空氣上升至冷空氣之上，因為冷空氣密度更大、更重

熱帶地區以外的大部分降雨源於降雪，但雪在降落過程中融化成雨水。

高而細密的捲雲是暖鋒前進的首個標誌

在鋒面相遇的地方，它們合併成一個囚錮鋒，由暖空氣形成的楔子被抬離地面

氣旋在南半球以順時針旋轉（在北半球以逆時針旋轉）

空氣呈螺旋上升

符號表示冷鋒移動的方向

從高壓區域吸入的空氣

氣旋（低壓系統）

4 **暖空氣離開地面**
冷鋒的移動速度通常比暖鋒要快，並且會趕上暖鋒，將暖空氣從地面抬起。在發現螺旋形雲的地方稱為囚錮點。從該點起，氣旋開始丟失能量並被吹散開來。

風把整個天氣系統帶向這個方向

冷鋒

3 **暖鋒和冷鋒**
從旁邊顯示的氣旋放大橫截面可見，前進的暖空氣會在冷空氣上方形成一個移動的「暖鋒」，並帶有一個小梯度。更冷的空氣從下面推動暖空氣，形成一個陡峭的「冷鋒」。

反氣旋

在冷空氣下沉的地方會形成一個高氣壓區，它以反氣旋的形式向外螺旋上升。下沉的空氣會阻止水蒸氣上升和雲的形成，此時天空通常是藍色的，而且天氣晴朗。反氣旋的壓力差很小，因此風很微弱，天氣很好而且穩定。

風向

冷空氣楔子迫使溫暖和潮濕的空氣上升，形成高雲

高雲引起猛烈的暴雨

反氣旋以與氣旋相反的方向緩慢旋轉

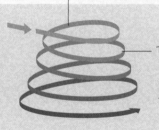

下沉的冷空氣變暖

反氣旋（高壓系統）

（參見第 235 頁）
（參見第 117 頁）
（參見第 78 ~ 79 頁）

雲層放電，電
孤以閃電或
或火棒向空氣

閃電產生的熱量使空氣爆
炸性地膨脹，產生的衝擊
波就是我們聽到的雷聲

大部分會停止上升，並在風的壓
勁下橫向擴散

強烈的上升氣流可以使雲
的核心部分湧上半流層

上升的暖空氣會捕獲下
落的冰晶，使之再次回
升到空中

極端天氣

絕大多數極端天氣都由空氣中的水分在高聳的積雨雲中大量累積所致。這些雲層中強大的氣流會引發閃電、冰雹，甚至龍捲風。

超級的雲

積雨雲比其他雲大得多，它從地面附近可以一直上升到對流層（參見第 235 頁）頂部。積雨雲是由來自地面或海洋表面的水分強烈蒸發所形成，會凝結成水滴，形成巨大的雲。同時以熱能（參見第 117 頁）的形式釋放能量，使空氣進一步上升，攜帶更多水蒸氣，而水蒸氣凝結後又釋放更多熱量。如此循環下去。最終這些雲層的高度可能會超過 10 公里。

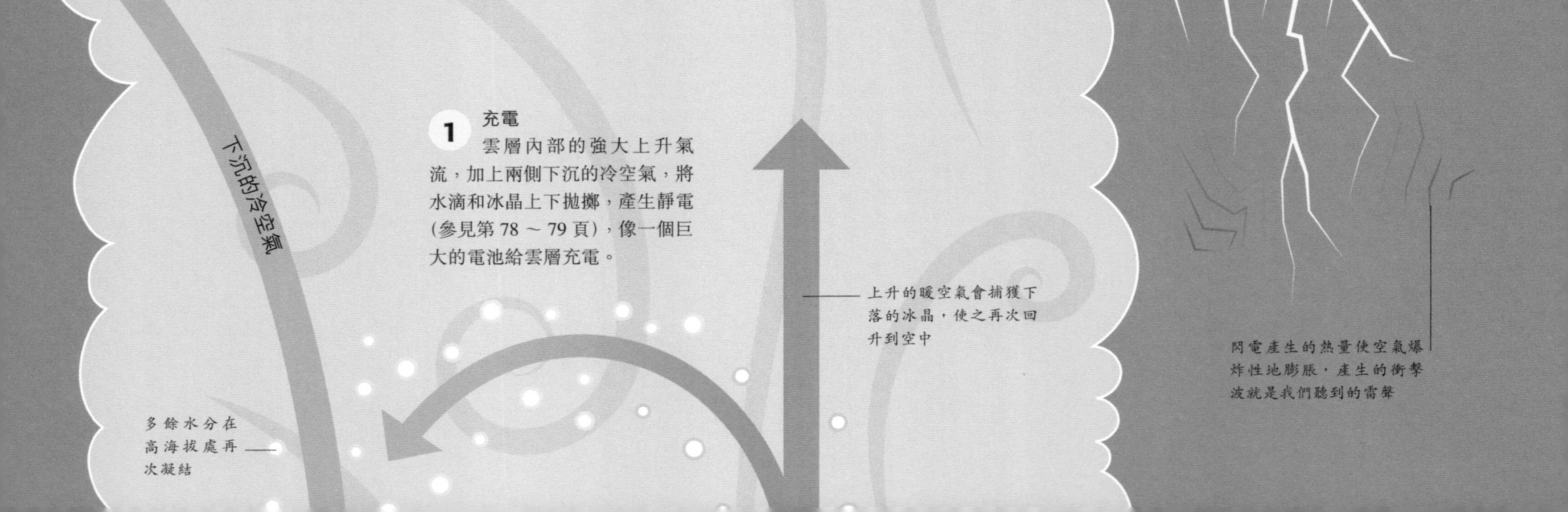

1 充電
雲層內部的強大上升氣流，加上兩側下沉的冷空氣，將水滴和冰晶上下拋擲，產生靜電（參見第 78 ~ 79 頁），像一個巨大的電池給雲層充電。

下沉的冷空氣

多餘水分在
高海拔處再
次凝結

（參見第 236 頁）

龍捲風

在地球的某些地方，旋轉的冷和暖氣團匯聚，會形成巨大的、旋轉的積雨雲，即超級單體。這種旋轉的、快速上升的氣流可以匯集成一個緊密的漩渦，稱為龍捲風，它蘊含的強大能量足以把房屋撕開。

颶風是甚麼？

熱帶海洋的強烈蒸發會在強低壓區域（參見第 236 頁）周圍形成巨大的雲系統。空氣高速旋轉進入這些區域，形成颶風。

—— 被上升的暖空氣捕獲的冰雹會變得更多水分

上升的暖空氣

2 冰雹如何形成

下落的冰晶被強大的上升氣流帶回空中時，它們會獲得更多水分，並在更高海拔處再次凍結。如此反覆幾次，就形成了被層層冰殼包裹起來的冰雹。

下沉的冷空氣容許較重的冰雹降落 ——

3 冰雹降落

最終，這些冰雹變得又大又重，不能被上升氣流再次捕獲，它們就會降落到地面。

冰雹可達人類拳頭般大小。

氣候和季節

陽光和熱量集中在熱帶地區，並向兩極擴散。熱量驅動大氣中的氣流，形成了世界各地不同的氣候帶。

環流圈

在熱帶地區，酷熱使海水大量蒸發。溫暖而潮濕的空氣上升會形成低氣壓帶，稱為熱帶輻合帶 (ITCZ)。上升的空氣逐漸冷卻，水蒸氣會凝結成巨大的雲，產生暴雨。當乾燥而涼爽的空氣流向亞熱帶地區並下沉時，會產生高壓區域，從而抑制降雨，這就是哈德里環流圈。另外兩個環流圈是費雷爾環流圈和極地環流圈，它們在較冷的區域也有類似的作用。

探測器

對流層頂部

熱帶輻合帶

水蒸氣冷凝，形成龐大、高聳的雲

熱帶空氣由赤道吹出並冷卻

哈德里環流圈

潮濕的暖空氣上升

乾燥的冷空氣下沉變暖

亞熱帶

乾燥的冷空氣下沉變暖

低氣壓

乾燥的荒原空氣流向赤道

赤道

熱帶

亞熱帶

高氣壓

地面附近的空氣從赤道吹出

溫帶

位於熱帶輻合帶的區域會有暴雨

由於常年雨水充沛，樹木生長旺盛

由於缺乏雨水，形成了荒蕪的岩石景觀

在亞熱帶附近的地區常常天色晴朗

仙人掌能適應這種乾燥氣候

熱帶

赤道附近上升的潮濕空氣形成巨大的雷暴雲，帶來頻繁的暴雨，滋養着熱帶雨林的成長。這些樹木又加劇了水分的蒸發，某程度上它們造就了自己的氣候。

亞熱帶

當赤道上升的空氣到達對流層頂部，就會以水平流動，直到冷卻下沉到亞熱帶地區。冷空氣下沉阻止雲繼續形成，因此亞熱帶地區少雨，會形成沙漠，如撒哈拉沙漠。

衛星測得伊朗的盧特沙漠溫度高達 70.7°C，這是目前記錄的最高地球表面溫度。

季節循環

　　地球繞着太陽公轉時，它傾斜的自轉軸總是指向北極星。這意味着地球的極地和溫帶總是重複着先靠近太陽再遠離太陽的運動，形成四季更替。極地附近的季節最為極端。熱帶輻合帶向南和北移動，使熱帶形成旱季和雨季。季候風季節是由風向改變引起，它帶來了海洋潮濕的空氣和隨之而來的暴雨。

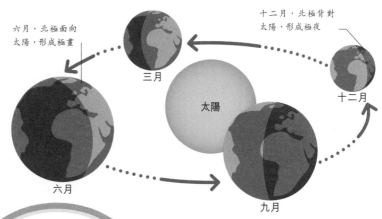

六月，北極面向太陽，形成極畫

三月

十二月，北極背對太陽，形成極夜

十二月

太陽

六月

九月

地球上最乾燥的地區在哪裏？

南極洲的麥克默多乾燥谷已經約 200 萬年沒有下過雨或雪。那裏的陸地主要是裸露的岩石和碎石。

極地

在極地地區，寒冷而乾燥的空氣下沉，形成寒冷荒原。冷空氣從低緯度流出兩極，逐漸升溫並聚集水分。在溫帶地區，它會受到上升的亞熱帶空氣的牽引，在高緯度回流兩極。

極鋒附近的地區經常是多雲的

乾燥的冷空氣流向赤道

費雷爾環流圈

潮濕的暖空氣上升

極鋒

潮濕的暖空氣上升

低氣壓

極地環流圈

溫帶地區

在溫帶地區，溫暖的空氣從低緯度的亞熱帶地區吹來，並和從極地而來的冷空氣相遇。這使暖空氣上升，形成雲和雨，尤其在海洋及附近區域。雨水造就了大面積的森林和草原。

日降雨量最大的地區是留尼汪島，其最高紀錄是 1952 年的 **1,870 毫米**。

冷空氣下沉，流出極地

極圈

高氣壓

水循環

水是地球生命之源。生命不能沒有水，因為水在所有生物化學過程中至關重要，它造就了生物的繁殖和繁榮。如果沒有水循環為陸地供水，大陸將是死寂的沙漠。水也通過侵蝕地表來塑造地球。

地球水循環系統

太陽加熱海洋，使水不斷從海洋表面蒸發，驅動着水循環。水進入空中形成雲，被風帶往陸地，形成降雨落到地面。部分水被植物吸收，通過植物的蒸騰作用重新回到空中形成雲，其餘大部分則以河流的形式從陸地流向海洋，並如此循環。

凝結

溫度

水蒸氣

蒸發的水在空氣中會變為一種看不見的氣體，即水蒸氣。溫暖的空氣可以容納大量水蒸氣，這就是我們平時體驗到的濕度。空氣越冷，所能容納的水蒸氣越少。

蒸發

呼吸作用

蒸發

蒸騰作用

植物

動物

水通過蒸騰作用從植物葉子中蒸發。這個過程會從植物根部抽取水分，而根部又從土壤中吸收更多水分。動物和植物在將食物轉化成能量的過程（呼吸作用）中，也會釋放水蒸氣。

海洋

太陽

來自太陽的熱量

太陽加熱海洋表面

鹹水

海水中含有豐富的溶解性礦物鹽，它們主要來自河流從陸地帶走的沉積物。陽光使水從溫暖的海洋表面蒸發，經過自然蒸餾過程得到淨化，留下了鹽分。

陸地生物

流回海洋

地球擁有 14 億立方公里的水。

滲入海洋

雲

上升的暖空氣攜帶水蒸氣，在高海拔處降溫，使水蒸氣凝結成微小的水滴和冰晶。這些水滴和冰晶形成了雲，可以被風帶到很遠的地方。

海拔　　　風

河流

湖泊

淡水

落下的雨水和融化的雪水形成地表徑流，匯聚成河流和湖泊，最終流入海洋。雨水與空氣中的二氧化碳氣體進行反應，形成碳酸，能侵蝕岩石並分解水中的礦物質。

部分南極冰蓋已有超過 250 萬年的歷史。

雪

降水

如果雲變冷，其中的水滴和冰晶就會變大並結合，最終形成更大的雨滴或雪花，直至它們變得足夠重，便會從雲端降落。雪花通常聚集在一起，形成更大的蓬鬆團塊。

冰

雪在寒冷的氣候中不會融化，它們積聚並被上面越來越重的雪擠壓，變成了冰。在山坡上，冰塊以冰川的形式受重力作用緩慢滑落，最終融化。但是，極地冰蓋可能永遠也不會融化。在數千年裏，冰川刻蝕出深的山谷。

雨

地表徑流

融化

地表徑流

冰川

渗入地下

雨水和雪水滲入地表，成為地下水。在地勢較低處，岩層充分吸水，形成稱為地下水庫的含水層。石灰石可以被水溶解形成洞穴。地下水最終會滲入海洋。

洞穴

地下水

水都在哪裏？

約三分之二的地球表面被海洋覆蓋，海洋佔世界水資源的 97.5%，而淡水僅佔 2.5%。大部分淡水以冰的形式存在於極地地區和高山中，或藏於地下深處，只有小部分形成了河流和湖泊。

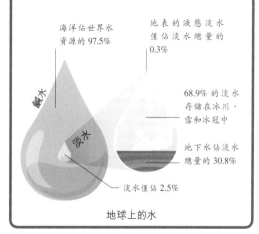

海洋佔世界水資源的 97.5%

地表的液態淡水僅佔淡水總量的 0.3%

68.9% 的淡水存儲在冰川、雪和冰冠中

地下水佔淡水總量的 30.8%

鹹水

淡水

淡水僅佔 2.5%

地球上的水

溫室效應

地球的生命依靠溫室效應存活。這個效應指大氣中的某些氣體，特別是二氧化碳和甲烷，吸收了地球表面發出的部分紅外線輻射。這些氣體就像溫室的玻璃一樣，阻止地球熱量散失。

1 入射輻射
來自太陽的輻射能以光、紫外線、紅外線和其他波長的光的形式到達地球。

地球能量的「預算」

從歷史上看，溫室效應是件好事。如果沒有大氣層的覆蓋，地球的平均溫度會在 -18°C 左右。儘管有必要將逃逸的一部分熱能截留下來，但如果入射輻射遠遠超出射出輻射，全球氣溫將會上升。

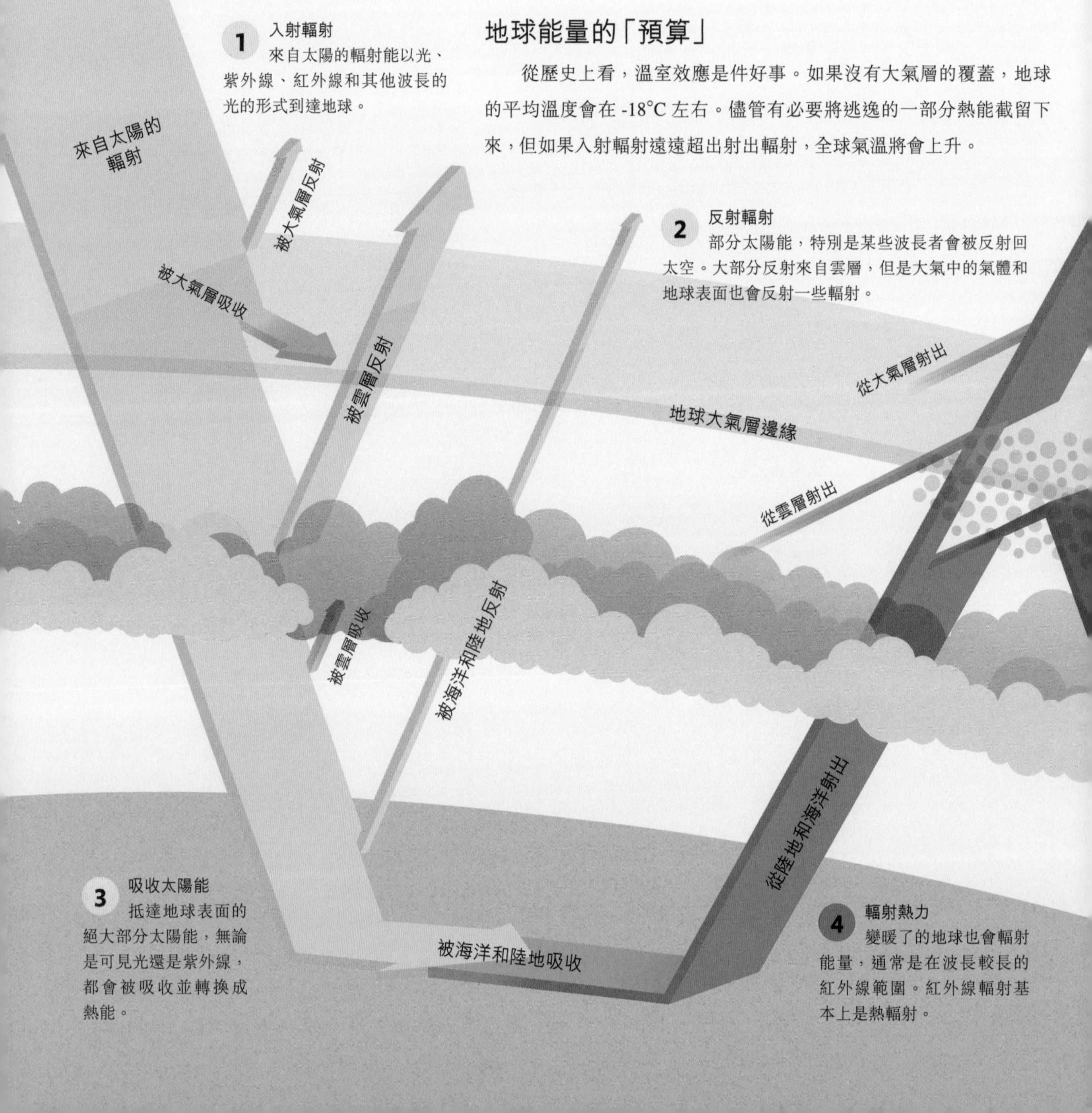

2 反射輻射
部分太陽能，特別是某些波長者會被反射回太空。大部分反射來自雲層，但是大氣中的氣體和地球表面也會反射一些輻射。

來自太陽的輻射

被大氣層反射

被大氣層吸收

被雲層反射

地球大氣層邊緣

從大氣層射出

從雲層射出

被雲層吸收

被海洋和陸地反射

從陸地和海洋射出

3 吸收太陽能
抵達地球表面的絕大部分太陽能，無論是可見光還是紫外線，都會被吸收並轉換成熱能。

被海洋和陸地吸收

4 輻射熱力
變暖了的地球也會輻射能量，通常是在波長較長的紅外線範圍。紅外線輻射基本上是熱輻射。

5 逃逸輻射
地球大氣、雲層和地表吸收並重新射出的大部分輻射會逃逸到太空。

射出太空的輻射

其他星球上的溫室效應

金星上的溫室效應比地球上還要強烈。它厚厚的二氧化碳大氣層幾乎保留了所有到達金星表面的太陽能，使其氣溫足以熔化鉛。與之相反，土星最大的衛星土衛六則具有反溫室效應，其上厚厚的橙色霧霾阻擋了約90% 的陽光。在地球上，火山爆發產生的氣體和塵埃也會產生類似的反溫室效應，但效果要弱得多。

金星

地球曾經比現在暖和嗎？

近中生代（恐龍時代）末期，地球非常溫暖，那時兩極在夏季沒有冰，海平面比現在高 170 米。

溫室氣體

6 向下的二次發射
地球二次發射的部分紅外線能量被大氣中的溫室氣體捕獲。這些氣體變暖並將熱量重新輻射回地球表面，使全球氣溫上升。

來自溫室氣體的二次發射

2013 年大氣中的溫室氣體（以十億分點濃度 PPB 量度）

哪些是溫室效應的罪魁？

地球大氣中主要的溫室氣體有水蒸氣、二氧化碳、甲烷、一氧化氮和臭氧。這些氣體的分子結構使它們吸收紅外線輻射的能量並加熱自身，然後重新發射輻射使地球變暖。某些氣體分子會和熱輻射以不同形式相互作用，故比其他氣體更易吸收熱量。因此，儘管某些氣體在大氣中的含量很少，但產生的溫室效應卻很強。

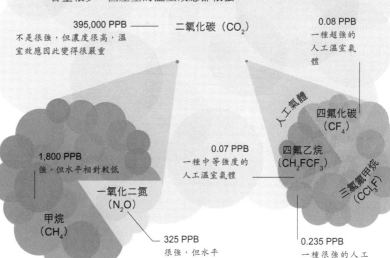

395,000 PPB —— 二氧化碳（CO_2）
不是很強，但濃度很高，溫室效應因此變得很嚴重

0.08 PPB
一種超強的人工溫室氣體

人工氣體

四氟化碳（CF_4）

1,800 PPB
強，但水平相對較低

0.07 PPB
一種中等強度的人工溫室氣體

四氟乙烷（CH_2FCF_3）

三氯氟甲烷（CCl_3F）

一氧化二氮（N_2O）

甲烷（CH_4）

325 PPB
很強，但水平相對較低

0.235 PPB
一種很強的人工溫室氣體

氣候變化

氣候總因自然原因而變化。這些變化緩慢地發生，會持續幾千年或幾百萬年。現在我們正處在一個氣候迅速變化的時期，這是由大氣污染和其帶來的溫室效應增強所導致的。

發生了甚麼？

世界正在變暖。至少自 1910 年以來，全球氣溫一直在上升，而有記錄以來的 17 個最熱年份中，有 16 個在 2001 年之後出現。同時，1958 年以來的大氣成分分析表明，協助地球保溫的最主要溫室氣體二氧化碳的濃度持續上升。如今人們高耗能的生活方式導致二氧化碳超額排放。

處於上升階段
自 19 世紀末以來，全球平均氣溫就已有記錄。其中氣溫雖有所起伏，但總體趨勢向上。這與大氣中二氧化碳含量增加有密切關係。

圖例

平均氣溫自 1880 年起開始記錄。二氧化碳的歷史水平通過分析樹木年輪和冰核量度。

● 全球平均地表溫度

● 大氣中的二氧化碳水平

⋯ 預期數據

海平面會上升多少？
如果極地融化的冰蓋開始崩塌，海平面可能會上升 25 米，並淹沒一些沿海城市，包括上海、東京、紐約和倫敦。

超額的溫室氣體
超額的二氧化碳主要來自化石燃料如煤和石油等的燃燒。人類產生的其他溫室氣體主要包括現代農業生產中釋放出來的甲烷和一氧化二氮，以及噴霧罐和製冷系統中的人工氟化氣體。

71%
燃燒化石燃料產生的二氧化碳

2%
由森林砍伐和森林退化釋放的二氧化碳

21%
甲烷

5%
一氧化二氮

1%
氟化氣體（人工的含氟氣體）

19 世紀末，氣溫自然地下降

自 1880 年起，工業燃煤已使二氧化碳濃度開始增加

大氣中的二氧化碳濃度 (PPM)

年

400

380

360

340

320

300

280

1880   1900   1920   1940

惡性循環

如果溫度持續上升，可能會觸發反饋效應，使問題變得更糟。例如，大量砍伐熱帶雨林會降低可移除大氣中二氧化碳的樹木數量，使大氣中的二氧化碳水平上升，加劇全球暖化，擾亂大氣循環系統，導致長期乾旱和更多的熱帶雨林枯死。其他反饋效應包括海牀甲烷釋放和北極海冰融化等。

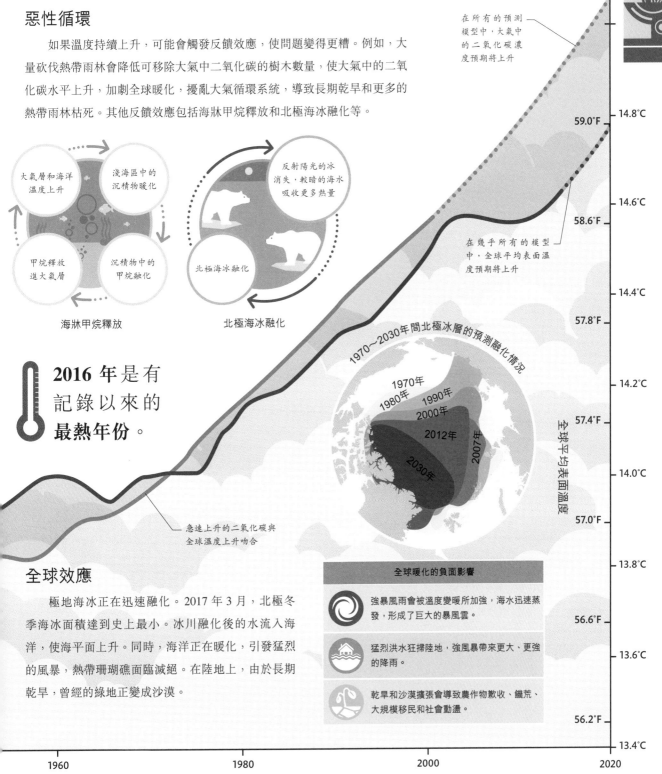

在所有的預測模型中，大氣中的二氧化碳濃度預期將上升

59.0°F — 14.8°C

58.6°F — 14.6°C

大氣層和海洋溫度上升

淺海區中的沉積物暖化

甲烷釋放進大氣層

沉積物中的甲烷融化

海牀甲烷釋放

反射陽光的冰消失，較暗的海水吸收更多熱量

北極海冰融化

北極海冰融化

在幾乎所有的模型中，全球平均表面溫度預期將上升

14.4°C

57.8°C

2016 年是有記錄以來的**最熱年份。**

1970～2030年間北極冰層的預測融化情況

1970年
1980年
1990年
2000年
2012年
2007年
2030年

14.2°C

57.4°F — 14.0°C

全球平均表面溫度

急速上升的二氧化碳與全球溫度上升吻合

57.0°F

全球效應

極地海冰正在迅速融化。2017年3月，北極冬季海冰面積達到史上最小。冰川融化後的水流入海洋，使海平面上升。同時，海洋正在暖化，引發猛烈的風暴，熱帶珊瑚礁面臨滅絕。在陸地上，由於長期乾旱，曾經的綠地正變成沙漠。

13.8°C

全球暖化的負面影響

強暴風雨會被溫度變暖所加強，海水迅速蒸發，形成了巨大的暴風雲。

猛烈洪水狂掃陸地，強風暴帶來更大、更強的降雨。

乾旱和沙漠擴張會導致農作物歉收、饑荒、大規模移民和社會動盪。

56.6°F — 13.6°C

56.2°F

1960   1980   2000   2020

13.4°C

索引

（按筆畫序）

加粗顯示的頁碼內有詳細介紹。

鳴謝

DK 出版社感謝以下人士在本書出版過程中提供協助：
Michael Parkin（繪圖）、Suhel Ahmed 及 David Summers（編輯）、Briony Corbett（設計）、Helen Peters（索引）、Katie John（校對）。